电力系统区域性保护构建与原理

李振兴　文明浩　著

科 学 出 版 社

北 京

内 容 简 介

本书在智能电网发展的基础上，结合智能变电站技术和广域通信技术给予继电保护技术发展契机，分析电网传统继电保护应对复杂电力系统存在的整定配合困难、延时长、自适应差等问题，阐述面向区域电网多源信息的区域性保护构成及其关键技术，对支撑智能电网建设具有重要意义。本书分为 7 章，主要包括区域性保护概念、区域保护分区与实现方法、基于电流变换的电流差动保护新原理、基于多信息融合的区域保护原理、紧急功率支援下的重合闸附加稳定控制策略与区域保护通信迂回技术等内容。

本书适合电力系统运行和继电保护方向的研究生、工程师及相关行业的技术人员阅读。

图书在版编目（CIP）数据

电力系统区域性保护构建与原理 / 李振兴，文明浩著. —北京：科学出版社，2023.5

ISBN 978-7-03-075555-1

Ⅰ. ①电… Ⅱ. ①李… ②文… Ⅲ. ①电力系统−继电保护−研究 Ⅳ. ①TM77

中国国家版本馆 CIP 数据核字（2023）第 085807 号

责任编辑：吉正霞 赵微微 / 责任校对：高 嵘
责任印制：赵 博 / 封面设计：苏 波

科学出版社 出版
北京东黄城根北街 16 号
邮政编码：100717
http://www.sciencep.com

北京中科印刷有限公司 印刷
科学出版社发行 各地新华书店经销
*

2023 年 5 月第 一 版 开本：787×1092 1/16
2024 年 3 月第二次印刷 印张：14 1/4
字数：360 000

定价：98.00 元

（如有印装质量问题，我社负责调换）

前　　言

电能是现代社会中最重要，使用最广泛、最方便的能源，是目前世界各国能源消费的主要形式之一。而电网作为输送电能的关键环节，是国家的一个基础设施，其安全事关国家经济发展和社会安定大局。国内外频繁发生的大停电事故为大电网的安全运行与紧急防御敲响了警钟。继电保护作为保障电网安全的第一道防线，对快速隔离故障、有效控制事故蔓延至关重要。但在复杂的现代电网中，传统继电保护暴露出越来越多的问题，如后备保护整定配合困难，电网结构或运行工况发生非预设性变化，可能发生拒动或误动，在大负荷转移情况下易引发连锁跳闸，造成大面积停电事故等。近年来，随着智能变电站信息共享技术和光纤通信技术的发展，继电保护系统可利用的信息资源发生了显著变化，为从根本上改善传统继电保护的性能提供了契机。

本书在介绍电力系统区域性保护构建与原理的基础上，主要围绕基于信息共享的站域保护和广域保护系统构建模式、大电网广域保护分区、保护原理、紧急控制策略以及广域通信灾变下通信迂回等问题展开研究，意在深化热点关注的区域性保护研究内容和技术要求，提高或改善传统继电保护和紧急控制的性能，对加强电网安全、构建可靠的第一道防线具有重要意义。

本书共 7 章，分别为绪论、区域性保护概念、区域保护分区与实现方法、基于电流变换的电流差动保护新原理、基于多信息融合的区域保护原理、紧急功率支援下的重合闸附加稳定控制策略，以及区域保护通信迂回技术。

感谢国家自然科学基金项目（52077120）对本书的资助。

本书由三峡大学李振兴和华中科技大学文明浩共同撰写，全书由李振兴统稿，文明浩审校。此外，华中科技大学的尹项根教授、张哲教授、林湘宁教授，国网北京市电力公司电力科学研究院的陈艳霞高级工程师，以及三峡大学的翁汉琍教授、黄景光教授、王秋杰讲师、谭洪博士后，王欣、张腾飞、龚旸、邓靖雷、望周丽、万佳灵、程兆林等硕士研究生对本书部分研究工作也作出了重要贡献，在此表示衷心的感谢！

作者希望通过本书分享大电网区域性保护关键技术的研究成果，为提升我国现代大电网建设以及与之适应的电网保护研究体系贡献绵薄之力。由于作者水平和实践经验有限，书中难免存在不足之处，敬请读者批评指正。

作　者

2022 年 7 月 1 日于宜昌

目　　录

# 第1章 绪　　论

随着能源的互联加强，电力系统越来越庞大，一旦系统出现不可预期的扰动，将不可避免地导致大停电事故，对工业生产和人民生活带来巨大负面影响。本章从近些年世界范围内出现的大停电事故分析入手，阐述大停电事故诱因，并总结大停电事故发展过程中存在的问题，进一步引发思考。本章基于智能变电站技术和广域通信技术的发展，分析测量数字化、通信标准化关键技术，并结合信息共享与智能化，从电力系统一次设备和二次技术对继电保护的相互影响，提出继电保护变革及其意义。

1.1　现代电网大停电事故分析及其引发的继电保护思考

电力行业是国家经济的命脉,电力系统的合理建设具有优化能源资源配置,确保能源安全的重要作用,当前我国电力工业的发展体现了我国的基本国情。截至 2020 年底,全国电力生产供应能力稳步提升,供需总体平衡,结构进一步优化。中国电力企业联合会发布的数据显示,截至 2020 年底,全国全口径发电装机容量为 22 亿 kW,同比增长 9.5%。根据国家统计局发布的国民经济和社会发展统计公报,2011～2020 年全国发电量及增速情况如图 1.1 所示。

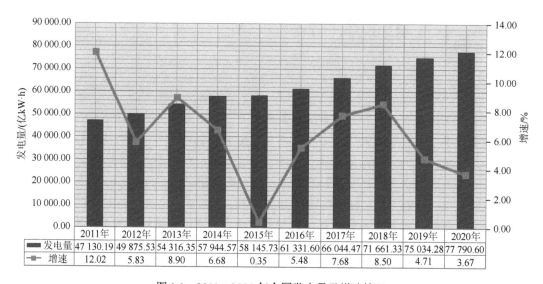

	2011年	2012年	2013年	2014年	2015年	2016年	2017年	2018年	2019年	2020年
发电量	47 130.19	49 875.53	54 316.35	57 944.57	58 145.73	61 331.60	66 044.47	71 661.33	75 034.28	77 790.60
增速	12.02	5.83	8.90	6.68	0.35	5.48	7.68	8.50	4.71	3.67

图 1.1　2011～2020 年全国发电量及增速情况

2020 年全国发电量为 77 790.60 亿 kW·h,其中火电发电量为 53 302.5 亿 kW·h,水电发电量为 13 552.1 亿 kW·h,核电发电量为 3 662.5 亿 kW·h,风电、太阳能发电量分别为 4 665 亿 kW·h、2 611 亿 kW·h,生物质发电量为 1 326 亿 kW·h。由此可以看到,可再生能源发电量约达到 22 000 亿 kW·h,占全社会用电量的比重达到 28.28%。2021 全国“两会”上,“碳达峰、碳中和”被首次写入政府工作报告,可以预期,可再生能源发电与利用将达到一个新的高度。

新能源革命已经兴起,电力发展面临转型和挑战。当前我国电网建设正处于快速发展的过渡期,主网拓扑结构变化日趋增大,运行呈复杂多变特性,高比例新能源发电的集中接入、常规电源与新能源共用外送通道、交直流混联输电形成大电网强电磁耦合互联,加之新能源运行特性与用电负荷特性不一致的特点,都决定了电力系统运行控制和消纳难度将进一步加大,电网安全稳定运行承受越来越大的压力。截至 2020 年底,国家电网公司“十三交十一直”,南方电网公司“八交十一直”工程建成投产,跨区跨省电网联系更加紧密,系统之间相互影响和制约进一步增强,大电网一体化特征明显,单一扰动影响范围扩大。任一条输电走廊故障将对送受端电网造成较大的有功、无功冲击,互联系统下的大范围功率转移也是近些年大停电事故的根源之一。

根据电力系统长期运行经验,以及多次严重事故的教训,我国总结出一套系统性安全防御措施配置的原则,即电力系统安全稳定的"三道防线",为保障我国电力系统安全稳定作出了巨大的贡献。"三道防线"及其功能如图 1.2 所示。

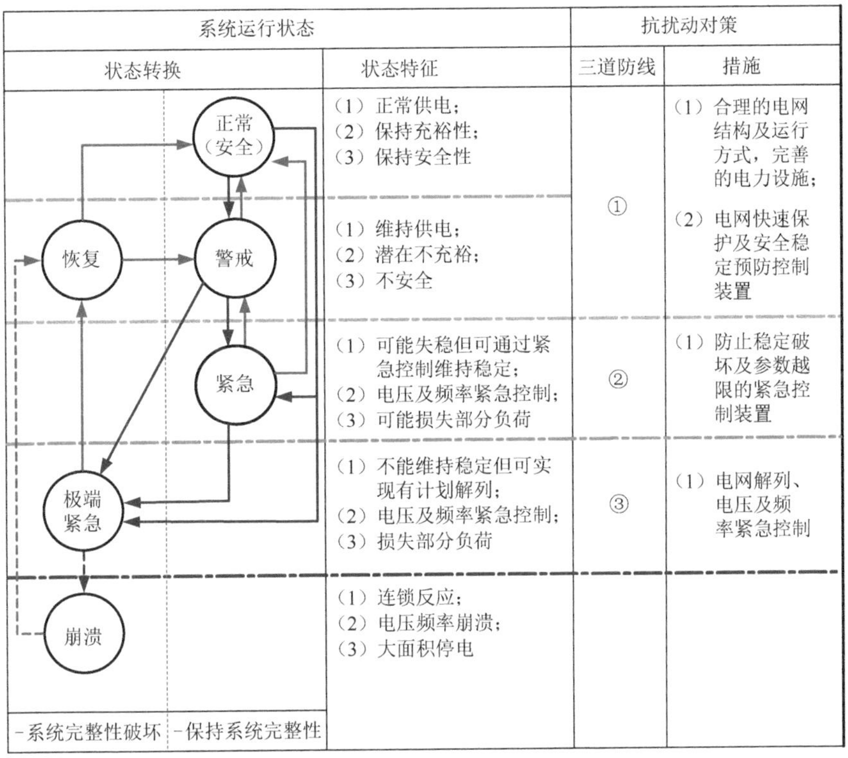

系统运行状态			抗扰动对策	
状态转换		状态特征	三道防线	措施
	正常（安全）	（1）正常供电; （2）保持充裕性; （3）保持安全性	①	（1）合理的电网结构及运行方式,完善的电力设施; （2）电网快速保护及安全稳定预防控制装置
恢复 警戒		（1）维持供电; （2）潜在不充裕; （3）不安全		
	紧急	（1）可能失稳但可通过紧急控制维持稳定; （2）电压及频率紧急控制; （3）可能损失部分负荷	②	（1）防止稳定破坏及参数越限的紧急控制装置
极端紧急		（1）不能维持稳定但可实现有计划解列; （2）电压及频率紧急控制; （3）损失部分负荷	③	（1）电网解列、电压及频率紧急控制
崩溃		（1）连锁反应; （2）电压频率崩溃; （3）大面积停电		
- 系统完整性破坏	- 保持系统完整性			

图 1.2 "三道防线"及其功能图

电力系统根据"三道防线"来抵御系统发生的相应扰动,每道防线的状态特征和抗扰动对策也相互适应,这些年,我国各系统严格贯彻"三道防线",执行相关规定,尽管尚有不足之处,但系统性大事故很少,多年未出现大面积系统停电的系统崩溃事故。现在世界各国电力系统也普遍建立了自己的安全稳定准则,但随着现代工业的快速发展和对于电力需求的快速增长,电力系统面临很多新的挑战,如果电网安全措施不当,很可能导致电网失稳或者大面积停电事故。下面就 2011~2020 年国外几次大停电事故进行简单的分析。

1. 2011 年 2 月 4 日,巴西东北部电网大停电

2011 年 2 月 4 日 00:08,Luiz Gonzaga 变电站 Luiz Gonzaga-Sobradinho 1 号线路保护装置故障,启动开关失灵保护动作,跳开 1 号母线。此时,除了 1 号线路被跳开,系统结构并没有出现较大的改变。

至 00:21,变电站运行人员手动试送 1 号线路,启动失灵保护的信号仍然存在,导致 2 号母线跳闸。此时相当于该变电站退出电网,整个东北部电网结构发生重大变化,电网稳定性严重恶化。

由于事故前东北部电网的输入功率较大,电网出现失步振荡。失步解列装置动作,跳开了连接北部电网与东北部电网、东南部电网与东北部电网的 500 kV 线路。进而出现潮流转移到 220 kV 线路,线路电压急剧下降,距离一段保护动作跳闸。至此东北部电网和巴西国家互联电网解列。

东北部电网功率出现大量缺额，频率下降，低频减载动作，损失负荷 5 754 MW。潮流变轻，电网内部出现了过电压，又导致电网内部线路、电容器相继跳闸。在该过程中，部分机组由于过电压保护以及其他如设置不合理等，大量机组跳闸脱网。

电源缺失，系统再次出现低压、低频问题，低频减载、低压减载和保护动作，系统仅维持 7 min 20 s 左右，至 00:29，系统完全崩溃[1]。

2. 2012 年 7 月 30～31 日，印度电网大停电

2012 年 7 月 30 日 2 时 32 分，一条 220 kV 线路故障跳闸，加重了西部与北部电网间联络线潮流。2 时 33 分 11 秒，Bina-Gwalior 的 400 kV 线路 I 距离三段保护跳闸，2 s 后，电网功角摆开导致北部与西部断面间的 220 kV 线路全部跳闸。至此，北部与西部电网解网运行。

西部电力通过东部电网转送北部电网，加重了东部电网内部断面潮流。2 时 33 分 13 秒，东部电网 Jamshedpur-Rourkela 的 400 kV 双线又因距离三段保护动作跳闸。北部电网和主网发生振荡，振荡中心位于东部与北部电网联络线上，北部电网与主网解列。

解列后 20 s 内，北部和东部电网又有 20 余条线路相继跳闸。北部电网解列后约 5 800 MW 的功率缺额，由于紧急控制措施切负荷量不足，北部电网崩溃。

东部与东北部电网频率突升至 50.92 Hz，通过切机措施切除 3 340 MW 机组，最终频率稳定在 50.6 Hz。从西部电网和北部电网解列到北部电网崩溃，仅用了 25 s。直至下午 4 时，电网才得以恢复。

2012 年 7 月 31 日 12 时 50 分，北部电网 Rajasthan 的一台 250 MW 机组跳闸，加重了西部-北部断面潮流；58 分，西部与北部 2 条 220 kV 联络线因过负荷动作跳闸，加重了 Bina-Gwalior 电磁环网潮流。

下午 1 时 0 分 13 秒，西部电网与北部电网间 Bina-Gwalior 的 400 kV 线路因距离三段保护动作跳闸；与之并联的 3 条 220 kV 线路及 1 条 132 kV 线路因过载被切除，导致 Gwalior 站并入北部电网。至此，北部电网与西部电网间所有联络线均断开。

西部电力通过东部电网转送北部电网。下午 1 时 0 分 15 秒，东部电网 Jamshedpur-Rourkela 的 I 回 400 kV 线路距离三段保护动作跳闸，II 回运行，东部电网内部开始振荡。下午 1 时 0 分 19 秒，大量线路因潮流转移与系统振荡相继跳闸。至此，西部电网与北部电网解列。

西部电网解列后频率突升至 51.4 Hz，切除部分机组直流线路后频率维持在 51 Hz 左右。随后的 1 min 内，北部、东部及东北电网又有 40 多条线路相继跳闸。由于损失西部 3 000 MW 功率，电网频率跌至 48.12 Hz，切负荷量不足及低频切机使情况进一步恶化，最终导致北部、东部及东北三网崩溃。直至晚上 7 时 30 分电网才得以恢复[2,3]。

3. 2015 年 3 月 31 日，土耳其电网大停电

2015 年 3 月 31 日 9 时 36 分 9 秒，由重负荷导致东西部 400 kV 联络线路过流保护动作而跳闸。进而，受潮流转移与系统的功角失稳影响，1.9 s 时间，并列运行的七回交流线路因为距离继电器失步功能动作，相继快速跳闸。至此，东部系统和西部系统解列。

9 时 36 分 12 秒，土耳其与希腊间的 400 kV 联络线路因电压相角差过大保护动作跳闸。与此同时，土耳其与保加利亚间的 400 kV 联络线路 I 保护误动跳 A 相开关，进而两者失步，最终导致土耳其与保加利亚间的 400 kV 联络线路 II、I 保护相继跳开。至此，土耳其电网失去全部三回与欧洲大陆同步联络线，与欧洲互联电网解列。

西部系统分别与东部系统和欧洲大陆同步电网解列后，电力缺额达到 5 200 MW，系统频率以 0.5 Hz/s 的速度迅速下降至 48.4 Hz，低频减载装置动作切除约 4 800 MW 负荷，欧洲-土耳其联络断面特殊保护系统补充切掉 377 MW 负荷。但是，几台发电机相继拖尾，系统频率在经过几秒的短暂稳定后继续下降，最终导致西部系统在土耳其电网解列后约 10 s 崩溃。

东部系统在解列后，频率以 1 Hz/s 的速度开始升高至 52.3 Hz，几台发电机组因过频保护动作跳闸，导致东部系统在 9 时 36 分 23 秒最终因为频率过低而崩溃。整个电网在下午 4 时 12 分恢复[4]。

4. 2018 年 3 月 21 日，巴西电网大停电

2018 年 3 月 21 日下午 3 时 48 分 3 秒，欣古站 500 kV 分段断路器过流保护动作跳闸，造成美丽山直流系统接入的 A2 段交流母线失压，直流双极停运；美丽山水电站发电机组继续运行，潮流转移导致系统出现振荡。

888 ms 内，北部电网与东南部电网三条联络线路分别因失步保护解列、距离一段保护动作跳闸，距离 II 段保护跳闸，最终导致北部电网与东南部电网解列。

984 ms，北部与东北部电网 500 kV 联络线三回线路失步解列装置动作。进而发生大范围潮流转移与系统振荡，最后两回 500 kV 联络线因距离保护误动断开。1 134 ms，北部与东北部电网 220 kV 联络线由于距离保护三段动作断开，至此北部地区形成孤网。

与此同时，东北电网与南部电网断面的 500 kV 联络线和 220 kV 联络线也因距离保护误动作断开，东北地区形成孤网，至此，巴西电网解列成三片。

北部电网孤立后，功率严重盈余，频率大幅升高至 70 Hz，高频切除部分机组、部分线路过压跳闸，引起系统振荡，85 s 后电网基本全停。东北部电网孤立后，功率严重的缺额，通过低频减载，频率基本恢复，然而两台水电站机组因涉网保护不恰当动作跳闸，电网频率再次下降，引发一系列设备保护动作，最终东北部电网基本全停。南部电网孤立后，功率出现非常严重的缺额，频率降低，低频减载装置动作切除约 5% 负荷后，系统恢复稳定运行[5]。

5. 2019 年 6 月 16 日，阿根廷电网大停电

2019 年 6 月 16 日 7 时 6 分 24 秒，东北部一条 500 kV 交流线路单相短路故障跳闸，加上先前另一回线路检修停运，东北部电网南送功率通道中断。潮流通过东北部电网与阿根廷主网的联络线向西转移。

7 时 6 分 26 秒，东北部机组退出，损失发电 3 200 MW，东北部电网与主网解列，主网损失了主要的功率来源，频率大幅下降。

7 时 6 分 26 秒至 36 秒，主网部分火电厂与核电厂脱网，导致系统又损失发电 1 500 MW。其间，低频减载动作仅达到预期的 75%，频率继续下降至 48.2 Hz。

7 时 6 分 45 秒，根据阿根廷设备耐异常运行时间 20 s 的系统规定，各类设备脱网，系统崩溃，阿根廷电网失去全部负荷约 13 200 MW[6]。

6. 2019 年 8 月 9 日，英国电网大停电

2019 年 8 月 9 日下午 4 时 52 分 33 秒 490 毫秒，线路 Eaton Socon-Wymondley 因出现雷击发生单相接地短路故障，故障相的电压降约为 50%。70 ms 后 W 侧跳闸，74 ms 后 E 侧跳闸。各节点电压在故障清除后的 100 ms 内均恢复正常。分布式电源检测到相移超过 6°，移相保护

动作，导致分布式电源第一次脱网，损失 150 MW。

线路故障后 238 ms，霍恩风电场无功、电压出现振荡现象，电压跌落，霍恩风场大部分机组因过电流全部脱网，风电场出力由 799 MW 大幅降低为 62 MW。

下午 4 时 52 分 34 秒，小巴福德电站蒸汽机意外停机，导致频率下降，系统频率变化率大于分布式电源保护启动阈值，又导致 350 MW 分布式电源脱网，这是本次事故中分布式电源第二次脱网，系统损失功率累计达到 1 481 MW。与此同时，频率响应措施启动，增加 650 MW 出力以稳定频率。

52 分 53 秒，故障线路重合成功。频率响应措施继续出力 900 MW，系统频率停止下跌开始回升，恢复到 49.2 Hz。

53 分 31 秒，小巴福德电站一台燃气机因蒸汽压力过大而停机，损失功率 210 MW，此时所有的频率响应措施都已启动完毕，系统频率再次下降。53 分 49 秒低频减载启动，切除约 931 MW 负荷，频率开始恢复。53 分 58 秒，小巴福德电站又一台燃气机因蒸汽压力过大而停机，这一功率损失被低频减载及控制中心调度的额外电源出力所抵消，系统频率恢复到 50 Hz。约 30 min 后，所有负荷得到恢复[7]。

7. 2021 年 1 月 9 日，巴基斯坦电网大停电

2021 年 1 月 9 日晚上 11 时 35 分，位于巴基斯坦电网南北联络断面的古杜电厂出现人为误操作，在一条线路断路器检修完成后带接地刀闸合闸，引发三相接地故障，伴随主保护拒动。40 分 0 秒，14 号机组跳闸，三回 220 kV 线路距离保护动作跳闸。

南北部电网发生系统振荡，41 分 10 秒，7 号、10 号机组跳闸，一条 500 kV 双回线路跳闸；41 分 11 秒，9 号机组跳闸；41 分 29 秒，两条 500 kV 线路跳闸；41 分 43 秒，15 号机组跳闸。至此，电网解列成北部电网和南部电网两部分。

北部电网解列后，功率缺额 3 000 MW，低频减载切除 2 350 MW 负荷，但部分机组涉网保护不合理动作相继脱网，频率下降，最终导致北部电网大停电。

南部电网解列后，功率严重盈余，大型机组和 500 kV 输电线路由于过压、过频升高而跳闸，不合理动作导致系统频率出现降低并最终导致系统崩溃，南部电网于晚上 11 时 51 分电力供应完全中断[8]。

除此之外，还发生了多起大停电事故，如 2015 年 3 月 27 日荷兰北部地区电网大停电[9]，2016 年 9 月 13 日巴西远西北地区电网大停电[10]，2016 年 9 月 28 日澳大利亚南澳州电网大停电事故[11]等。这些事故的发生，归总起来，基本特征如下。

（1）电网结构薄弱，电磁环网使得系统对外部供电依赖程度高，高压走廊的解列影响低压联网，如果没有坚强的受端系统，系统抵御连锁事故的能力将严重不足。

（2）大停电诱因中一般系统会出现故障或者大扰动，电力安全稳定控制系统如不能正确处理，特别是伴有控制不合理、误操作等行为，系统将出现一定程度的功率转移或系统振荡。

（3）输电走廊结构变化，必然伴随潮流转移现象，如果系统能够坚持一定时间，那么在安稳系统快速调节下保全系统安稳是必要的，但多次停电事故在线路均未达到线路极限时，因距离一段或二段保护缺乏可靠的振荡闭锁策略、距离三段因过负荷而动作跳闸，引发潮流转移下的连锁跳闸事故。

（4）在系统振荡时，应该及时解列的线路没有得到有效应对，往往导致系统中更多线路跳闸，发电机脱网，同时伴有电压降低，直流线路闭锁，把系统拖往更加严重的地步。

（5）新能源发电系统受系统频率变化、母线低压等影响，自我保护措施往往致使分布式电源脱网，进一步加剧系统功率缺额。

（6）即使系统解列，电网孤网运行，功率盈余区域过频切机、过压跳线路；功率缺额区域低频减载措施不能按预期执行，频率措施的备用容量有限，往往使得系统恶化加重，进一步引起发电机涉网保护动作，从而导致系统崩溃。

大停电事故造成巨大的负荷损失，造成工业停产、交通瘫痪、通信中断，甚至社会秩序混乱等灾难性社会影响，引起各国政府与民众对电力系统安全稳定运行的高度关注。《电力安全事故应急处置和调查处理条例》（国务院令第 599 号）、《生产安全事故报告和调查处理条例》（国务院令第 493 号）、《关于加强电力安全工作防范电网大面积停电的意见》（电监安全〔2012〕60 号）、《国家能源局关于印发单一供电城市电力安全事故等级划分标准的通知》（国能电安〔2013〕255 号）和《国家能源局关于印发〈电力安全事件监督管理规定〉的通知》（国能安全〔2014〕205 号）等文件说明我国管理部门高度重视电网安全管理，并对电网的供电可靠性提出了更加苛刻的要求。

近些年发生的大停电事故普遍表明，继电保护动作存在于事故发展过程中，往往决定了事故的走向。从继电保护的角度，除非保护逻辑设计不合理或发生保护装置拒动、误动，一般地，变电站是不会因为保护动作而导致整站退出运行的。因此，多次大停电同时也暴露出电网继电保护和安控系统的薄弱点。这表明，随着电网规模的扩大和结构复杂化，传统高可靠性的继电保护遇到越来越多的问题。

（1）主保护因灵敏度不足、闭锁措施不可靠或设备硬件故障等出现保护拒动、误动，造成过长延时或扩大范围跳闸，可能引发电网局部灾难。例如，巴基斯坦电网大停电中，主保护拒动引发联络线全切；巴西大停电、土耳其大停电、巴基斯坦大停电，均出现距离一段、二段保护在系统振荡时保护误动，加重系统的不稳定性。

（2）后备保护的整定配合基于固定运行方式，缺乏自适应应变能力。当系统网架结构及运行方式因故发生频繁和大幅改变时，易导致后备保护动作特性失配，可能造成误动或扩大事故。在电网发生大负荷潮流转移过程中可能引起线路后备保护非预期连锁跳闸，这也是导致电网事故扩大甚至大面积停电的一个主要原因。例如，"2·4"巴西大停电中，分段断路器保护整定错误；印度大停电中存在的距离三段保护不恰当动作；"3·21"巴西大停电中，两次线路保护误动及一次发电厂辅机保护误动更是直接导致东北部电网全停的事故。

（3）解列、低频/低压减载、高频切机等措施相互之间，以及与电源侧的保护装置之间缺乏协调配合，而在极端紧急状态下常无法有效阻止大停电事故的发生。例如，巴西大停电中，低频减载动作后，系统频率原本已恢复至正常水平，但随后水电站自身保护误动作切除两台机组，导致系统频率不可逆地下降；巴基斯坦大停电中，南部电网解列后频率升高，最后却因为频率快速降低导致系统崩溃；阿根廷大停电中，低频减载动作仅达到预期的 75%，无法遏制频率下降；英国大停电中，由转速信号不一致导致保护动作而意外停机。

（4）新能源、分布式电源的并网比例提升，连锁故障将不断呈现出新的特点，传统防御连锁故障的控制措施难以适应。例如，英国大停电中，分布式电源两次脱网源于母线短时低压与频率变化率过快。

针对大停电中继电保护思考及其启示，建议变电站及发电厂的主管部门采取多种措施加强继电保护运行管理，加强继电保护定值的整定计算和技术监督；严格把关电网改造升级新安装或检修后的继保装置的试验，做好定检、预试和日常维护工作，充分发挥继电保护在电网运行中的重要作用；建立健全继电保护反措方案，仔细研究大规模潮流转移情况下后备保护的防误措施；合理布置低频减载装置，配置考虑频率变化率的低频减载装置。特别是随着分布式电源比例增高，需要高度重视风电、光伏、分布式电源在故障期间耐受异常电压、频率的能力，即抗扰动能力，避免在故障期间，由此类电源的性能、参数问题导致事故严重程度进一步加剧。

为从根本上克服当前传统继电保护存在的问题，改善继电保护的性能，近年来随着智能电网变电站信息共享技术和光纤通信技术的发展，基于多源信息的区域性保护的研究受到了持续关注。当前，应用站域信息、广域信息构成的区域性保护的研究仍在不断深入并取得初步成果，但距离工程应用要求的技术方案还有待进一步深入研究，特别是需要结合智能变电站信息共享技术，重新审视并构建区域性保护模式，进一步研究保护原理、实现方式和工程技术等关键技术问题。本书从讨论电力系统安全要求继电保护基本作用出发，结合当前智能变电站技术准则，围绕区域性保护的构建模式，探讨新型继电保护架构体系、功能及大电网保护分区、故障元件判别、系统通信等关键技术问题，重点考虑通信限制与约束，从原理和实现的技术手段上，推动区域性保护的工程化应用，不仅有利于提高电力系统继电保护的水平，同时也是智能电网发展的重要组成部分。

1.2 智能变电站技术与广域通信技术

21 世纪初，作为现代电力工业发展的必由之路，智能电网被提出。而由于国情不同，世界各国对智能电网的概念理解和规划建设也存在较大差异。中国智能电网的发展规划最早由国家电网公司于 2009 年提出，其突出特征在于建设坚强智能电网，将传感测量技术、通信技术、信息技术、计算机技术和控制技术与物理电网高度集成而形成新型电网[12]。为更好地支撑智能电网发展，智能变电站作为最核心的一环，其关键技术主要体现在一次设备的集中化、数字化、智能化，以及二次系统的就地化、系统化、标准化、网络化。相比较传统变电站，智能变电站系统结构对比如图 1.3 所示。

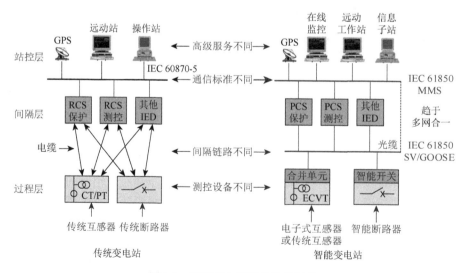

图 1.3　智能变电站整体结构对比

1.2.1　测量数字化的互感器测量系统

互感器是电力系统用来测量一次电流、电压的设备。在正常工作条件下，它能输出与一次电压或电流成正比且不发生相移的电压或电流，供保护、测控和计量装置使用。电子传感器整体较轻，便于安装，特别是一次回路采用非磁性骨架，测量不会饱和，二次回路采用光纤传输，具有传输速度快、抗干扰能力强、安全性高等优点。目前出现很多种原理的电子式互感器，例如，电流互感器有基于法拉第（Faraday）效应的电子式电流互感器（electronic current transformer，ECT）、基于克尔（Kerr）磁光效应的 ECT、基于逆压磁效应的 ECT、基于磁致伸缩效应的 ECT、基于霍尔效应的 ECT、用铁心的电流互感器（current transformer，CT）或罗戈夫斯基（Rogowski）线圈作传感头的 ECT；电压互感器有基于电容分压的电子式电压互感器（electronic voltage transformer，EVT）、电阻分压的 EVT、感应分压的 EVT 和阻容分压的 EVT 等。这里简单介绍基于罗戈夫斯基线圈的 ECT 和基于电容分压、电阻分压的 EVT 的原理。

1. 基于罗戈夫斯基线圈的 ECT

罗戈夫斯基线圈是的均匀绕在一个非磁性骨架上的线圈，非导磁性材料使这种传感器线性度好，不饱和也无磁滞现象[13]，因而罗戈夫斯基线圈具有体积小、重量轻、测量范围广、线性度高、频带宽（2 K）、响应快（0.3 ms）等优点，具有良好的稳定性和暂态响应，满足电力系统暂态保护的要求；用罗戈夫斯基线圈测量电流的原理如图 1.4 所示。

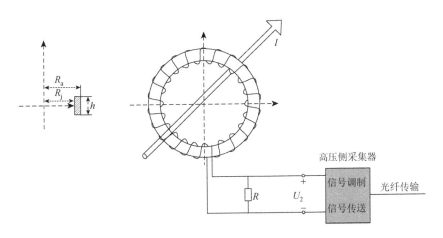

图 1.4　基于罗戈夫斯基线圈的 ECT 原理图

根据全电流定律：

$$\oint \boldsymbol{H} \cdot \mathrm{d}\boldsymbol{l} = \boldsymbol{I} \tag{1.1}$$

穿越线圈的磁感应强度为

$$\boldsymbol{H} = \frac{\boldsymbol{I}}{2\pi r} \tag{1.2}$$

穿越线圈的磁场强度为

$$\boldsymbol{B} = \mu_0 \boldsymbol{H} = \frac{\mu_0 \boldsymbol{I}}{2\pi r} \tag{1.3}$$

通过单匝线圈的磁通量为

$$\varphi = \oiint_S \boldsymbol{B} \cdot \mathrm{d}\boldsymbol{S} = \oiint_S \frac{\mu_0 \boldsymbol{I}}{2\pi r} \mathrm{d}\boldsymbol{S} = \int_{R_\mathrm{j}}^{R_\mathrm{a}} \frac{\mu_0 \boldsymbol{I} h}{2\pi r} \mathrm{d}r = \frac{\mu_0 \boldsymbol{I} h}{2\pi} \ln \frac{R_\mathrm{a}}{R_\mathrm{j}} \qquad (1.4)$$

通过线圈的总磁通量为

$$\phi = N\varphi = \frac{\mu_0 \boldsymbol{I} N h}{2\pi} \ln \frac{R_\mathrm{a}}{R_\mathrm{j}} \qquad (1.5)$$

再根据电磁感应定律有

$$e(t) = \frac{\mathrm{d}\phi}{\mathrm{d}t} = -\frac{\mu_0 N h}{2\pi} \ln \frac{R_\mathrm{a}}{R_\mathrm{j}} \frac{\mathrm{d}\boldsymbol{I}}{\mathrm{d}t} \qquad (1.6)$$

绕组互感为

$$\boldsymbol{M} = \frac{\mu_0 N h}{2\pi} \ln \frac{R_\mathrm{a}}{R_\mathrm{j}} \qquad (1.7)$$

可得罗戈夫斯基线圈的感应电势为

$$e(t) = -\boldsymbol{M} \frac{\mathrm{d}\boldsymbol{I}}{\mathrm{d}t} \qquad (1.8)$$

式中：$\boldsymbol{I}$ 为导体中流过的电流；μ_0 为真空磁导率，$4\pi \times 10^{-7}\,\mathrm{H/m}$；$R_\mathrm{a}$ 为罗戈夫斯基线圈内半径；R_j 为罗戈夫斯基线圈外半径；h 为罗戈夫斯基线圈厚度；N 为罗戈夫斯基线圈匝数。

当一次侧流过均方根为 I_N 的正弦电流时，罗戈夫斯基线圈的输出电压均方根值为

$$E = \omega \boldsymbol{M} I_N \qquad (1.9)$$

由上述推导可知，罗戈夫斯基线圈的二次输出信号与一次电流的微分成正比，在高压侧经过采集器信号调理、积分、移相等处理才能获得正比于一次电流的二次输出信号，然后通过 A/D 转换变成数字信号经过光纤回路传输到低压侧的合并单元（也称合并器）。

2. 基于电容分压和电阻分压的 EVT

一般电压等级 10 kV 或 35 kV 的 EVT 采用电阻分压原理。它不含铁心、不存在铁磁饱和及铁磁谐振，也不存在二次短路时产生大流的危险，具有结构简单、技术成熟、频带宽、暂态性好、体积小、重量轻、造价低等优点，可同时满足测量和保护的需求，其原理如图 1.5 所示。

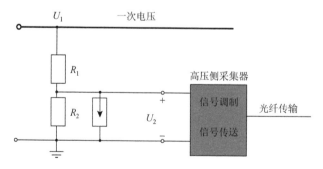

图 1.5 基于电阻分压的 EVT 原理图

二次电压为

$$u_2(t) = \frac{R_2}{R_1 + R_2} u_1(t) \qquad (1.10)$$

基于电阻分压的 EVT 的工作原理、结构及输出信号与传统的电压互感器相比有很大不同，适用电压等级受电阻功率和绝缘的限制，其性能受电阻特性和杂散电容等因素的影响。从式（1.10）可以看出，二次电压输出与一次电压成正比，直接经过采集器处理后通过光纤回路传输到合并单元。

一般电压等级大于 35 kV 的 EVT 采用电容分压原理。一方面，该技术经过多年的发展与应用，已经相当成熟，是高电压系统理想的信号获取方式。另一方面，目前电力系统都呈容性，进行电缆或开关设备试验时不会与线路构成铁磁谐振，因而不必断开隔离。基于电容分压的 EVT 原理如图 1.6 所示。

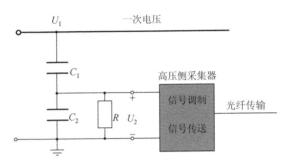

图 1.6　基于电容分压的 EVT 原理图

二次电压 U_2 与一次电压 U_1 的关系为

$$\frac{u_2}{R} + (C_1 + C_2)\frac{\mathrm{d}u_2}{\mathrm{d}t} = C_1\frac{\mathrm{d}u_1}{\mathrm{d}t} \tag{1.11}$$

若 $1/R \gg \omega(C_1 + C_2)$ （ ω 为被测电压 U_1 的角频率），则

$$u_2(t) = RC_1\frac{\mathrm{d}u_1}{\mathrm{d}t} \tag{1.12}$$

为提高电压互感器的稳定性和测量精度，采用一小阻值精密电阻 R 与电容分压器的低压固体介质电容并联。从式（1.12）可以看出，二次电压输出与一次电压微分成正比，二次模拟输出需要经过高压侧采集器积分、移相处理经光纤传输到低压侧合并单元。

3. 合并单元

在 IEC 60044-8 标准中合并单元（merging unit）有如下定义：用以对来自二次转换器的电流/电压数据进行时间相关组合的物理单元。合并单元可以是现场互感器的一个组成件，或可能是一个分立单元，例如装在控制室内或开关柜上。合并单元系统图如图 1.7 所示。

合并单元主要功能是同步接收 12 路电子式互感器输出的数字信号［12 路信号按照 IEC 60044-8 标准规定的数据通道（data channel）定义］，并按照 IEC 60044-8 标准规定的帧格式发送给保护、测量及控制设备。电子式互感器通过合并单元传送数字信号，与通信网络容易接口，且传输过程中没有附加误差，同时随着数字化变电站的推广和建立，电子式互感器直接向二次设备提供数字量，省去原来保护、测控、计量装置中的变换器、A/D 采样、信号调理部分，使二次设备得到大大简化，推动变电站数字化的发展和应用。

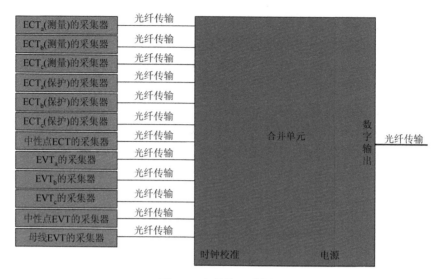

图 1.7　合并单元系统图

1.2.2　通信标准化的信息共享网络

1. IEC 61850 通信标准基本特点

20 世纪 90 年代初,欧洲和美国同时开展了关于变电站内通信网络与系统的通信标准体系方面的研究工作,并制定了相应标准。为了避免两个标准冲突,在电气电子工程师学会(Institute of Electrical and Electronics Engineers,IEEE)和国际电工委员会(International Electrotechnical Commission,IEC)的共同协调下,IEC 决定以 UCA 2.0 数据模型和服务为基础,将公共事业通信框架(utility communication architecture,UCA)的研究结果纳入 IEC 标准,建立世界范围的统一标准 IEC 61850 标准[14]。进入 21 世纪,IEC 61850 标准规约在国内逐步应用,数字技术进一步发展。

IEC 61850 标准最主要的目的就是要实现互操作性,使得来自同一厂家或不同厂家的智能电子设备之间能正确交互信息和使用信息,达到协同操作的要求。互操作是一种能力,使分布的控制系统设备间能即插即用,自动互联,实现通信双方理解互相传达与接收到的逻辑信息命令,并根据信息正确响应、触发动作、协调工作,从而完成一个共同的目标。互操作的本质是如何解决计算机异构信息系统集成问题。因此,IEC 61850 采用面向对象思想建立逻辑模型、基于可扩展标记语言(extensible markup language,XML)技术的变电站配置描述语言(substation configuration language,SCL)、将抽象通信服务接口(abstract communication service interface,ACSI)映射到制造报文规范(manufacturing message specification,MMS)协议、基于 ASN.1 编码的以太网报文等计算机异构信息集成技术。

IEC 61850 标准是目前关于智能变电站数据通信最完整的国际标准。与传统的变电站自动化系统工程设计和通信现实相比,IEC 61850 更侧重于一个统一环境,即系统平台的建立,这个平台包括通信平台、管理平台以及测试平台,在这个平台上可以实现一致性要求。它具有开放系统的特点,实现信息分层、系统配置、映射对象与具体网络独立、数据对象统一建模,在测控、保护、计量、故障录波、监测智能电子装置(intelligent electronic device,IED)之间能够进行无缝连接,避免了烦琐的协议转换,实现了间隔层与站控层以及间隔层与智能设备之间的互操作[15]。IEC 61850 标准的制定是为了实现变电站互操作性、自由配置、长期稳定性的目的，其相对于其他标准［如数据采集与监控系统（supervisory control and data acquisition，SCADA）］，有如下突出的特点。

（1）使用面向对象的统一建模语言（unified modeling language，UML）技术。

（2）采用分布、分层的结构体系。

（3）使用抽象通信服务接口（ACSI）和特定通信服务映射（specific communication service mapping，SCSM）技术：抽象建模与具体实现独立，服务与通信网络独立，适用于 TCP/IP、开放系统互联（open system interconnection，OSI）、MMS 等多种传送协议。

（4）实现智能电子设备间的互操作性，不同制造厂家提供的智能设备可交换信息和使用这些信息执行特定功能。

（5）提供自我描述的数据对象及其服务，满足智能变电站功能和性能要求。

智能变电站全站设备支持 IEC 61850 标准，站内设备按"三层两网"结构配置，使用 MMS、通用面向对象子站事件（generic object oriented substation events，GOOSE）、采样测量值（sampled measured value，SMV）报文实现变电站数字化信息共享。全站网络在逻辑功能上可分为站控层网络和过程层网络，过程层网络包括 GOOSE 网络和 SMV 网络。高采样率的采样值和 GOOSE 报文的快速传输，依靠虚拟网协议和多播技术，将流量限制在有限范围传输以减小网络负担和提高传输的实时性。同时，IEC 61850 标准具有面向未来的、开放的体系结构，能够定义其他领域任何新的逻辑节点和公共数据类，并可兼容主流通信技术而发展，可伴随系统需求而进化。

2. 信息共享下的测量数据协议

IEC 61850 标准对电子式互感器的采样值传输服务功能划分了两种不同的映射方法，9-1 和 9-2 部分，在很大程度上遵循 IEC 60044-7 和 IEC 60044-8，采用点对点或一点对多点的单向通信方式。此外，还增加了反映开关状态的二进制输入信息和时间标签信息，通信采用以太网的链路层底层协议完成。9-2 除了支持直接映射到数据链路层的"Send MSV Message"服务外，还支持向制造报文规范（MMS）的映射，可以重新配置输入通道数、采样频率等参数，支持对数据集的更改和对数据对象的直接访问，可灵活配置帧格式。下面以测量值为例详细介绍 SMV 通信协议。

1）通信栈

表 1.1 概括了通信栈的构成，物理层采用光纤传输系统作为数据输出。链路层遵循 ISO/IEC 8802-3 标准的以太网（ethernet）。

表 1.1 通信栈

用于 ISO/IEC 8802-3 的 SCSM：应用协议数据单元（application protocol data unit，APDU）的定义			应用层
无			表述层
无			会话层
无			传输层
无			网络层
媒体访问控制地址（media access control address，MACA）子层 ISO/IEC 8802-3 和按照 IEEE 802.1Q 的优先权标记或虚拟局域网（virtual local area network，VLAN）			链路层
			附件单元接口（attachment unit interface，AUI）
IEEE 802.3 的 100Base-FX	IEEE 802.3 的 10Base-FL		IEEE 802.3
			物理层

2）链路层

（1）以太网地址域缺省为由全部"1"组成的以太网广播地址，因此发送侧没有必要进行地址配置。然而作为一个可选性能，目标地址应当是可配置的，例如，通过改变组播传送地址可以借助交换机将合并单元与间隔层设备连接。

（2）优先权标记/虚拟局域网。按照 IEEE 802.1Q，优先权标记用于把和保护相关的时间紧迫、高优先级的总线传输与量大而优先级又低的总线负载分离开来。标记头的结构如表 1.2 所示。

表 1.2　标记头的结构

8 位位组		7	6	5	4	3	2	1	0
1	标签协议标识符（tag protocol IDentifier，TPID）	0x8100							
2									
3	标签控制信息（tag control information，TCI）	User Priority		标准格式指示位（canonical format indicator，CFI）		VID			
4		VLAN 标识符（VLAN IDentifier，VID）							

User Priority：三位，User Priority 的值应在配置时进行设置，以便将模拟量采样值和时间紧迫的、保护相关的 GOOSE 信息与低优先级的总线负载相区别。缺省的优先级为 4。

CFI：一位[0]，Length 后无嵌入的 RIF 域/以太网标记帧中有类型域。

VID：支持虚拟局域网是一种可选的机制，如果采用了这种机制，那么配置时应设置 VID。另外，VID 缺省值为 0。

（3）以太网类。以太网类协议数据单元（protocol data unit，PDU）结构如表 1.3 所示。

表 1.3　以太网类 PDU 结构

8 位位组		7	6	5	4	3	2	1	0
1	ether type	基于 ISO/IEC 8802-3 MAC 子层的以太网类型将由 IEEE 著作权注册机构进行注册。所注册的以太网型（ethertype）值为 88-BA（16 进制）。模拟量缓冲区的更新是直接映射到所保留的以太网类型和以太网类型 PDU 上							
2									
3	APPID	应用标识。APPID 用于选择包含模拟量采样值的信息和用于区别关联的应用。为模拟量采样值保留的 APPID 值是 0x4000～0x7FFF。缺省值为 0x4000。缺省值表示 APPID 没有被配置。配置系统时将强烈推荐将 APPIP 配置为系统中的唯一值							
4									
5	Length	包括从 APPID 开始的以太网型 PDU 的 8 位位组的数目，其值为 $8+m$（$m<1480$）							
6									
7	Reserved1	用于将来的标准化应用							
8									
9	Reserved2	用于将来的标准化应用							
10									
11	APDU	应用协议数据单元							
…									
$m+1$									

3）应用协议数据单元

应用协议数据单元（APDU）被递交到传输缓冲区以前将若干个应用服务数据单元（application service data unit，ASDU）连接成一个 APDU 的性能。被连接为一个 APDU 的 ASDU 的数目是可以配置的并与采样速率有关。为减少应用的复杂性，ASDU 的连接不是动态可变的，如图 1.8 所示。

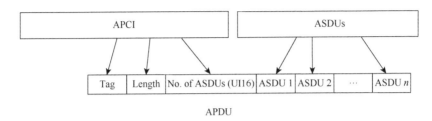

图 1.8　若干 ASDU 合成一帧示意图

与基本编码规则（basic encoding rule，BER）相关的 ASN.1 语法被用来对在过程层传输的模拟量采样值信息进行编码。为进行传送，模拟量采样值缓冲区按表 1.4 详述的方法进行编码。

表 1.4　用于模拟量采样值缓冲区传送的编码

按 IEC 61850-7-2 篇的抽象缓冲格式		本标准中的代码	备注
属性名称	属性类型		
		8 位位组：Tag	Tag 按 ASN.1 基本编码规则编码为 0x80
		8 位位组串：Length	Length 按 ASN.1 基本编码规则编码
		UI16：ASDU 的数目	被连接成一个 APDU 并被写入采样值缓冲区的 ASDU 的数目
MsvID	VISIBLE STRING	8 位位组串	MAC 广播地址是以太网报头的一部分
		UI16：Length	当报头加入的 ASDU 的长度
OptFlds	PACKED LIST		未映射
DatSet	ObjectReference		
LNName DataSetName LDName		UI8 UI8 UI16	
Sample[1…n]	数据集实例成员的值	公共数据类的编码	参见表注
SmpCnt	INT16U	UI16	计数器规范参见 IEC 60044-8
RefrTim	TimeStamp		未映射
ConfRev	INT32U	UI8	配置信息的版本号，逻辑设备配置每改变一次加 1，缺省值为 NULL
SmpSynch	BOOLEAN		参见 IEC 60044-8 状态字的"NotSynch"属性
SmpRate	INT16U	UI8	0 = 未定义； 1～255 = 与 fr 相应的每周波采样值的数目

注：为对采样值进行编码，采用了公共数据类编码规则。基本数据集中的采样值和状态属性的映射按照 IEC 60044-8 的规范进行了优化。并不要求所有的互感器都连接到合并单元。在基本数据集中电流或者电压未采用的值发送时置 0，并且相应的数据无效标志位。

APDU 的 Length 表示数据域的长度。假定数据域的字节数为 n。按 ASN.1 的编码规则，当 $n \leqslant 127$ 时 Length 只有一个字节，值为 n；当 $n > 127$ 时，Length 有 2～127 字节，第一个字节的 Bit 7 为 1，Bit 0～6 为 Length 总字节数减 1，第二个字节开始给出 n，基于 256，高位优先。

APDU 的数据域包括 ASDU 的数目和若干 ASDU，ASDU 的数目为双字节无符号整数，高位优先。

4）应用服务数据单元

ASDU 为 IEC 60044-8 的通用数据帧，如表 1.5 所示。ASDU 还包含一些标识符（如逻辑节点名、逻辑设备名等）和 IEC 61850-9-1 兼容。

表 1.5　ASDU 内容

序号		7	6	5	4	3	2	1	0
1	报头	msb			数据集长度（= 44 dec）				
2									lsb
3		msb			逻辑节点名（LNName = 02）				lsb
4	数据集	msb			数据集名（DataSetName）				lsb
5		msb			逻辑设备名（LDName）				
6									lsb
7		msb			额定相电流				
8					（PhsA.Artg）				lsb
9		msb			额定零序电流				
10					（Neut.Artg）				lsb
11		msb			额定相电压				
12					（PhsA.Vrtg）				lsb
13		msb			额定延迟时间				
14					（PhsA.Vrtg）				lsb
15		msb			数据通道 1				
16					（DataChannel#1）				lsb
17		msb			数据通道 2				
18					（DataChannel#2）				lsb
19		msb			数据通道 3				
20					（DataChannel#3）				lsb
21		msb			数据通道 4				
22					（DataChannel#4）				lsb
23		msb			数据通道 5				
24					（DataChannel#5）				lsb
25		msb			数据通道 6				
26					（DataChannel#6）				lsb
27		msb			数据通道 7				
28					（DataChannel#7）				lsb
29		msb			数据通道 8				
30					（DataChannel#8）				lsb

序号		7	6	5	4	3	2	1	0
31	数据集	msb			数据通道 9				
32					（DataChannel#9）				lsb
33		msb			数据通道 10				
34					（DataChannel#10）				lsb
35		msb			数据通道 11				
36					（DataChannel#11）				lsb
37		msb			数据通道 12				
38					（DataChannel#12）				lsb
39		msb			状态字 1				
40					（StatusWord#1）				lsb
41		msb			状态字 2				
42					（StatusWord#2）				lsb
43		msb			采样计数器				
44									lsb
45		msb			采样速率				lsb
46		msb			配置版本号				lsb

数据集名（DataSetName）：类型为 8 枚举型，值域为〈0-255〉，数据集名是唯一的数字，用于标识数据集结构，也就是数据通道的分配。这里允许的取值有 01 或 0xFE（十进制 254）。表 1.6 定义了 DataSetName 为 01 时数据通道到信号源的分配。

表 1.6　DataSetName = 01（通用应用）的数据通道映射

DataSetName		01		
通道	信号源	对象路径名	参考值	比例因子
数据通道 1	A 相电流，保护用	PhsATCTR.Amps	额定相电流	SCP
数据通道 2	B 相电流，保护用	PhsBTCTR.Amps	额定相电流	SCP
数据通道 3	C 相电流，保护用	PhsCTCTR.Amps	额定相电流	SCP
数据通道 4	零序电流	NeutTCTR.Amps	额定零序电流	SCM
数据通道 5	A 相电流，测量用	PhsA2TCTR.Amps	额定相电流	SCM
数据通道 6	B 相电流，测量用	PhsB2TCTR.Amps	额定相电流	SCM
数据通道 7	C 相电流，测量用	PhsC2TCTR.Amps	额定相电流	SCM
数据通道 8	A 相电压	PhsATVTR.Volts	额定相电压	SV
数据通道 9	B 相电压	PhsBTVTR.Volts	额定相电压	SV
数据通道 10	C 相电压	PhsCTVTR.Volts	额定相电压	SV
数据通道 11	零序电压	NeutTVTR.Volts	额定相电压	SV
数据通道 12	母线电压	BBTVTR.Volts	额定相电压	SV

注：对象路径名参见 IEC 61850-9-1。

DataSetName 为 0xFE 时表示特殊应用数据集，在表 1.6 的通道映射不能满足应用要求时使用。这时合并单元将通过一定形式将数据集定义提供给二次设备。

5）一帧数据详解

FFFF FFFF FFFF	广播 MAC 地址
7361 6300 0001	合并单元 MAC 地址
8100	TPID
8000	TCI
88BA	EtherType
4000	APPID
00F3	Length
0000	Reserved1
0000	Reserved2
/********** 以下为 1 个 APDU 数据**************/	
80	PDU 数据 Tag
81E8	PDU 数据长度（81 位组串；E8 数据长度）
0005	PDU 数据 ASDU 数目（先高字节，再低字节）
/********** 第一个 ASDU **************/	
00 2C	ASDU 数据集长度（先高字节，再低字节）
02	ASDU 逻辑节点名
01	ASDU 数据集名
00 01	ASDU 逻辑设备名
03 E8	ASDU 额定相电流
03 E8	ASDU 额定零序电流
01 5E	ASDU 额定相电压
01 F4	ASDU 额定延迟时间
00 00	第一路采集器数据（采样值为 0，后同）
00 00	第二路采集器数据
00 00	第三路采集器数据
00 00	第四路采集器数据
00 00	第五路采集器数据
00 00	第六路采集器数据
00 00	第七路采集器数据
00 00	第八路采集器数据
00 00	第九路采集器数据
00 00	第十路采集器数据
00 00	第十一路采集器数据
01 02	第十二路采集器数据
0F F1	ASDU 状态字 1
00 0F	ASDU 状态字 2
00 9F	ASDU 采样计数器
C8	ASDU 采样速率

57   ASDU 配置版本号

/***以下为另一个 ASDU（解释同第一个 ASDU，区别是计数器增加）***/

00 2C02 0100 0103 E803 E801 5E01 F400 0000 0000 0000 0000 0000 0000 0000 0000 0000 0000 0001 020F F100 0F00 A0C8 57

00 2C02 0100 0103 E803 E801 5E01 F400 0000 0000 0000 0000 0000 0000 0000 0000 0000 0000 0000 F80F F100 0F00 A1C8 57

00 2C02 0100 0103 E803 E801 5E01 F400 0000 0000 0000 0000 0000 0000 0000 0000 0000 0000 0001 070F F100 0F00 A2C8 57

00 2C02 0100 0103 E803 E801 5E01 F400 0000 0000 0000 0000 0000 0000 0000 0000 0000 0000 0001 020F F100 0F00 A3C8 57

1.2.3 广域测量与通信技术

电力通信网按照网络用途大致可以分为传输网络、数据网络、业务网络及支撑网络四大类。其中，传输网络又可以分为有线通信传输网（电力线载波、光纤通信）、无线通信传输网〔数字微波、卫星通信、短波、无线局域网（wireless local area network，WLAN）、无线城域网（wireless metropolitan area network，WMAN）、移动通信等〕；数据网络包括承载生产业务的生产数据网和管理信息的综合数据网；业务网络包括调度交换网、行政交换网、会议视频等；支撑网络包括同步网及网管系统。电力通信网总体框架如图 1.9 所示。

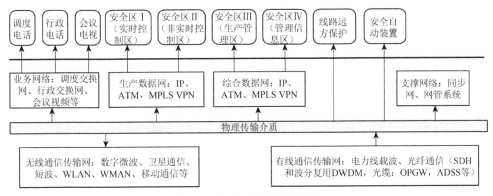

图 1.9 电力通信网总体框架

在传输网中，同步数字系列传送（synchronous digital hierarchy，SDH）光传输网是通信的核心网络，电力线载波和无线通信作为传输网的应急和备用通道，密集波分复用（dense wavelength division multiplexing，DWDM）作为 SDH 的技术补充，由于价格较高，目前比较适合用于大数据量传输作为传输网的核心层。电力系统光纤通信除了采用普通光缆，更多采用的是电力特种光缆，这些依附于输电线路同杆架设的光缆，最常用的为光纤复合架空地线（optical fiber composite overhead ground wires，OPGW）和全介质自承式光缆（all dielectric self-supporting optical cable，ADSS）。我国已在各厂站基本建成采用 SDH 体制的光传输网，以环形结构为主，部分采用链形结构，其传输网架的构成主要依托于输电线路的走向，SDH 的自动保护倒换机制保证网络具有 50 ms 的自愈能力和较高的可靠性。当前，我国电力通信已经实现主干通道光纤化、数据传输网络化架构，如图 1.10 所示。

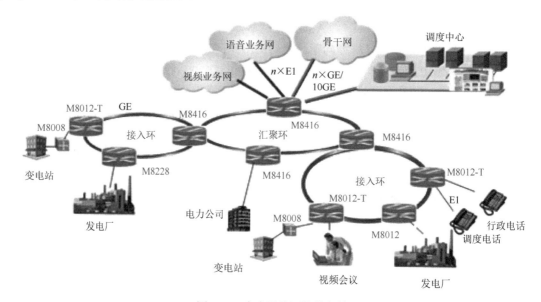

图 1.10　电力通信网络化架构

　　电力系统广域测量是 20 世纪末发展起来的一项推动二次保护与控制系统的新技术。该系统是由美国能源部联合邦纳维尔电力局和美国西部电力局在电力市场重组过程中旨在加强大电网的可靠性而首先启动的项目，并基于该系统开发了电力系统闭环控制系统。

　　事实证明，广域测量系统在动态过程监测和动态信息的应用中起着重要作用，例如，在美国 1996 年发生的"8·10"大停电事故中，广域测量系统收集的动态过程数据，能够分析出系统在崩溃前 6 min 已经出现不稳定振荡现象。只是当时的控制技术落后，最终导致事故发生。但这个监测记录也被后来作为系统恢复操作时的重要依据。近年来，广域测量系统及基于该系统的各种应用在美国、欧洲、中国等多个国家及地区快速发展起来。广域测量系统广泛应用于电力系统状态实时监测、电力系统扰动记录、失步保护、能量管理系统和电网稳定控制等多个领域[16]。广域测量系统由三大部分组成，如图 1.11 所示，即分布在各厂站的同步相量测量单元（phasor measurement unit，PMU）、覆盖全网的通信网络和安装在调度端的相量数据集中器（phasor data concentrator，PDC）。

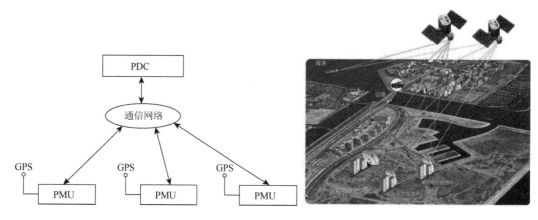

图 1.11　广域测量系统

这些系统的初步应用效果，远远超出了人们的期望值。国内外的应用表明，广域测量技术具有广泛的应用前景，因而受到了电力系统科研、运行等各部门的高度重视，成为电力系统技术前沿中最活跃的领域之一。

1.3 继电保护变革与意义

1. 从继电保护角度观察智能电网一次系统

智能电网的快速发展具有显著的特征，这些特征一定程度上解决了能源分布不均衡、新能源的消纳等问题，提升了系统的兼容性，但给二次继电保护的可靠性带来了巨大影响，具体如下。

（1）特高压互联大电网，跨省区域性电网发展为全国联网。改革开放 40 多年来，我国经济社会发展取得巨大进步，我国电网也实现了从小到大、从弱到强、从分散孤立到互联互通的蜕变。在经济社会发展和科技进步的持续推动下，一张以特高压为骨干网架，坚强智能的交直流互联大电网逐渐形成，在提供电力保障、资源优化配置、助力绿色发展等方面发挥出巨大作用[17]。我国正逐步形成若干个前所未有的复杂大电网，其安全稳定运行至关重要，对继电保护不断提出更为苛刻的要求。

（2）先进交流输电技术。柔性交流输电技术是综合电力电子技术、微处理和微电子技术、通信技术和控制技术而形成的用于灵活快速控制交流输电的新技术，它一方面能够增强交流电网的稳定性并降低电力传输的成本，另一方面能够通过为电网提供感应无功功率来提高输电质量和效率。另外，为了减少输电走廊占地并提高系统强联系和输电电能的能力，同杆并架输电技术得到广泛应用。先进交流输电技术的应用加强了系统的强耦合，同时改变了系统故障特征，使得很多电力系统继电保护原理存在应用问题。

（3）直流输电技术。直流输电是将发电厂发出的交流电经整流器变换成直流电输送至受电端，再用逆变器将直流电变换成交流电送到受端交流电网的一种输电方式，由于具有远距离大功率输电、非同步交流系统联网、不存在系统稳定问题、调节快速、运行可靠以及线路投资少等优点，在电网的建设和规划中得到快速发展。直流输电主要包括电网换相换流器（line-commutated converter，LCC）型高压直流输电和电压源换流器（voltage-sourced converter，VSC）型柔性直流输电。直流输电的发展，直接改变了交流系统连接关系，交直流的相互作用更是给继电保护带来适应性难题。

（4）大规模新能源发电集中并网。仅 2020 年，新能源发电量达到 2.2 万亿 kW·h，占全社会用电量的比重达到 29.5%。远景规划上，为了实现"碳达峰、碳中和"目标，可以预期新能源发电将达到一个更高的比例。对于高压电网，主要体现在大规模新能源发电集中并网。从英国大停电可以看到，新能源发电更容易受系统波动的影响，也很容易造成大规模停电事故。

（5）新型配电网。新能源发电主要利用在配电网，分布式发电接入中低压配网是主要形式，高比例、高渗透分布式发电就地消纳将是未来发展的主要方向，另外电动汽车的快速发展也直接影响配电网的规划和建设，电动汽车既是大负载又是分布式电源。考虑到新能源发电的随机性和波动性，新型配电网的稳定装置和快速调节必不可少，革命性地改变了传统单电源辐射型配电网，这对传统三段式电流保护带来极大影响。

2. 从继电保护角度观察智能电网二次系统

一次系统的发展一定程度上影响了二次继电保护系统，但智能变电站以全站信息数字化、通信平台网络化、信息共享标准化、系统功能集成化、结构设计紧凑化、高压设备智能化和运行状态可视化等为基本要求，所以说现代二次技术的发展也紧跟步伐，改变着现代电力系统[18-20]。具体特征如下。

（1）全站信息数字化。电子式互感器的发展和应用，直接推动变电站模拟采样就地化，减少了模拟量长距离传输造成的干扰和损耗，直接影响电压、电流测量精度；基于高压采集器或者合并单元转换为数字量，完成变电站内信息的采集、传输、处理、输出过程完全数字化。

（2）通信平台网络化。传统电缆通信被光纤取代，组成的光纤网络化也取代了点对点通信方式，实现了合并单元 SV 和 GOOSE 信息与过程层保护装置、测控装置、计量仪表的网络化传输，进一步预留网络接口，为站域系统，甚至广域系统直接获取数字信息提供了便利。

（3）信息共享标准化。IEC 60870-5-103、IEC 60870-5-104 作为变电站的工程运作标准得到广泛应用，但受限于自定义解释，多厂家设备同一标准理解不一致，导致设备互联性差，难以做到互操作。IEC 61850 标准是电力系统自动化领域唯一的全球通用标准，它的应用使得智能变电站的工程实施变得规范、统一和透明，实现了二次设备间的信息共享和互操作，在智能化变电站发展中具有不可替代的作用。

（4）突破传统保护装置秒脉冲对时方式，智能变电站采用时钟同步统一化，基于同一时钟源，采用简单网络时间协议（simple network time protocol，SNTP）、互测仪器组时间码 B（inter-range instrumentation group B，IRIG-B）或 IEEE 1588 网络对时方式实现数据同步。IEEE 1588 为网络测量和控制系统的精密时钟同步协议标准，在局域网中，它能将时钟精确度控制在亚微秒范围内，有效地解决了变电站各装置的同步与接入。

（5）光纤通信广域化。SDH 作为新一代理想的传输体系，具有路由自动选择能力，上下电路方便，维护、控制、管理功能强，标准统一，便于传输更高速率的业务等优点，能很好地适应广域通信网飞速发展的需要。基于 SDH 光纤环网在电力调度系统得到快速发展，实现了站间信息的数字化高带宽、高速度传输。

3. 继电保护面临挑战与发展机遇

综上所述，智能电网中继电保护面临诸多挑战。随着现代电力系统的发展，网架结构复杂、运行方式灵活、大负荷潮流转移时有发生，要求继电保护具有更好的自适应能力；特高压网架互联、柔性交流输电系统（flexible alternative current transmission systems，FACTS）装置、直流输电装置以及电力电子设备广泛应用，故障暂态过程显著变化，要求高速切除故障，对继电保护快速性要求更高；分布式电源的接入，导致配电网电源结构变化，故障特性也随之发生改变，保护配合难度增加；同杆并架多回线路，复杂的电磁耦合关系以及故障后要求保留尽可能多的输电能力，对继电保护和自动重合闸技术提出新的挑战。

但是，智能电网技术也为继电保护发展带来机遇。智能变电站中网络化通信和信息共享技术，使继电保护可综合利用全站甚至相邻变电站的信息，为改善传统保护性能提供契机；广域通信技术和广域同步测量的发展，为在后备保护中引入广域信息提供了技术条件，使得从电网整体最优的角度进行后备保护的设计成为可能；电子式互感器（俗称光电式互感器），传变频带宽、暂态性能好，为继电保护装置准确提供一次系统状态信息；计算机技术、信息处理技术、智能化技术等的发展为继电保护智能化决策算法的实现提供技术支撑。常规继电保护仅使用被保护设备的有限信息，而解决继电保护的上述难题需要更广泛的站域与广域信息；基于信息共享技术的站域保护和广域保护技术为解决继电保护难题提供了途径。

参 考 文 献

[1] 刘宇，舒治淮，程道，等. 从巴西电网"2·4"大停电事故看继电保护技术应用原则[J]. 电力系统自动化，2011，35（8）：12-15，71.

[2] 汤涌，卜广全，易俊. 印度"7·30"、"7·31"大停电事故分析及启示[J]. 中国电机工程学报，2012，32（25）：23，167-174.

[3] 梁志峰，葛睿，董昱，等. 印度"7·30"、"7·31"大停电事故分析及对我国电网调度运行工作的启示[J]. 电网技术，2013，37（7）：1841-1848.

[4] 邵瑶，汤涌，易俊，等. 土耳其"3·31"大停电事故分析及启示[J]. 电力系统自动化，2016，40（23）：9-14.

[5] 易俊，卜广全，郭强，等. 巴西"3·21"大停电事故分析及对中国电网的启示[J]. 电力系统自动化，2019，43（2）：1-6.

[6] 林伟芳，易俊，郭强，等. 阿根廷"6·16"大停电事故分析及对中国电网的启示[J]. 中国电机工程学报，2020，40（9）：2835-2842.

[7] 孙华东，许涛，郭强，等. 英国"8·9"大停电事故分析及对中国电网的启示[J]. 中国电机工程学报，2019，39（21）：6183-6192.

[8] 李琳，冀鲁豫，张一驰，等. 巴基斯坦"1·9"大停电事故初步分析及启示[J]. 电网技术，2022，46（2）：655-663.

[9] 向萌，左剑，谢晓骞，等. 荷兰2015年3月27日停电事故分析及对湖南电网的启示[J]. 湖南电力，2016，36（1）：31-35.

[10] 刘云. 巴西"9·13"远西北电网解列及停电事故分析及启示[J]. 中国电机工程学报，2018，38（11）：3204-3213.

[11] 曾辉，孙峰，李铁，等. 澳大利亚"9·28"大停电事故分析及对中国启示[J]. 电力系统自动化，2017，41（13）：1-6.

[12] 林宇锋，钟金，吴复立. 智能电网技术体系探讨[J]. 电网技术，2009，33（12）：8-14.

[13] 张省伟. 基于Rogowski线圈电子式电流互感器的研究[D]. 哈尔滨：哈尔滨工业大学，2009.

[14] 杨军，罗建，赵春波. IEC 61850国际标准通信协议[J]. 重庆电力高等专科学校学报，2004（4）：1-4.

[15] 朱正谊. 智能配电网分布式控制应用IEC 61850标准的关键技术[D]. 济南：山东大学，2018.

[16] 段刚，严亚勤，谢晓冬，等. 广域相量测量技术发展现状与展望[J]. 电力系统自动化，2015，39（1）：73-80.

[17] 陈凯，段翔颖，郭小江. 特高压交直流混联电网稳定控制分析[J]. 电力建设，2016，37（1）：64-69.

[18] 王冬青，李刚，何飞跃. 智能变电站一体化信息平台的设计[J]. 电网技术，2010，34（10）：20-25.

[19] 苏永春，汪晓明. 智能变电站全景数据采集方案[J]. 电力系统保护与控制，2011，39（2）：75-79.

[20] 曹译方. 220 kV智能变电站数字继电保护系统的设计与研究[D]. 呼和浩特：内蒙古大学，2019.

第2章 区域性保护概念

继电保护承担着电力系统"三道防线"中第一道防线的主要任务，是电网安全和稳定运行的重要保障。随着中国经济社会的高速发展，电网的电压等级越来越高，同杆并架线路和直流输电技术得到大量应用，可控电抗器、可控串联补偿装置（thyristor controlled series compensator，TCSC）、静止无功补偿装置（static var compensator，SVC）等补偿装置也相继投入运行，造成电网的系统结构及其运行方式越来越复杂，对继电保护的可靠性也提出更高的要求[1-3]。特别是近十年来，世界范围内发生的多次大停电事故让人们认识到加强对大规模互联电网继电保护和控制系统研究的重要性[4-6]。随着电网规模的扩大和结构复杂化，依赖于就地信息的传统继电保护遇到越来越多的问题，通过梳理现有继电保护误动与拒动情况，分析其影响保护误动拒动的因素，归纳如下。

（1）主保护因灵敏度不足或设备硬件故障等拒动时造成过长延时或扩大范围的跳闸，可能引发电网局部灾难。

（2）传统后备保护的整定配合基于固定的运行方式，缺乏自适应应变能力。当电网的网架结构及运行方式因故发生频繁和大幅改变时，易导致后备保护动作特性失配，可能造成误动或扩大事故。

（3）在电网发生大负荷潮流转移过程中可能引起线路后备保护非预期连锁跳闸，这是导致电网事故扩大甚至大面积停电的一个主要原因。

为从根本上解决当前传统继电保护存在的问题，改善继电保护的性能，近年来随着智能电网变电站信息共享技术和光纤通信技术的发展，基于多源信息的继电保护研究受到了持续关注。基于多源信息的继电保护主要指站域保护和广域保护，区别于传统间隔层保护，站域保护主要是集中变电站内站域多源信息构建新的保护方案，而广域保护主要是集中区域电网多源信息构建新的保护方案，目的都是通过利用多源信息构建新型继电保护，改进传统保护的性能以解决当前继电保护存在的问题，提高输电系统继电保护的可靠性。基于站域保护和广域保护的实现，间隔层保护也不再需要复杂的保护配置，进一步由于智能变电站过程层网络的变化，其保护的实现方式也发生了变化[7]。从信息共享的角度，基于间隔层保护、站域保护、广域保护的信息层次，构建新型层次化继电保护方案，对研究现代电网继电保护以适应智能电网的发展具有重要意义[8]。近些年，国家自然科学基金委员会等对广域保护等相关课题的研究也给予了大力支持，不少高校和电力企业也积极参与了层次化继电保护的探索，不仅在原理研究上取得了很多进展，还有一些局部工业试验的事例，这些研究成果为构建层次化保护、克服传统继电保护的难点问题奠定了基础。

站域与广域信息的引入使得继电保护可利用信息得到极大丰富，可实现的功能也相应得到极大扩展。而站域与广域信息的范围、类型深刻影响着站域保护和广域保护的原理性能，在不同的信息前提下，往往会构建出不同形式的站域保护与广域保护方案。因此，区域性保护的研究呈现出多样化的发展形势。随着以数字化和信息共享为特点的智能变电站技术的出现和成熟，区域性保护的研究工作迎来了新的契机。当前，基于多源信息的继电保护研究仍在不断深入并取得初步成果，但距离工程应用要求的技术方案还有待进一步深入研究，特别是需要结合智能变电站信息共享技术，重新审视并构建区域性保护模式，进一步研究保护原理、实现方式和工程技术等关键技术问题。

2.1 区域性保护基本概念

2.1.1 站域保护

1. 站域保护基本描述

智能变电站的信息共享技术不仅为变电站继电保护和控制系统提供更多的信息，还改变了它们的构建模式和性能。本书将基于变电站信息共享的保护和控制系统统称为站域保护（substation protection），其基本描述如下。

站域保护以快速切除故障、提高电网运行安全为目标，主要利用变电站内的站域信息，整合并集成实现变电站继电保护和紧急控制的功能，以简化后备保护配置，改善保护及紧急控制的性能。它主要适用于具有信息共享功能的智能变电站或数字化变电站。

与传统的继电保护系统相比，站域保护可以获得更多的故障特征信息，不仅有助于解决传统继电保护存在的问题，而且构建新的继电保护模式有利于在减少变电站投资、简化二次系统、方便运行维护等方面改善保护配置。例如，利用冗余测量信息可以解决 CT/PT 断线、CT 饱和对继电保护的影响等问题；基于冗余信息的综合判断可以提高保护动作的可靠性；通过站域信息和少量远方信息，可以简化后备保护的整定，并通过有效配合，实现后备保护的快速、有选择性的动作；基于各元件保护动作信息和支路电流信息可方便地实现智能型断路器失灵保护，以加快后备保护动作的速度；对于没有装设母线保护的传统低压母线，可自动增设母线差动保护，快速切除母线故障。

另外，站域保护可实现全站控制功能的协调和集成，包括电压无功综合控制、备自投、低频低压减载、切机、切负荷等。站域保护系统可实时获取站域电气信息，综合判断变电站运行状态，通过智能决策方法实现上述控制功能的优化，提高电网的安全运行水平和供电可靠性。

2. 站域保护研究现状

20 世纪 60 年代末，美国学者洛克菲勒第一次提出集中式保护，指将变电站内的全部或部分信息集成于一个计算机系统中，形成可靠、灵活、多样互补的集中式保护系统，在保护变电站内多个独立分散设备的同时，还能够实现控制功能，是一种保护控制一体化装置。但限于当时的计算机技术和信息共享水平，该方案仅实现了理论分析，并没有得到实际应用。随着技术的发展，一些学者及企业相继提出 Protection & Control Functional Integration、Substation Protection、集中式保护、集成式保护、网络化保护等概念。这些保护方案都一致将信息交互范围由单间隔提高到站域范围。

国际大电网会议（international council on large electric systems，CIGRE）在 2007 年的专题报告中特别提出，变电站保护和控制系统的功能集中方案主要分为三个方面，一是基于共享测量信息和开关量信息的保护功能集中，二是基于开放协议的保护和控制功能集中，三是基于广域信息的保护功能集中。其优点体现在减少设备、空间、安装、电缆、备件、工程维护等费用，方便增加新的功能配置，改进保护和控制的性能等；缺点体现在用户必须针对新增保护方案进行培训，且系统的运行、配置和维护难度加大。

一些大型的电力设备企业也提出了一些基于统一标准下的保护和控制功能集中方案。例如，ABB 公司提出的 REB500 sys station protection 系统，该保护方案基于信息的集中化设计，可灵活实现母线保护、断路器失灵保护，多间隔线路保护和变压器保护等保护的综合配置，利用一台装置或一套系统实现变电站多输电元件的保护和控制。

除了构建模式上的探索，一些学者在利用多信息改进保护和控制的性能方面也做出了大量前瞻性研究。韩伟提出一种基于 PowerPC、数字信号处理器（digital signal processor，DSP）、总线低电压差分信号（bus low voltage differential signal，BLVDS）高速串行总线的数字化集中式保护方案，保护功能集中了主变主保护、后备保护、35 kV 线路保护、10 kV 线路保护、10 kV 电容器保护、小电流接地选线等功能[9]。董新洲提出一种以多功能保护控制器（multifunctional protection and control unit，MPCU）为核心的数字化集成保护与控制系统（digital integrated protection and control system），MPCU 是一台集中式的多功能数字装置，从过程层总线接收来自多个设备的信息，完成变电站内全部或部分设备的保护、控制、测量等功能，以及利用冗余的广域信息来提高保护与控制的性能[10]。付丽梅针对常规变电站自动化系统保护功能不足的问题，利用间隔层智能电子设备通过数字通信网络进行信息交互，协同实现保护功能[11]。同时具体分析了网络化的母线保护、备自投、低频低压减载等功能的实现方式。杜振华基于监控网 MMS 与 GOOSE 网合一，利用 GOOSE 网实现网络化保护，其主要功能包括基于 GOOSE 网的母线快速保护、网络化备自投及过负荷联切等功能[12]。另外，也有一些基于站域信息，提出新的保护和控制功能，如基于方向元件比较的双回线路无通道保护、双回线路的横差保护、线路集合保护、基于方向比较原理的变电站集中式后备保护、基于负荷预测的区域变电站电压无功综合控制、考虑多个备自投上下级配合的投退组合在线选择等。

从研究现状可以看出，站域保护的研究主要存在以下一些问题。

（1）目前，站域保护研究主要偏重低电压系统，且都是采用集中式，通过集中多个间隔乃至整个低压系统，整合保护和控制功能，实现简化接线系统，节约硬件和维护成本。

（2）针对目前高电压输变电系统继电保护存在的问题，如后备保护整定配合困难、大范围潮流转移保护的误动等，站域保护的研究缺乏针对性的措施或解决方案。

（3）站域保护的研究一般都是独立研究，缺乏与目前研究的广域保护或智能变电站就地继电保护之间的协调配合。

综上，虽然国内外学者对站域保护开展了多方面的研究工作，但仍处于理论探讨和工程试点应用的初始发展阶段。在站域保护的构建模式方面，虽提出了多种设计方案，但缺乏必要的论证分析。此外，传统继电保护存在的问题并没有得到解决，且站域保护的研究主要在中低压系统。因此，如何科学、合理地确定站域保护系统的构建模式和实现方案，并据此对变电站二次系统进行前瞻性的规划设计，以更好满足智能电网的发展需求，提高电网的运行安全和供电可靠性具有重要的理论和现实意义。

2.1.2　广域保护

一般地，广域保护（wide-area protection，WAP）可认为由广域继电保护（wide-area relaying protection，WARP）和广域安稳保护（wide-area stability protection，WASP）共同构成。

1. 广域安稳保护

广域安稳保护早在 20 世纪末展开了大量研究，2001 年 CIGRE 在 Task Force 38.02.19 报告中也提出大电网系统保护方案,该报告重点研究系统保护和紧急控制来保证系统的稳定运行,其主要目的是针对在系统出现不可预测事件时,如大范围潮流转移或线路极限运行时又发生严重故障,SPS 如何利用广域测量信息避免系统失稳。该报告也给出了 SPS 的基本定义:A System Protection Scheme(SPS)or Remedial Action Scheme(RAS)is designed to detect abnormal system conditions and take predetermined,corrective action(other than the isolation of faulted elements)to preserve system integrity and provide acceptable system performance。同时,图 2.1 详细描述了 SPS 实现的功能及控制手段、目标和时间的关系。

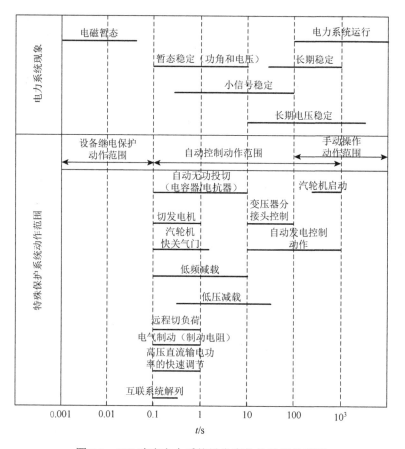

图 2.1 SPS 响应电力系统异常事件的时间关系图

也有专家将图 2.1 中 0.1～100 s 的安稳控制直接称为广域保护,强调对广域电力系统整体安全的保护作用,反映了对广域保护的一种看法。从历史和应用的角度,安稳控制功能既有采用就地信息,也有采用广域信息来实现的。近年来随着 WAMS 和 PDU 的发展和应用,很多研究主张使用实时广域信息来改善安稳控制性能,从广域信息方面丰富了广域安稳保护的概念[13-15]。

2. 广域继电保护

事实上,基于中国"三道防线"的作用和抗扰度措施分析,在系统扰动时采取的保护和控制过程中,继电保护与安稳控制二者独立作用、各司其职,其功能并不能相互取代。同时,安全紧急控制中两个首要的原则必须遵循:故障切除优先的原则和故障必须切除的原则,这是继电保护（主、后备保护）的职责，也是广域继电保护的职责。安稳控制有效的前提是故障被切除，因此即使后备保护的功能也不可能由安稳控制行为取代。

继电保护由于其对快速性的严格要求及当时通信技术的限制，并没有像安稳控制那么早采用更广泛区域信息实现继电保护功能。早在 1998 年，Serizawa 等提出利用广域电流实现差动后备保护，即按后备保护区域形成差动保护范围，可以准确判定故障元件和确定后备保护动作区域。从继电保护的基本职责来看，广域继电保护仅实现继电保护；从广域继电保护的实现和技术要求来看，其主要功能是实现后备保护功能。与站域保护相比较，广域继电保护的广域信息是指不局限于单个变电站信息，也不局限于被保护设备的测量信息，而是包括了多个变电站的更广大区域的测量信息，信息区域的大小取决于继电保护功能实现的要求。

广域继电保护指基于广域测量及通信技术，综合利用多个变电站信息构成的继电保护系统，主要用来解决传统后备保护在现代大电网中整定配合复杂、动作延时长、自适应能力差，以及在大负荷潮流转移时可能误动等问题。

目前，实现广域继电保护的基本功能主要有两种不同途径：一种是基于在线自适应整定（on-line adaptive setting，OAS）原理，另一种是基于故障元件判别（fault element identification，FEI）原理。

1）基于 OAS 的广域继电保护

OAS 的研究始于 20 世纪 80 年代，国外学者 Rockefeller 将其表述为[16]：An on-line activity that modifies the preferred protective response to a change in system conditions or requirements. It is usually automatic，but can include timely human intervention；而国内段献忠则表述为[17]：基于事件模式，自适应反映系统运行方式，通过快速计算并在线修改定值，以防止运行方式变化造成保护配合不当，能进一步提高保护的灵敏度。

OAS 方法近 20 年的研究工作主要围绕故障后扰动域识别、最小断点集搜索和快速短路计算等内容展开[18-20]。

基于 OAS 的广域继电保护，研究时间较长，取得了很多成果，但实用化却受到一定限制，其原因主要在于该方法虽可通过在线调整定值来对保护的灵敏性、选择性加以改善，但未从根本上解决传统后备保护整定配合复杂困难、阶梯延时动作缓慢等劣化保护性能的缺陷，这正是使后备保护存在隐性故障、易引发连锁跳闸、威胁系统安全的重要原因。另外，如何在广域条件下保证上行和下行信息及时可靠，也是需要很好解决的课题。

2）基于 FEI 的广域继电保护

基于 FEI 的广域继电保护的研究始于 20 世纪 90 年代末，如 Serizawa 等于 1998 年提出广域电流差动后备保护[21]，即按后备保护区域形成差动保护范围，可以准确地判定故障元件和确定后备保护动作区域。

基于 FEI 的广域继电保护可表述为：基于广域多源冗余信息，通过广域继电保护故障元件判别算法的判断，快速判别出故障元件，并与站域保护配合实现可靠、快速地切除故障。其优越性在于：简化整定配合，具有明确的选择性；加快动作速度，例如，远后备保护无论位于何处，只需与近后备保护（或主保护）配合而减少了配合级数；同时，它没有大负荷潮流转移引起后备保护连锁动作的缺陷。

基于 FEI 的广域继电保护并不要求全电网的实时变化信息，即使远后备保护，最远仅需要周边相邻变电站群外延设备的故障相关信息（从信息容错角度可能会适当扩展这一范围），因此，这是一种有限广域保护，比较有利于其工程实现。

近年来,基于 FEI 的广域继电保护颇受关注,在故障元件判别、系统构成、保护分区乃至工业试验等方面都有成果。针对大负荷潮流转移可能引发后备保护非预期连锁动作这一潜在风险问题,也可利用广域信息对电网潮流转移状况进行分析和判别,并及时对相关后备保护采取闭锁或改变动作特性等措施[22,23]。就目前研究结果,适用于工程要求还有许多需要解决的技术问题,本书将专题讨论。

2.1.3 区域保护

站域保护的主要职责是负责站内母线、变压器等元件的近后备保护,以及在变电站直流消失等特殊情况下,借助多源信息为站内母线、变压器提供远后备保护;广域保护的主要职责是负责站间联络线近后备及站内元件远后备功能。这些借助多源信息交换(站内元件的远后备也需要多源信息)来实现特定区域后备保护的过程,均可以称为区域保护。区域保护与站域保护、广域保护的有机关系如图 2.2 所示。

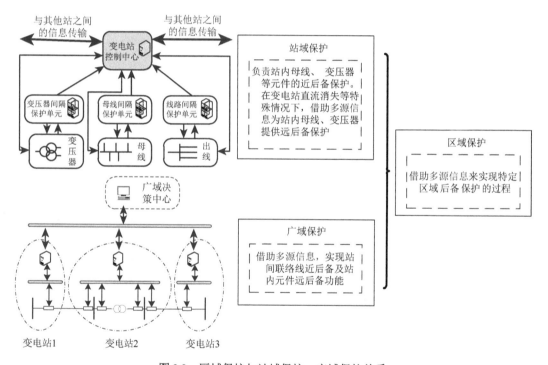

图 2.2 区域保护与站域保护、广域保护关系

2.2 区域保护一般系统构建

传统变电站继电保护系统一般采用集中式结构,对于母线保护也存在分布式结构。这些结构体现一种面向间隔的设计思想,采用点对点的信息采集或传输方式。这种结构下的继电保护在技术上和功能上都保持相对独立,长久以来对电网的安全稳定运行起到相当重要的作用,但随着电力系统的发展,电力网络结构也越来越复杂,传统继电保护存在越来越多的问题:整定配合复杂困难,不恰当的整定值可能导致保护误动作,加速扰动的扩散;而主保护拒动后,后

备保护动作时间延长，同时可能发生超越，进而可能引起大范围停电事故；同时传统继电保护构建模式的二次设备配置重复，接线复杂，运行维护困难等；为解决这些问题，对继电保护提出新的要求。随着智能电网的发展，基于信息共享技术，继电保护可获取更多、更广泛的信息资源为解决保护问题带来契机，但需要重新审视继电保护的构建模式。同时，应用于智能电网的网络化通信技术还有待进一步完善，如信息在统一网络中的综合传输技术尚存在测量同步、传输延时、可靠性问题；变电站站内信息的"直采直跳"或"直采网跳"方式存在装置集中光纤端口多、功耗大、网络结构复杂等问题；开放式协议的标准化和信息共享程度仍需进一步提升等。结合新型技术的发展，充分利用信息共享，研究适用于智能电网发展的新型继电保护构建模式具有重要意义。

目前区域保护系统构建模式多样化，且存在较大的区别，在现有技术条件下工程实现的可能性和合理性还存在一定争议；这里对传统的集中式、分布式、分布集中式进行梳理，并对比说明各自的优缺点。

2.2.1　集中式区域保护系统

集中式区域保护系统结构如图 2.3 所示，为一主站-多子站结构。在此结构中，每个变电站中均装有智能电子设备（intelligent electronic device，IED）、光纤以太网及站内控制中心，这些设备共同构成站内局域网。此外，还需按照合理规则选取区域主站，主站内增设区域决策中心。此结构下的信息采集、传输、决策、指令下达的流程如下：各处的 IED 收集各处的电气量与状态量信息，将这些信息处理后通过站内局域网传输至站内控制中心。各站内控制中心借助光纤通信网，将收集信息上传至区域决策中心。

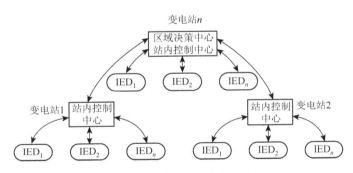

图 2.3　集中式区域保护系统结构

采用此类型系统架构进行区域保护信息传输存在多方面的优点。

（1）除区域决策中心外，网络通信量小。各变电站的站内控制中心只与相应的区域决策中心进行通信，各站内局域网、站间光纤网内的通信量小，不易出现信道堵塞的情况。

（2）采用该架构的通信系统具有较强的适应能力。系统内出现一次设备退出运行、通信装置失效、通信信道断线等情况，导致通信网络拓扑改变时，只需修改区域决策系统即可减小异常情况带来的危害。

采用此类型通信架构进行区域保护信息传输也存在着一些缺点。

（1）通信系统存在单点失效的风险。通信系统的可靠性过分依赖于区域决策中心，区域决策中心的单点故障,可能会导致整个区域保护通信系统失效,进而导致区域保护功能无法实现。此缺点可通过对区域决策中心进行冗余配置得到较好的解决。

(2)主站选取难度大。主站选取既要考虑变电站的实际地理位置及站点拓扑关系,又要考虑电压等级、后期扩建等诸多影响因素,主站选取难度大。若主站选取不当,则采用该结构的通信系统性能将有所降低。

(3)系统对区域决策要求高。全区域的多源信息将全部上传至区域决策中心,待其按照一定的区域保护算法作出相应的保护与控制决策后,还需将指令信息下达至相应的 IED 执行操作。因此,区域决策中心的通信量较大,且系统对其信息传输、计算处理等方面的要求较高。

(4)远距离变电站通信时延较大。所有子站的信息均需要传输至区域决策中心,有些变电站可能距离区域决策中心较远,跳数较多,相应的通信时延较长。

2.2.2　分布式区域保护系统

分布式区域保护系统结构如图 2.4 所示。在此系统结构中,各变电站地位平等,相互之间均存在站间通信。其站内局域网的构成及信息采集流程与集中式相同,但站与站间的通信方式与集中式存在较大差异。站内控制中心既将站内收集的信息传输给其他站内控制中心,又接收其他变电站站内控制中心传输的信息,然后综合站内及接收的多源信息按照一定算法作出保护和控制决策,继而直接操作站内设备执行相应的指令。各个站内控制中心均充当集中式中的区域决策中心的角色,分担了相应任务。

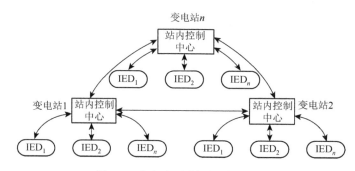

图 2.4　分布式区域保护系统结构

这种系统结构的优点在于通信系统单点失效的风险较小。每个站内控制中心均能够综合站内及接收的多源信息按照一定算法作出保护和控制决策,站内控制中心单点故障对整个区域保护功能的实现影响较小。

这种系统结构也存在一定的缺点。每个站内控制中心都需要具有较强的信息传输、处理能力。此外,由于每个站内控制中心之间都需要进行通信,光纤通信网的载荷量大,易出现信道堵塞的情况。

2.2.3　分布集中式区域保护系统

分布集中式区域保护系统结构结合了集中式和分布式结构,如图 2.5 所示。将整个广域电力系统合理地划分为多个区域,每个区域内,选择一个中心站设置为区域决策中心,其他各变电站与该中心站以集中式的形式构成一个区域。在区域内，各站内控制中心进行信息的采集与上传，借助这些多源信息，区域决策中心可以独立完成保护与控制的决策功能。这些区域之间又构成分布式结构，各区域决策中心之间互相进行信息传输，全网均能够进行信息交换与共享，能够全局性地实现系统的安全与稳定控制。

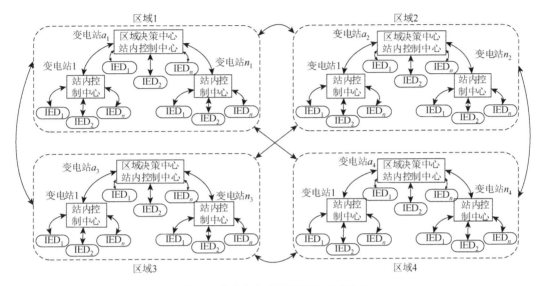

图 2.5　分布集中式区域保护系统结构

该通信结构集合了分布式和集中式两种结构的优点，但是，区域决策中心较多，所以技术复杂，造价比前两种结构高。因此，在经济因素允许的条件下，对于较大的区域保护系统优先采用此系统架构。

2.3　电力通信下的区域保护系统结构分析

2.3.1　电力通信技术

区域保护的通信最终是搭载在电力通信网体系架构上，位于调度数据网 SPDnet 中，而区域保护处于实时控制区。在分析区域保护通信结构时，首先要了解电力通信体系架构，如图 2.6 所示，最底层为传输网平面。我国的传输网已经形成了以光纤通信为主，数字微波、电力线载波为辅，卫星通信为应急备用的大规模专用通信网络。

中间为业务网平面。其中，交换网包括调度和行政两部分。调度交换网传输调度命令，具有较高级别的安全性和可靠性。调度数据网 SPDnet 基于 BGP/MPLS VPN 技术，划分为两个虚拟专网，即实时控制区 SPDnet-CQ-VPN1 和非控制生产区 SPDnet-CQ-VPN2。实时控制区承载 SCADA 和能源管理系统（energy management system，EMS）、继电保护（包括广域保护）、配电自动化系统、变电站自动化系统、发电厂自动监控系统、安全自动控制系统、低压/低频自动减载系统等重要的实时业务。非控制生产区承载故障录波、电能计量、电能交易系统、调度员培训模拟系统、水调自动化系统等。交换网和调度数据网通过物理隔离装置与综合数据网 SPTnet 隔离。SPTnet 分为生产管理区 SPT-CQ-VPN1 和管理信息区 SPT-CQ-VPN2 两部分。生产管理区承载雷电监测、统计报表、调度管理信息系统（dispatch management information system，DMIS）和气象信息接入等。管理信息区承载办公自动化系统、管理信息系统（management information system，MIS）、客户服务等。

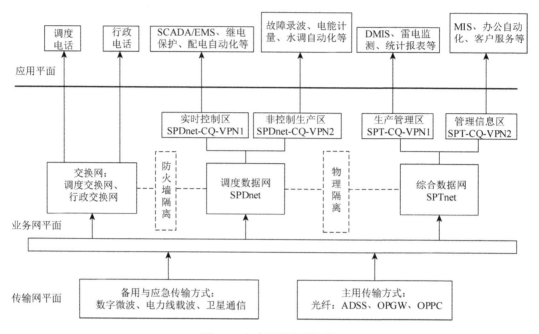

图 2.6 电力通信体系架构

2.3.2 区域保护系统通信内容分析

由区域保护三种典型系统结构可知，区域保护系统主要依靠变电站中大量 IED 和 PMU 采集实时状态量信息、开关量信息等，通过区域保护通信系统将信息传递给相应的决策中心，决策中心依据设定的区域性保护算法进行分析、计算，最后将决策结果通过通信系统传递给对应的执行元件。

一般地，IED 指由多个处理器构成的，具有接收和传输数据或者控制外部设备等功能的智能电子设备。以变压器和开关设备为例，智能变电站中 IED 在一次设备上的分布如图 2.7 所示。

在图 2.7 中，图（a）为变压器间隔中的 IED 分布。其中，OLTC IED 为监测和控制变压器有载分接开关的智能电子设备，DGA IED 为检测变压器油中溶解气体的智能电子设备。在区域保护系统中，单个间隔内 IED 通过广域网络向区域决策中心发送 GOOSE 报文。对于变压器，GOOSE 报文传递的信息可包括开关状态信息、冷却装置状态、有载分接开关位置信息、局部放电检测信息、光纤绕组状态、油中溶解气体量等。对于开关设备，GOOSE 报文可传递机构状态、局部放电信息、SF_6 气体状态等。单个间隔内 GOOSE 报文最大可能流量值为 1.2 Mbit/s。

区域保护系统中的另一个重要设备是同步 PMU。PMU 可实现多种功能。

（1）可进行同步相量测量。PMU 可实现以下参数的测量：发电机的功角和内电势、机端三相基波电压相量和正序电压相量、机端三相基波电流相量和正序电流相量、发电机励磁电

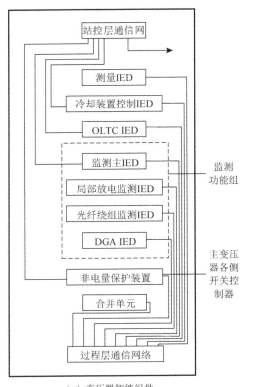

（a）变压器智能组件

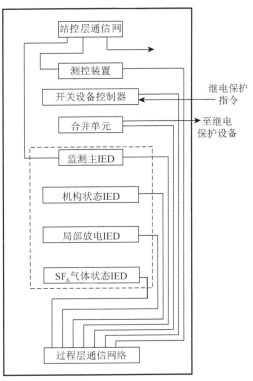

（b）开关设备智能组件

图 2.7　IED 在一次设备上的分布图

流和电压、转子转速、有功功率和无功功率、自动发电控制（automatic generation control，AGC）信号、自动电压控制（automatic voltage control，AVC）信号、电力系统稳定（power system stability，PSS）信号、转轴鉴相信号、气门开度信号、线路三相电压、线路三相电流等。

（2）判别不正常运行状态并获取时间标识。这些不正常运行状态包括系统频率和频率变化量越限，正序、负序和零序电压、电流越限，发电机功角越限等。

（3）传输同步相量数据功能。

（4）记录、管理、存储和显示同步测量数据、暂态录波数据等。

在区域保护系统中，PMU 发送采样值报文 SMV 给相应的决策中心。通常，子站内 PMU 将 SMV 数据打包，以每秒 24 点上传到广域网络。

2.3.3　通信系统结构仿真建模

目前，国内外学者主要从理论上对区域保护通信系统结构进行研究，缺乏完整的实验来验证理论的正确性。本节通过 OPNET Modeler 通信仿真软件分别搭建分布式、集中式和分布集中式三种保护通信结构仿真模型，模拟电力系统内五类通信业务。三种通信结构仿真系统配置具有以下共同点。

（1）三种通信结构中，均模拟了电力系统内的五种通信业务：IED 发出的 GOOSE 报文；PMU 发出的模拟量采样值 SMV 报文；远动终端单元发送的实时主动消息传递（real-time unsolicited messaging，RTUM）报文；故障录波装置发出的故障专用录波（comtrade messaging，CM）报文；电能计量终端发出的电能计量（power measurement，PM）报文。这五类报文均在电力调度数据网内。其中 GOOSE 报文、SMV 报文、RTUM 报文在实时控制区内，CM 报文、PM 报文在非实时控制区内。

GOOSE 和 SMV 报文的实时性要求最高，使用 OPNET 软件自带的 Video Conference 应用来模拟。Video Conference 采用 UDP 传输。UDP 是无连接的，能有效减少开销和发送数据时的时延，可满足 GOOSE 和 SMV 报文的实时性要求。RTUM 报文实时性要求较低，CM 和 PM 报文无实时性要求，这三类报文采用 OPNET 软件自带的 File Transfer 应用来模拟，File Transfer 采用 TCP 传输。TCP 是面向连接的，传输较为可靠，但传输时延长，满足实时性较低报文的传输要求。

（2）对于三种通信结构，编号相同的子站，其内部结构不发生变化。

（3）三种通信结构中，相同类型的模块发送、接收报文配置基本相同。

1. 集中式结构仿真模型

集中式通信仿真模型如图 2.8 所示。其 6 个子站（Sub 是 Substation 的简称）内是百兆以太网，四个标签交换路由器（label switching router，LSR）间连接的广域信道带宽为 148.61 Mbit/s，6 个子站与 LSR 间的带宽为 49.36 Mbit/s，LSR4 与调度中心间信道带宽也为 148.61 Mbit/s。

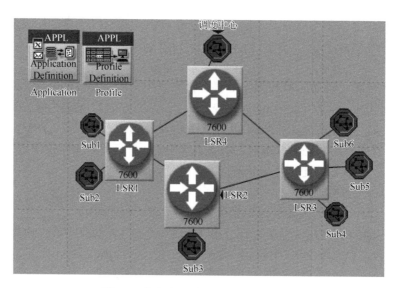

图 2.8　集中式广域保护系统通信结构

图 2.8 中，其中一个子站 Sub2 内的结构如图 2.9 所示。LER1 代表边缘路由器，Switch1 和 Switch2 代表两个交换机，有两组 IED 和两组 PMU。远动装置 RTU、故障录波装置（用 Com 标识）、电能计量模块各一个。其他子站结构与之类似，但是 IED 和 PMU 的组数不同，使模拟的数据量大小不同。

图 2.8 中，调度中心内的结构如图 2.10 所示。WAPSDC 为区域决策中心，EMS 为能源管理系统中心，Power Measuring Center 为电能计量中心。

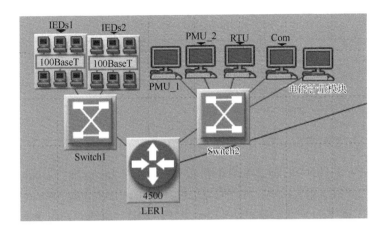

图 2.9　集中式结构下 Sub2 内结构

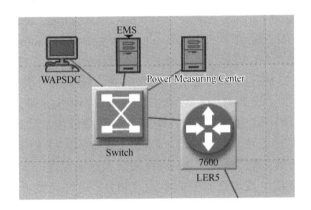

图 2.10　集中式结构下调度中心内的结构

集中式结构中，通过在 WAPSDC 上设置 Support Service 属性，收集全网内所有 GOOSE 和 SMV 报文；通过在 6 个子站内 IED 和 PMU 上设置 Support Profile 属性，向 WAPSDC 分别发送 GOOSE 和 SMV 报文，实现 GOOSE 和 SMV 报文集中向 WAPSDC 传输。通过在 EMS 模块设置 Support Service 属性，在各个子站内的 RTU 装置、故障录波装置上设置 Support Profile 属性，实现 RTUM 和 CM 报文向 EMS 传输。通过在 Power Measuring Center 模块设置 Support Service 属性，在各个子站的 Power Measuring 上设置 Support Profile 属性，实现所有子站向 Power Measuring Center 发送报文。

子站内所有 IED、PMU 发送数据的参数设置在图 2.8 中的"Application"模块和"Profile"模块上。IED 发送 GOOSE 报文，PMU 发送 SMV 报文的参数见表 2.1。

表 2.1　SMV 报文和 GOOSE 报文配置

报文类型	参数名称	参数值
SMV	Incoming Stream Interarrival Time	100 s
	Incoming Stream Frame Size	1 B
	Outcoming Stream Interarrival Time	0.000 8 s
	Outcoming Stream Frame Size	223 B

续表

报文类型	参数名称	参数值
GOOSE	Incoming Stream Interarrival Time	100 s
	Incoming Stream Frame Size	1 B
	Outcoming Stream Interarrival Time	0.001 s
	Outcoming Stream Frame Size	150 B

表 2.1 中，SMV 和 GOOSE 报文配置的参数项都相同。Incoming Stream Interarrival Time 参数指 WAPSDC 向 PMU（或 IED）发送信息的间隔时间，Incoming Stream Frame Size 参数指 WAPSDC 向 PMU（或 IED）发送信息的大小。因为 PMU（或 IED）与 WAPSDC 在信息交互过程中，主要是 PMU（或 IED）向 WAPSDC 发送信息，WAPSDC 仅向 PMU（或 IED）发送确认连接等少量的命令，所以，模拟 WAPSDC 向 PMU（或 IED）发送信息时，发送的数据量较少，设置数据帧大小均为 1 B，发送间隔为 100 s/次。Outcoming Stream Interarrival Time 指 PMU（或 IED）向 WAPSDC 发送时间的间隔，Outcoming Stream Frame Size 指 PMU（或 IED）向 WAPSDC 发送信息的大小。根据现有文献对广域网流量的分析，子站内 SMV 报文被封装成一帧，帧的大小为 223 B，以每周期 24 点上送到广域网络。发送间隔每周期 24 点指 0.02 s/24 = 0.000 833 3 s/次。故 PMU 向 WAPSDC 发送数据帧大小设置为 223 B，发送间隔设置为 0.000 8 s/次。本节 GOOSE 报文的设置是按照电力系统发生故障时 GOOSE 报文的传输要求设置的。根据现有文献的论述，广域网单个间隔向 WAPSDC 发出 GOOSE 报文的最大速率约为 1.2 Mbit/s。GOOSE 报文配置按照 1.2 Mbit/s 的最大速率设置，每个间隔向 WAPSDC 发送时间间隔设置为 0.001 s/次，发送数据帧大小为 150 B。这样设置可达到 150 B×8 bit×[1 s（0.001 s/次）] = 1.2 Mbit/s。

子站内 RTUM、故障录波装置和 Power Measuring 发送数据的参数设置也在图 2.6 中的"Application"模块和"Profile"模块上。RTUM、CM、PM 参数的设置见表 2.2。

表 2.2　报文配置

报文类型	参数名称	参数值
RTUM	Command Mix（Get/Total）	100%
	Inter-request Time（Sec）	Possion（1）Distribution
	File Size（Byte）	1200
CM	Command Mix（Get/Total）	100%
	Inter-request Time（Sec）	Possion（1）Distribution
	File Size（Byte）	8000
PM	Command Mix（Get/Total）	100%
	Inter-request Time（Sec）	Possion（1）Distribution
	File Size（Byte）	1200

表 2.2 中，RTUM、CM、PM 三者的参数项相同。Command Mix（Get/Total）属性指文件上传/下载的比例，在本仿真中，这三类数据 Command Mix（Get/Total）参数均设置为 100%，

即子站只向主站发送这三类数据而不从主站下载数据。Inter-request Time（Sec）指 WAPSDC 查询数据的时间间隔，因为这三类数据属于随机性数据，这三类数据的 Inter-request Time（Sec）参数均设置为 Poisson（1）Distribution（泊松随机分布），泊松参数设置为 1 s。File Size（Byte）指报文的大小，这三类报文大小均根据其帧结构推算取合理的大小。

2. 分布式结构仿真模型

分布式结构通信仿真模型如图 2.11 所示。它与集中式结构的主要区别在于无集中保护决策中心，通过每个子站内的 IED 实现决策功能。四个 LSR 间广域信道传输速率是 594.43 Mbit/s，子站与 LSR 间带宽也是 594.43 Mbit/s。LSR4 与 Sub-0 间带宽为 49.36 Mbit/s。

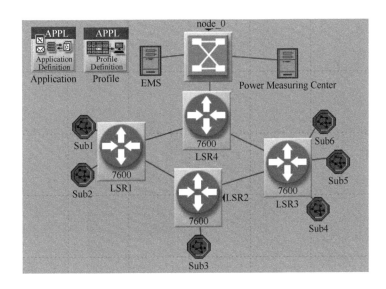

图 2.11　分布式结构通信仿真模型

分布式结构仿真模型中，6 个子站内是千兆以太网，其结构与图 2.9 类似。

分布式结构中，通过在每个子站的 IED 上设置 Support Service 属性，收集自身和其余 5 个站内所有 GOOSE 和 SMV 报文；在每个 IED 和 PMU 上设置 Support Profile 属性，向其余 5 个变电站发出 GOOSE 和 SMV 报文，实现分布式结构。EMS、Power Measuring Center 的设置与集中式相同。分布式结构中，每个子站内模块发送数据的参数设置与表 2.1 和表 2.2 相同。

3. 分布集中式结构仿真模型

分布集中式广域通信网络模型如图 2.12 所示。一级决策中心 FLDC 设置在调度中心内。分别在子站 2（Sub2）和子站 5（Sub5）内设置一个二级决策中心 SLDC。

在图 2.12 中，Sub2_SLDC 和 Sub5_SLDC 代表子站 2 和子站 5 内有二级决策中心 SLDC。6 个子站（Sub）内均是百兆以太网，子站 2（Sub2）内结构图如图 2.13 所示。

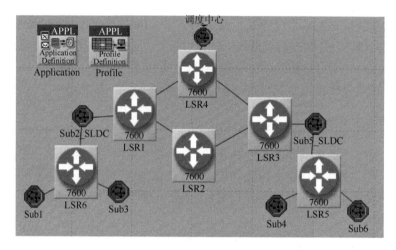

图 2.12　分布集中式广域通信网络模型

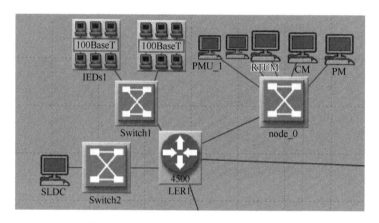

图 2.13　分布集中式结构下子站 2 内结构

通过在 SLDC 内设置 Support Service 属性，收集各自小区域内的 GOOSE 和 SMV 报文，通过在子站内 IED 和 PMU 上设置 Support Profile 属性，向相应区域内的 SLDC 传输信息。通过在 FLDC 内设置 Support Service 属性，收集两个 SLDC 内处理后的数据，实现分布集中式信息传输。EMS、Power Measuring Center 的设置与集中式类似。分布集中式结构中，每个子站内模块发送数据的参数设置与表 2.1 和表 2.2 相同。

2.3.4　通信结构对比分析

1. 带宽对比分析

三种系统结构的通信中，相同模块发送数据的参数设置相同，但是由于结构不同，数据流向和流量均不相同，在不出现堵塞和丢包的情况下，三种结构所用设备和投资成本不同。三种结构通信带宽配置见表 2.3。

表 2.3 三种结构通信带宽配置

结构类型	子站内	广域网络带宽/(Mbit/s)	调度中心
分布式	千兆以太网	594.43	无
集中式	百兆以太网	148.61	千兆以太网
分布集中式	百兆以太网	49.36	百兆以太网

表 2.3 中,由第二列和第三列可知,分布式结构子站内的带宽和广域网络带宽均远大于其他两种结构。这是因为在分布式结构的子站内,每个 IED 均设置了 WAPSDC,每个 WAPSDC 均需要收集 6 个子站内的所有 GOOSE 和 SMV 报文,进出分布式结构子站内的吞吐量超过了百兆,为了保证通信业务的实时性,不得不加大带宽。而且,分布式结构子站内的每个 IED 需要较强的数据通信、存储和分析计算能力,因此,相同拓扑的广域保护系统,分布式结构投资成本将大于集中式和分布集中式。

由表 2.3 第四列可知,集中式结构调度中心需要的带宽大于分布式和分布集中式。这是因为集中式结构的 WAPSDC 设置在调度中心内,全网络所有 IED 和 PMU 的数据都要进入 WAPSDC 处理,流入调度中心内的数据总量将超过百兆比特,只有千兆以太网才能满足数据流通的需求。

综合以上分析可知,分布式广域通信网络的复杂程度和设备投资成本远大于集中式和分布集中式。集中式结构调度中心内 WAPSDC 需要很强的数据通信、存储和计算能力,并且应有备份的 WAPSDC,才能提高调度中心的可靠性。

2. 核心网吞吐量对比分析

在 OPNET 仿真软件中,选中信道,右击就可以查看结果,结果以图的形式表示出来。例如,集中式结构下信道 LSR1~LSR4 上下行吞吐量如图 2.14 所示。

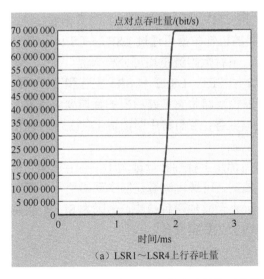
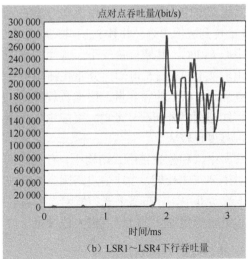

（a）LSR1~LSR4 上行吞吐量　　（b）LSR1~LSR4 下行吞吐量

图 2.14　集中式结构下信道 LSR1~LSR4 上下行吞吐量

每一条信道都可以以图的形式查看其吞吐量、信道利用率、单端时延等。同时,为了便于比较分析,还可以将图中的数据导入 Excel 表格中,以数字的形式显示。接下来,将图中数据全部导入 Excel 表格，并求平均值，来表示三种通信结构下广域核心网络各信道上行和下行的吞吐量，如表 2.4 和表 2.5 所示。表 2.4 中 T_{11} 和 T_{12} 分别代表 LSR1～LSR4 信道上行和下行的平均吞吐量，T_{21} 和 T_{22} 分别代表 LSR2～LSR1 间信道上行和下行的平均吞吐量；表 2.5 中 T_{31} 和 T_{32} 分别代表 LSR2～LSR3 间信道上行和下行的平均吞吐量，T_{41} 和 T_{42} 分别代表 LSR3～LSR4 间信道上行和下行的平均吞吐量。

表 2.4 核心网络部分信道吞吐量（1） （单位：Mbit/s）

结构类型	T_{11}	T_{12}	T_{21}	T_{22}
分布式	0.039	0.18	227	247
集中式	69.5	0.17	17.39	0.055
分布集中式	1.82	0.17	0	0

表 2.5 核心网络部分信道吞吐量（2） （单位：Mbit/s）

结构类型	T_{31}	T_{32}	T_{41}	T_{42}
分布式	252	230	0.036 8	0.017
集中式	0	0	52.1	0.18
分布集中式	0	0	1.82	0.168

基于表 2.4，分析三种通信结构下 LSR1～LSR4 的上行吞吐量 T_{11}。分布式结构中 $T_{11} = 0.039$ Mbit/s，这是 Sub1 与 Sub2 内三类随机性数据 RTUM、CM 和 PM 上传到调度中心时经过 LSR1～LSR4，其通信量很小。Sub1 内 GOOSE 报文、SMV 报文与其他子站进行交互时沿着 LSR1-LSR2-LSR3 信道传输。集中式结构下 $T_{11} = 69.5$ Mbit/s，这是 Sub1 与 Sub2 内五类数据均从 LSR1～LSR4 经过并上传到决策中心，其通信量很大。分布集中式结构下 $T_{11} = 1.82$ Mbit/s，这是二级调度中心将各自小区域内 GOOSE 报文和 SMV 报文处理后的关键数据通过 LSR1～LSR4 上传到决策中心，并且 Sub1 与 Sub2 内三类随机性数据也通过 LSR1～LSR4 上传到一级决策中心 FLDC，其通信量较小。其他信道的上、下行数据流量均可分析来源。

由表 2.4 和表 2.5 可知，分布式结构中 LSR2～LSR1，LSR2～LSR3 上行和下行同时存在着 200 Mbit/s 以上的吞吐量，信道负载较重，对通信线路带宽和路由器的性能要求很高。而且当通信线路因意外情况中断时，可能中断大量通信业务，若想将中断信道上的上下行通信业务转移，难度也较大。

在集中式和分布集中式结构中，有流量的信道都是上行吞吐量远大于下行吞吐量，信道负载相对于分布式较轻，当通信线路因意外情况中断时，可通过流量迂回实现通信业务不间断运行。本次仿真中，分布集中式广域网上的吞吐量远小于其他两种结构，是因为 SLDC 仅将筛选过的关键信息传递到 FLDC，极大地减少了广域网上的数据业务。

3. 单端时延对比分析

可以在广域决策中心（分布式结构的子决策单元）收集所有子站中各个模块的 GOOSE 报文和 SMV 报文的单端时延。例如，集中式结构中 Sub1 内 GOOSE 报文和 SMV 报文的单端时延如图 2.15 所示。

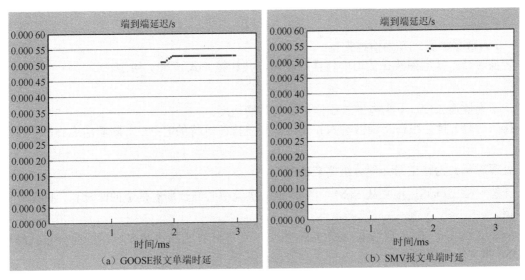

图 2.15　集中式结构下 Sub1 内 GOOSE 报文和 SMV 报文的单端时延

同时，将图 2.15 中的单端时延数据导入 Excel 表格求平均值，以数字的形式表示。三种通信结构下各个子站内 GOOSE 和 SMV 报文的平均单端时延如表 2.6 和表 2.7 所示。单端时延指报文从发送到接收到报文需要的时间。

表 2.6　Sub1 和 Sub2 内 GOOSE 和 SMV 报文单端时延　（单位：ms）

结构类型	t_1	t_2	t_{31}	t_{32}	t_{41}	t_{42}
分布式	0	0.101	0.299	0.299	0.3	0.229
集中式	0.529	0.549	0.561	0.568	0.586	0.556
分布集中式	0.527	0.526	0.223	0.21	0.234	0.223

表 2.7　Sub3 和 Sub6 内 GOOSE 和 SMV 报文单端时延　（单位：ms）

结构类型	t_5	t_6	t_7	t_8	t_9	t_{10}	t_{13}	t_{14}
分布式	0.383	0.517	0.506	0.5	0.494	0.537	0.533	0.537
集中式	0.623	0.65	0.486	0.515	0.474	0.481	0.516	0.529
分布集中式	0.444	0.479	0.567	0.535	0.226	0.201	0.569	0.585

表 2.6 和表 2.7 中，t_1、t_{31}、t_{32}、t_5、t_7、t_9、t_{13} 分别代表 Sub1、Sub2（IEDs1）、Sub2（IEDs2）、Sub3、Sub4、Sub5 和 Sub6 内 GOOSE 报文单端时延。t_2、t_{41}、t_{42}、t_6、t_8、t_{10}、t_{14} 分别代表 Sub1、Sub2（IEDs1）、Sub2（IEDs2）、Sub3、Sub4、Sub5 和 Sub6 内 SMV 报文的单端时延。分布式的时延结果是在子站 1 内统计的。

将仿真测得的单端时延值与理论近似计算值相比较，来分析表 2.6 中 Sub1 内 GOOSE 报文的单端时延 t_1。理论上一段信道 i 的时延 t_{is} 由发送时延 t_a、传播时延 t_b、排队时延 t_c 和处理时延 t_d 构成。

发送时延 t_a 指将分组由路由器发送到信道上需要的时间，其计算如式（2.1）所示：

$$t_a = l / B \qquad (2.1)$$

式中：l 为数据帧长；B 为信道带宽。

传播时延 t_b 指电磁波在信道中传播的时间，其计算如式（2.2）所示：

$$t_b = d / v \qquad (2.2)$$

式中：d 为信道长度；v 为电磁波在信道上的传播速度。

排队时延 t_c 指分组在路由器输入和输出队列里排队等待的时间。t_c 随着信道吞吐量变化而变化。

处理时延 t_d 为路由器处理分组需要的时间。

计算一帧 GOOSE 报文从 Sub1 内到指定的决策中心经过所有信道的时延和，即单端时延理论值。

分布式结构下 IED 既收集 GOOSE 报文，又是分布式的决策中心，因此分布式结构下 GOOSE 报文的单端时延 t_1 为零。

集中式结构下 Sub1 内 GOOSE 报文上传经过路径为 Sub1-LSR1-LSR4-Dispatch Center。三段信道总的发送时延如式（2.3）所示：

$$t_{as} = [(223B \times 8bit) / 49.36Mbit/s] + [(223 \times 8) / 148.61] \times 2 = 60\mu s \qquad (2.3)$$

通过仿真图上各个模块的坐标计算，可计算得到各个信道的长度，子站内传播时延较短，可以忽略，得到三段信道的总传播时延如式（2.4）所示：

$$t_{bs} = [18.3km / (20.5 \times 10^4 km / s)] + [38.59 / (20.5 \times 10^4)] + [20 / 20.5 \times 10^4] = 375.07\mu s \qquad (2.4)$$

本仿真中设置的带宽均较宽，信道利用率基本上在 50% 以下，每个路由器处的排队时延很小，为十几微秒到几十微秒，GOOSE 报文沿着 Sub1-LSR1-LSR4-Dispatch Center 这一路径传输，总共经过两个 LER 和三个 LSR，总的排队时延 t_{cs} 近似 65 μs。

一帧在路由器处的处理时延很小，通常为几微秒，信道总的处理时延 t_{ds} 近似 10 μs。

所以理论上计算一帧 GOOSE 报文的单端时延近似值如式（2.5）所示：

$$t_1' = 60\mu s + 375.07\mu s + 65\mu s + 10\mu s = 510.07\mu s \qquad (2.5)$$

仿真测得的单端时延值为 $t_1 = 0.529ms = 529\mu s$，比较仿真测得的单端时延值与理论近似值，发现二者较为接近，通过对其他子站的 GOOSE 和 SMV 报文单端时延理论值进行计算，也可得出实测值与理论值较为接近的结论，因此仿真结果比较准确。

由表 2.6 和表 2.7 可知，仿真中三种结构下广域保护通信单端时延均能满足要求。但是，因为分布式结构子站内采用的是千兆以太网，广域网带宽将近 600 Mbit/s，高带宽和高性能路由器才使得报文时延符合要求。若是分布式结构采用和其他两种结构相同的带宽，将会出现部分信道严重堵塞和丢包的情况。

分布集中式结构下，由于子站 2 和子站 5 内有广域保护二级决策中心，所以子站 2、5 内 GOOSE 和 SMV 报文传输距离比在集中式结构下短，单端时延比集中式结构小。除此之外，由于集中式和分布集中式结构网络带宽配置基本相同，其余子站内 GOOSE 和 SMV 报文的时延相差不多。

4. 三种通信结构对比分析总结

综合三种通信系统结构的对比分析，可以得到如下结论。

（1）分布式结构在子站内和广域网上，需要比其他两种结构更大的带宽。其决策中心分布在每个被保护安装处，每个决策中心均要求有一定的信息收集、存储功能和计算能力。因此，分布式结构的投资比其他两种结构都大。而且，分布式结构部分信道上下行吞吐量均很大，信道负载很重，发生信道中断时将使大量通信业务中断。因此，分布式结构仅适合结构简单的广域保护系统。

（2）集中式结构对于决策中心依赖程度很高，要求决策中心至少有一套备份，对决策中心的信息采集、计算能力要求较高。该结构下广域网信道流量适中，决策中心内通信负载较重。集中式结构适合于网络范围较小的广域保护系统。

（3）分布集中式结构对于一级和二级决策中心的信息采集和计算能力要求较高，两个决策中心均需要双重化配置。该结构下广域网信道流量较少，两层决策中心内通信负载较轻。分布集中式适合于网络范围大、子站多、结构复杂的广域保护系统。

2.4 区域保护的层次化架构

结合分布集中式系统结构的优点，本节提出一种并行多区域层次化继电保护架构体系，如图 2.16 所示。这种新型的继电保护架构体系体现了一种分布集中式的系统结构。从变电站角度来看，变电站内各面向间隔的间隔保护采用分布式信息采集和控制模式，站域层保护的信息汇集和决策处理采用集中式模式；从区域继电保护构成来看，各变电站站域层保护采用分布式模式，广域保护决策中心采用集中式模式。这种架构体系既体现了分布式和集中式相结合的优点，又能符合大电网通过分区域划分之后的格局，也能为今后电网分区域的安全稳定计算提供基础。

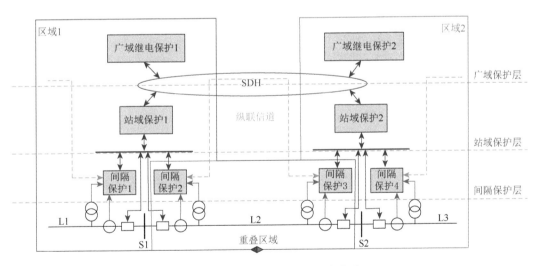

图 2.16 层次化继电保护架构体系

由图 2.16 可知，分区域层次化继电保护架构体系仍体现一种面向间隔的设计思想，但又结合通信网络，体现区域保护的概念。分析层次化系统，在空间维度纵向上，单个区域内包含变电站间隔层分布式保护（以下简称间隔保护）、站域层变电站集中式保护（以下简称站域保护）和广域层区域集中式保护（以下简称广域保护），综合实现了纵向分层次的继电保护架构体系，并通过时间上的相互衔接和动作信息的协同配合，达到提高继电保护性能的目的。从空间维度横向上讲，并行多区域保护系统实现不同区域内的继电保护，区域间的保护判据相互独立, 保护范围交互重叠, 相邻区域间仅交换有限信息, 这种通过相互交互区域和通信配合的保护架构体系能够实现横向电网全范围保护控制功能的覆盖, 以满足电网安全稳定运行无死区的特点。

下面就继电保护架构体系各层次保护利用信息共享实现的功能进行分析说明。

2.4.1 间隔层保护

针对 220 kV 及以上高电压等级变电站输电系统, 主后备保护从保护装置来讲并没有相互独立, 而是主后备一体化, 并实现双重化配置。考虑到主保护的可靠性和快速性, 站域保护或广域保护都不可能代替主保护 (包括类似距离 I 段保护的快速后备保护) 或集成主保护, 所以从目前来看, 站域保护和广域保护主要是实现后备保护功能, 而间隔层继电保护主要利用纵联信道实现常规主保护功能。同时, 站域保护和广域保护的实现均依赖于系统的通信可靠性, 在通信故障的情况下, 站域保护和广域保护的后备功能就会失效, 因此, 间隔保护还必须配置在主保护失效或断路器失灵时具有高灵敏度的后备保护, 如距离III段保护、零序电流保护IV段保护等, 相比较常规后备保护的复杂整定配合, 这里称为简化后备保护。

目前, 对于 110 kV 及以下中低压等级输电系统, 主保护以基于单侧电气量的阶段式保护为主构成, 主后备保护及其控制功能一体化集成, 一般不配置专用的母线保护和断路器失灵保护。这种情况下, 由集中式的站域保护取代间隔层保护, 不仅可集成原各间隔保护, 也可灵活配置新的保护, 提高保护性能; 同时这种集中也可以节约投资, 简化二次接线, 便于运行维护。另外, 对于预置舱、智能件组件柜、开关柜、GIS 等已实现间隔保护的安装方式, 建议不要再将它们集中到站域保护, 保留这些安装方式既具有较高的可靠性和安全性, 又能减少现场工作量 (出厂前已完成安装调试), 有利于运行和维护。

间隔层保护保留了常规主保护功能, 实现了简化后备保护功能, 能够简化常规后备保护复杂整定配合, 改善其性能, 同时也作为站域层保护的节点接入站域保护系统, 与站域保护配合, 实现变电站的保护与安全控制。

2.4.2 站域层保护

针对 220 kV 及以上高电压等级变电站输电系统, 间隔保护保留常规主保护和简化后备保护功能, 但对于一些特殊的输电元件, 仅基于单个间隔信息的继电保护存在难以克服的问题, 特别是设备间存在强的联系时, 单个间隔信息或部分信息不能完全反映异常状态。例如, 平行双回线路线, 尤其是同杆双回线路, 线间存在很强的零序互感耦合和复杂的跨线故障, 直接影响了纵联差动保护的电容电流补偿、距离保护或方向保护的动作特性, 进而影响基于这些元件的主后备保护性能。又如, 并列变压器空投时产生的和应涌流持续时间很长, 可能导致励磁涌流闭锁判据失效而造成空投变压器或并列运行的变压器的差动保护误动作。基于信息共享技术, 站域保护能够获得站域多间隔信息, 一方面可以充分利用多信息实现线间互感的解耦或者综合判断和应涌流信息等, 为解决继电保护存在的问题提供可能性; 同时, 也可以利用冗余信息解决 CT/PT 断线、CT 饱和对继电保护的影响等问题, 基于冗余信息的综合判断可以提高保护动作的可靠性。

针对 110 kV 及以下中低电压等级变电站输电系统, 站域保护可以采用变电站集中式系统结构，基于站域信息实现变电站继电保护和控制功能。这样不仅有利于在减少投资、简化二次系统、方便运行维护等方面改善保护配置，同时也能利用冗余测量信息配置一些常规保护没有实现的保护功能，如母线差动保护、失灵保护等。站域保护也可以利用多信息改善站域控制功能，例如，传统低频低压减载采用离线整定的轮切方案，无法适应实时负荷水平。若对各馈线负载量进行在线监测与分析，根据功率缺额制定减载方案，可有效避免过切或欠切；更进一步地，若根据负荷的频率特性差异辅助减载控制，还能够充分利用负荷的频率调节效应，以更少的切负荷代价换取电网的安全性；再如，传统微机型安全控制装置根据离线储存的主接线形式编制对应的动作逻辑，一旦出现未预设的运行方式，装置就不能工作。在一些特殊的主接线形式下，离线编制的备自投逻辑可能十分复杂，如扩大内桥式的三变压器、两出线、四断路器结构，针对不同的断路器开断状态，可能的运行方式有 9 种，且每种运行方式均对应不同的备自投动作逻辑，现有的备自投装置很少能够对其进行充分考虑。基于信息共享，站域控制能够根据站域范围内的开关状态与部分电气量信息实现接线方式的容错识别，并制定自适应的控制逻辑，使得备自投装置不再依附固有的主接线形式。

站域保护能够简化变电站继电保护和控制系统的结构，改善其性能，同时也作为广域保护的子站接入广域保护系统，与广域保护配合，实现区域电网的保护与安全控制。

2.4.3　广域层保护

与站域保护相比较，广域保护可以集中更广范围的冗余信息，在解决常规继电保护存在的问题时更有优势。基于广域测量及通信技术，广域保护能够获得超出单个变电站信息，利用多源信息实现信息融合、协调配合和容错，能够解决传统后备保护在现代大电网中整定配合困难，在复杂多变的运行方式下可能因适应性差造成拒动或误动以及在大负荷潮流转移时可能导致后备保护非预期连锁动作，进而引发大面积停电事故等缺陷。

利用广域多源信息构成广域保护系统的最主要目的在于改善后备保护性能，解决基于就地信息的后备保护存在的问题。同时，如果后备保护处理得当，还可作为备用主保护投入。由于采取分区域多层次保护系统结构，广域保护和控制的范围较大，保护决策中心应能制定并执行更可靠、有选择性的后备动作策略，以提高应对复杂现场接线的能力。

参 考 文 献

[1] 丛伟，潘贞存，丁磊，等. 满足"三道防线"要求的广域保护系统及其在电力系统中的应用[J]. 电网技术，2004，28（18）：29-33.

[2] 李振兴. 智能电网层次化保护构建模式及关键技术研究[D]. 武汉：华中科技大学，2013.

[3] 邓靖雷. 计及通信约束的区域保护可靠性分析与改进差动保护研究[D]. 宜昌：三峡大学，2019.

[4] 向萌，左剑，谢晓骞，等. 荷兰 2015 年 3 月 27 日停电事故分析及对湖南电网的启示[J]. 湖南电力，2016，36（1）：31-35.

[5] 刘云. 巴西"9·13"远西北电网解列及停电事故分析及启示[J]. 中国电机工程学报，2018，38（11）：3204-3213.

[6] 曾辉，孙峰，李铁，等. 澳大利亚"9·28"大停电事故分析及对中国启示[J]. 电力系统自动化，2017，41（13）：1-6.

[7] 熊文，危国恩，王莉，等. 智能配电网广域同步相量测量体系设计方案研究[J]. 南方能源建设，2021，8（2）：85-90.

[8] 郝少华，李勇，张铁峰，等. 新一代智能变电站通信网络及管理系统方案[J]. 电力系统自动化，2017，41（17）：148-154.

[9] 韩伟，杨小铭，仇新宏，等. 基于数字化采样的集中式保护装置[J]. 电力系统自动化，2010，34（11）：101-104.

[10] 董新洲，丁磊. 数字化集成保护与控制系统结构设计方案研究[J]. 电力系统保护与控制，2009，37（1）：1-5.

[11] 付丽梅，席小娟，袁文嘉，等. 新型原理的网络化变电站保护[J]. 电力系统保护与控制，2010，38（24）：203-205.

[12] 杜振华，王建勇，罗奕飞，等. 基于 MMS 与 GOOSE 网合一的数字化网络保护设计[J]. 电力系统保护与控制，2010，38（24）：

178-181，221.

[13] 鞠平，郑世宇，徐群，等. 广域测量系统研究综述[J]. 电力自动化设备，2004，24（7）：37-41.

[14] 李振兴，尹项根，张哲，等. 有限广域继电保护系统的分区原则与实现方法[J]. 电力系统自动化，2010，34（19）：48-52.

[15] 易俊，周孝信. 电力系统广域保护与控制技术[J]. 电网技术，2006，30（8）：7-14.

[16] ROCKEFELLER G D，WAGNER C L，LINDERS J R，et al. Adaptive transmission relaying concepts for improved performance[J]. IEEE Transactions on Power Delivery，1988，3（4）：1446-1458.

[17] 段献忠，杨增力，程道. 继电保护在线整定和离线整定的定值性能比较[J]. 电力系统自动化，2005，29（19）：58-61.

[18] 曹国臣，蔡国伟，王海军. 继电保护整定计算方法存在的问题与解决对策[J]. 中国电机工程学报，2003，29（19）：51-56.

[19] ORDUNA E，GARCES F，HANDSCHIN E. Algorithmic-knowledge based adaptive coordination in transmission protection[J]. IEEE Transactions on Power Delivery，2003，18（1）：61-65.

[20] 吕颖，张伯明. 基于集群计算机的保护定值在线校核[J]. 电力系统自动化，2007（14）：12-16，106.

[21] SERIZAWA Y，MYOUJIN M，KITAMURA K，et al. Wide-area current differential backup protection employing broadband communications and time transfer systems[J]. IEEE Transactions on Power Delivery，1998，13（4）：1046-1052.

[22] 徐慧明，毕天姝，黄少锋，等. 基于广域同步测量系统的预防连锁跳闸控制策略[J]. 中国电机工程学报，2007，27（19）：32-38.

[23] LIM S I，LIU C C，LEE S J，et al. Blocking of zone 3 relays to prevent cascaded events [J]. IEEE Transactions on Power Delivery，2008，23（2）：747-755.

第3章　区域保护分区与实现方法

　　电力系统的互联使得输电网络成为庞大和复杂的系统，基于全网构建的广域保护不仅存在人为、地域和技术上的难题，同时也不符合工程需要；基于多源信息的保护判断并不代表全电网的信息融合，也不代表信息越多越好；分区域实现广域保护有利于降低系统通信量。保护分区的目的是把广域电网分成有限个区域电网，并对各个区域电网分别构建有限广域保护系统，也就是区域保护，这不仅是广域保护技术发展的要求，也是推进广域保护工程化应用的要求。保护分区必须建立合理的分区原则及其便利的实现方法，分区域不仅体现了广域保护的范围和构建体系，也实现故障元件判别算法和区域电网跳闸策略的基础[1]。进一步来说，输电系统的电压等级、电网的拓扑结构和通信网络的差异也是分区必须考虑的重点因素，特别是对于没有全局通信联网的变电站，需要靠增加建设投资或缩小控制范围来弥补。为了更好地促进广域保护的工程化，结合快速发展的电网建设和计算机技术，研究实现动态电网下的保护分区划分标准和保护分区实现方法具有重要意义。

3.1　有限广域保护

广域保护的核心思想在于利用电网中的广域测量信息，通过多信息融合计算来识别故障元件并通过简单逻辑配合来保证故障元件的可靠切除[2]。多信息融合并不代表全电网的信息融合，也不代表信息越多越好，因此，构建包含广域范围内全部变电站的广域保护，实现这种广域范围内的信息交换是不必要的。充分利用有限广域范围的信息，提高电力系统继电保护的水平，这不仅是广域保护系统发展的合理趋势，也承接了目前广域保护原理的研究方向和工程实现的需要。基于有限广域保护的概念，具体包括以下几个方面。

（1）广域保护主要承担电网"第一道防线"性能，遵从故障切除优先的原则，承担的任务有限。

（2）广域保护最大范围实现远后备保护功能，需要的信息范围有限。

（3）广域保护不需要全网信息，仅需要利用近故障点灵敏度较高的保护信息实现冗余计算，提高保护可靠性。

（4）广域保护的速动性要求保护在通信、计算等方面尽可能缩短系统延时。系统通信由一端发出延时，转换延时和传输延时几个部分。区域大，传输延时长；节点多，转换延时长。同时，信息汇集到决策中心时信息更加集中，带宽利用率下降；信息量大，计算复杂，计算延时增加。

基于有限广域保护的概念，将广域电网划分为保护对象相对独立、故障信息实现共享的分区域保护体系是广域保护能够工程实现的可行方向。类蜂窝式结构能够很好地描述适用于有限广域保护系统的广域大电网，区域划分结果如图 3.1 所示。

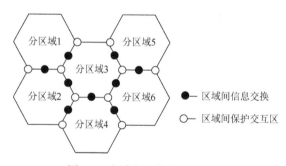

图 3.1　广域电网的分区域体系

分区域间的保护判据应该相互独立，保护范围相互交互，相邻区域间仅交换有限信息，主要包括交互区的远后备保护动作信息和交互区域故障决策信息。这种将广域大电网进行分区域的保护和控制，不仅有利于降低广域保护的通信量，也便于工程实现。

3.2　基于图论的广域大电网保护分区技术与实现方法

3.2.1　保护分区的基本原则

广域大电网的分区原则与电压等级、电网拓扑结构、通信网络结构和继电保护要求等问题均有关系[3]。基于广域保护的有限性，保护分区遵循的原则如下。

1. 分电压等级实现保护分区

由于实现整个电网的保护功能涉及海量信息的传输与处理，考虑到目前不同电压等级电网保护之间并不存在直接的电气联系，同时考虑到变电站的信息共享技术和计算机的发展水平，如由一套广域保护系统集中不同电压等级的继电保护的功能，不仅实现起来困难，且实时性和可靠性也会受到一定的影响。进一步讲，不同电压等级对继电保护的要求不同，不同电压等级设备的通信网络互相独立且相互之间无电气信息的交互。因此，按照电压等级划分保护区域，由各区域保护系统共同完成大电网继电保护功能，不仅能有效减少系统通信量和决策中心的计算量，而且能加快保护和控制的速度，提高系统的可靠性。

2. 区域决策中心的选取

区域集中式系统结构要求在分区域内选取一个信息集中中心作为广域保护系统的决策中心。决策中心的选取既要考虑输电系统节点之间的连接关系，也要考虑节点间通信系统的连接关系。一般优先考虑人为、地理环境、通信条件等因素，指定一些特殊的变电站或区调中心作为决策中心；其次是基于电网拓扑结构选取相邻节点多、路径关联密集的变电站作为决策中心。一般决策中心称为主站，除决策中心外，其余保护区域内的变电站为系统的子站。为提高系统的可靠性要求，可以在子站中基于区域决策中心的选取原则选取一个备用主站，以防止主站直流故障带来广域保护退出的问题。

3. 分区域保护范围

广域保护系统主要作为被保护对象的后备保护，在功能上能够承担常规近后备保护和远后备保护的保护功能，在工程实现上尽可能由本区域内信息完成后备保护功能，区域间信息交换尽可能少。因此，广域保护系统保护范围至少覆盖以主站为起点的远后备保护范围，即以决策中心为起始点，保护范围达到下一条线路的末端，为方便新建变电站或边界变电站的接入，可适当增大分区范围。

4. 分区域交互保护范围

图 3.2 给出四种不同区域的交互情况，图 3.2（a）变电站 B2 得不到保护；图 3.2（b）任一个保护区域在变电站 B2 直流消失时，均不能独立实现变电站 B2、线路 L1、线路 L2 的有效保护；图 3.2（c）交互区包含一条线路，避免了上述两种情况的缺点，但线路 L2 的远后备保护必须由两个不同区域信息共同完成；图 3.2（d）交互区包含两条线路及中间变电站，不存在上述三种情况的问题，但交互区域过大使得系统获取的信息量增大，增加了通信压力。因此，从上述分析可知，广域保护系统的两个相邻区域必须交互至少一条线路，必要时应该交互更多，才能避免该线路相邻变电站作为一个或多个保护区域边界时，在变电站直流消失、断路器失灵等情况下广域保护因信息缺失不能够快速切除故障。

5. 边界处理

众所周知，电力系统是一个发电、输电、用电的过程。发电和用电是整个系统的起点和终点，也可以认为是电网的边界。考虑到这种边界一般直接接入电网，并无复杂的拓扑关系，所以在广域保护系统分区时，系统边界可以直接纳入已划分好的邻近区域，不必刻意遵守保护范围和区域交互的原则。同时，电网建设是一个长期的发展工程，在广域保护系统分区时需要考

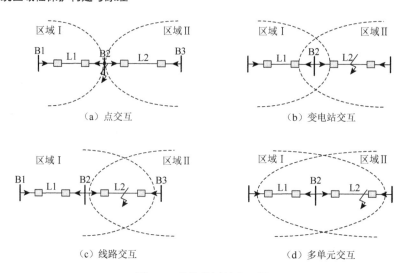

（a）点交互   （b）变电站交互

（c）线路交互   （d）多单元交互

图 3.2　保护分区的交互性

虑电网规划的发电厂、变电站等规划节点，在电网完成有限分区后再增加新的节点，在满足保护分区通信和计算约束要求的情况下，可直接将新节点纳入邻近的保护分区，不至于重新划分区域。

6. 通信和计算约束

基于以上分区原则，保护分区不可能大小相同，保护对象的元件数目难以均匀，这就说明各个分区间的通信情况不同，信息量存在差别，计算也就相应不同。为满足各保护分区的广域保护技术要求，需要对保护分区进行优化约束。事实上，保护分区大小和信息量存在一定的矛盾，如分区过大，通信延时长，计算复杂，但冗余信息多，有利于保护判别；分区过小，通信延时短，计算简单，但冗余信息少，不利于保护判别。因此，分区时，综合考虑延时和通信量的约束，有利于最优分区。本节结合图 3.3 所示分区域信息通信传输路径，按照线路长度和站

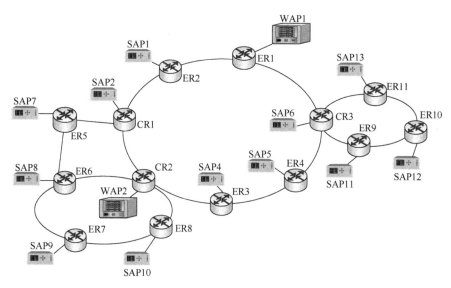

图 3.3　主站与子站通信传输路径示意图

ER：edge router（边缘路由器）；CR：core router（核心路由器）；SAP：substation-area protection（站域保护）；
WAP：wide-area protection（广域保护）

间交换机转发的延时影响，利用式（3.1）的节点延时反映系统延时，利用式（3.5）的宽带利用率反映系统通信，其值越小表示基于通信带宽和延时方面的分区越优。

节点信息传输网络时延用 T_p 表示，分区延时按照最长节点延时统计：

$$T_{p} = \tau_s + \tau_p + \tau_b \tag{3.1}$$

式中：τ_s 为发送时延，指由节点设备发送数据帧至通信网络上所需要的时间。

用 LP 表示待发送数据帧的大小，用 R 表示端口带宽，则有

$$\tau_s = LP/R \tag{3.2}$$

τ_p 为传播延时，指电磁波在信道中传播一定距离所需时间，表达式为

$$\tau_p = L/v \tag{3.3}$$

式中：v 为光信号在光纤中的传播速率，$v \approx 2 \times 10^5\,\mathrm{km/s}$；$L$ 为从节点设备到决策中心总的信道光缆长度（km）。

τ_b 为交换时延，指信息在传输过程中经过多个交换机的总交换时间，表达式为

$$\tau_b = N \times \tau_t \tag{3.4}$$

式中：N 为传输过程中经过的交换机总数；τ_t 为经过一台交换机的延时，这里不考虑交换机排队延时。

信道的宽带利用率是通信系统的关键指标，按照通信标准要求，在构建广域通信时，任一条信道的宽带利用率均不应超出运行要求。宽带利用率 BWU 可表示为

$$BWU = TEU/BW \tag{3.5}$$

式中：TEU 为通信的吞吐量；BW 为信道带宽。

7. 大电网分区优化

尽管将大电网划分为多个有限区域有利于广域保护的实现，但是有限区域数目并不是越多越好，同时也要考虑分区域之间的均衡性。例如，当各区域保护范围限制在单个变电站时，区域数目等于厂站总数，满足均衡性，但数目太多，且各区域保护系统只能得到就地信息，广域保护实现了站域继电保护功能，对于大电网后备保护性能改善有限；各区域保护范围包含子站数目太多，易造成不满足通信和计算约束；同时当各区域保护范围交互范围大且复杂时，各区域间系统通信和功能配合复杂，工程实现难度大。因此，在进行大电网保护分区时，在满足其他分区原则的同时，最优分区应该遵循各分区域保护元件数目均衡且分区域数目较少，区域间的信息交互少、功能配合简单的原则。最优分区的分区数目和节点均衡性可分别用式（3.6）和式（3.7）表示：

$$R_N = \min(N_j), \quad j = 1, 2, \cdots \tag{3.6}$$

$$R_B = \min\left(\sqrt{\sum_{i=1}^{N_j}\left(P_i - \frac{\sum P_i}{N_j}\right)^2}\right), \quad j = 1, 2, \cdots \tag{3.7}$$

式中：R_N 为分区结果数目优化由小到大的排序；R_B 为分区结果均衡性优化由小到大的排序；

P_i为第i个分区域内所包含的元件数；N_j为不同分区结果。

实际电网是逐渐发展建设的过程，在工程应用背景下讨论保护分区，还需要考虑系统规划、调度、运行方式、安全稳定控制、保护通信等设计和运行人员的经验对保护分区的特定要求等，并能对保护分区结果进行适当调整，使其更具有工程应用价值。

3.2.2　保护分区的实现方法

图论作为拓扑学的一个分支，其研究及其应用在各个领域都得到了迅速发展。应用于有限广域系统能够为系统实现广域保护分区与保护算法等决策时提供理论依据与数学描述。本节遵照广域保护系统分区原则，结合图论的基本理论，基于矩阵的简单运算，实现广域保护系统分区方法[3-5]。

1. 图论应用于分区中的基本知识

1）基本概念

图论所研究的对象是对象之间最一般关系的相互联系，对象间的关系抽象为点、线集合的图，因此可以用多种方法对图进行定义。

图（graph）：$G = (V, E)$是由节点集合（vertex）及节点间的支路集合（edge）组成的一种结构。其中：V是图的节点有穷非空集合；E是节点之间关系的有穷集合。

无向图：图中任两节点(v_i, v_j)的支路连接是无序的，即节点v_i和节点v_j相关联的支路没有特定的方向，(v_i, v_j)与(v_j, v_i)是同一条支路。

子图：设有两个图$G_i = (V_i, E_i)$和$G_j = (V_j, E_j)$。若$V_i \subseteq V_j$且$E_i \subseteq E_j$，则称图G_i是G_j的子图。

邻接节点：如果(V_i, V_j)是$E(G)$中的一条支路，则称V_i与V_j互为邻接节点。

权：图中支路具有与它相关的值，称为权。这些权可以表示从一个节点到另一个节点的距离、通信时间、链路通信利用率等。这种带权图称为网络。

节点的度（degree of a vertex）：一个节点v的度是与它相关联的支路的条数，记作$D(v)$。

路：在图$G = \langle V, E \rangle$中，若从节点v_1出发，沿一些支路经过一些节点$v_2, v_3, \cdots, v_{n-1}$，最后到达节点$v_n$，则称交替序列$v_1 e_1 v_2 e_2, \cdots, e_n v_n$为从节点$v_1$到$v_n$的路。

路的长度：对于不带权的图，路径长度是指此路径上边的条数。对于带权图，路径长度是指路径上各边的权之和。

2）矩阵表示

尽管电网的拓扑结构反映了各个变电站节点之间的连接关系，有利于系统进行许多定性分析。然而，直观的图形并不适合运行结构变化的系统计算和处理，一般采用矩阵方式来表述拓扑结构。

在图论中，如果图中有n个节点，则用$n \times n$的矩阵$\boldsymbol{C}$表示图的邻接矩阵，定义其元素c_{ij}如下：

$$c_{ij} = \begin{cases} 1, & \text{节点}i\text{邻接节点}j \\ 0, & \text{节点}i\text{不邻接节点}j \end{cases} \qquad (3.8)$$

在给定的无向图中，邻接矩阵是对称的，对于节点本身的连接视为邻接，对角线元素均为1。

邻接矩阵只表示了系统各部件之间的直接影响关系。但从系统变化的角度来看，一般更关心系统的某些节点能否通过其他中间节点去影响另一些节点。当系统故障时，常规继电保护是基于邻接节点的测量信息构成主保护，但广域保护则希望通过大范围，可以感受这个故障的多节点测量信息，实现故障节点的冗余判断。因此，分区的重点就是明确由哪些节点构成广域保护，这就要涉及可达关系的概念。基于图论的知识，将节点 v_i 可直接或间接影响节点 v_j 的状态称为 v_i 可达 v_j。描述一个系统中节点之间在一定范围内可达性关系的矩阵称为系统的可达矩阵，用 $\boldsymbol{P}$ 表示，其中的元素 p_{ij} 满足下列关系：

$$p_{ij} = \begin{cases} 1, & \text{从} v_i \text{到} v_j \text{至少存在一条路} \\ 0, & \text{从} v_i \text{到} v_j \text{不存在路} \end{cases} \tag{3.9}$$

对于一个由 n 个部件组成的系统，其中任意两个部件 v_i 和 v_j 之间在一定范围内如果存在可达关系，则可以利用邻接矩阵的 m 次乘幂来反映。若这个范围在 m 个节点内，则称可达矩阵为 m 级可达矩阵，用 $\boldsymbol{P}^m$ 表示。其中，m 级可达矩阵与邻接矩阵 $\boldsymbol{C}$ 之间存在如下的逻辑运算关系：

$$\boldsymbol{P}^m = (\boldsymbol{C} - \boldsymbol{I}) \bigcup (\boldsymbol{C} - \boldsymbol{I})^2 \bigcup \cdots \bigcup (\boldsymbol{C} - \boldsymbol{I})^m + \boldsymbol{I} \tag{3.10}$$

式中：$\boldsymbol{C}$、$\boldsymbol{C}^2$、$\boldsymbol{C}^m$ 为布尔矩阵；$\boldsymbol{C}^i$ 表示在布尔运算意义下 $\boldsymbol{C}$ 的 i 次方；m 为最大可达距离（不含权值）。

2. 基于图论的保护分区

一般的分区系统中，线路都被作为支路对待，但本节考虑到广域保护是将母线、线路等元件作为保护对象，为更好地说明各个元件在图论中的连接关系，保护分区时将母线和线路均作为节点看待，连接母线和线路的断路器或互感器等作为支路。这种处理方式有利于分区域交互原则的判断和优化。在建立基于节点和支路的电网网络拓扑图时，定义母线、线路等被保护元件为图论节点，如 $v_1, v_2, \cdots, v_n$；定义线路 CT 及断路器为图论支路，如 $e_1, e_2, \cdots, v_m$。本节以 IEEE 11 节点网络为例说明广域保护系统分区方法，其网络拓扑结构图如图 3.4 所示。

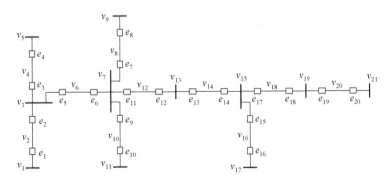

图 3.4　基于节点和支路的 IEEE 11 节点系统

按照图 3.4 所示基于节点和支路的系统图，基于式（3.8）邻接矩阵的定义，可以直接写出邻接矩阵 $\boldsymbol{C}$：

$$
\boldsymbol{C} = \begin{array}{c}
\begin{array}{ccccccccccccccccccccc}
v_1 & v_2 & v_3 & v_4 & v_5 & v_6 & v_7 & v_8 & v_9 & v_{10} & v_{11} & v_{12} & v_{13} & v_{14} & v_{15} & v_{16} & v_{17} & v_{18} & v_{19} & v_{20} & v_{21}
\end{array} \\
\left[\begin{array}{ccccccccccccccccccccc}
0 & 1 & 0 & 0 & 0 & 0 & 0 & 0 & 0 & 0 & 0 & 0 & 0 & 0 & 0 & 0 & 0 & 0 & 0 & 0 & 0 \\
1 & 0 & 1 & 0 & 0 & 0 & 0 & 0 & 0 & 0 & 0 & 0 & 0 & 0 & 0 & 0 & 0 & 0 & 0 & 0 & 0 \\
0 & 1 & 0 & 1 & 0 & 1 & 0 & 0 & 0 & 0 & 0 & 0 & 0 & 0 & 0 & 0 & 0 & 0 & 0 & 0 & 0 \\
0 & 0 & 1 & 0 & 1 & 0 & 0 & 0 & 0 & 0 & 0 & 0 & 0 & 0 & 0 & 0 & 0 & 0 & 0 & 0 & 0 \\
0 & 0 & 0 & 0 & 0 & 0 & 0 & 0 & 0 & 0 & 0 & 0 & 0 & 0 & 0 & 0 & 0 & 0 & 0 & 0 & 0 \\
0 & 0 & 1 & 0 & 0 & 0 & 1 & 0 & 0 & 0 & 0 & 0 & 0 & 0 & 0 & 0 & 0 & 0 & 0 & 0 & 0 \\
0 & 0 & 0 & 0 & 0 & 1 & 0 & 1 & 0 & 1 & 0 & 1 & 0 & 0 & 0 & 0 & 0 & 0 & 0 & 0 & 0 \\
0 & 0 & 0 & 0 & 0 & 0 & 1 & 0 & 1 & 0 & 0 & 0 & 0 & 0 & 0 & 0 & 0 & 0 & 0 & 0 & 0 \\
0 & 0 & 0 & 0 & 0 & 0 & 0 & 1 & 0 & 0 & 0 & 0 & 0 & 0 & 0 & 0 & 0 & 0 & 0 & 0 & 0 \\
0 & 0 & 0 & 0 & 0 & 0 & 1 & 0 & 0 & 0 & 1 & 0 & 0 & 0 & 0 & 0 & 0 & 0 & 0 & 0 & 0 \\
0 & 0 & 0 & 0 & 0 & 0 & 0 & 0 & 0 & 1 & 0 & 0 & 0 & 0 & 0 & 0 & 0 & 0 & 0 & 0 & 0 \\
0 & 0 & 0 & 0 & 0 & 0 & 1 & 0 & 0 & 0 & 0 & 0 & 1 & 0 & 0 & 0 & 0 & 0 & 0 & 0 & 0 \\
0 & 0 & 0 & 0 & 0 & 0 & 0 & 0 & 0 & 0 & 0 & 1 & 0 & 1 & 0 & 0 & 0 & 0 & 0 & 0 & 0 \\
0 & 0 & 0 & 0 & 0 & 0 & 0 & 0 & 0 & 0 & 0 & 0 & 1 & 0 & 1 & 0 & 0 & 0 & 0 & 0 & 0 \\
0 & 0 & 0 & 0 & 0 & 0 & 0 & 0 & 0 & 0 & 0 & 0 & 0 & 1 & 0 & 1 & 0 & 1 & 0 & 0 & 0 \\
0 & 0 & 0 & 0 & 0 & 0 & 0 & 0 & 0 & 0 & 0 & 0 & 0 & 0 & 1 & 0 & 1 & 0 & 0 & 0 & 0 \\
0 & 0 & 0 & 0 & 0 & 0 & 0 & 0 & 0 & 0 & 0 & 0 & 0 & 0 & 0 & 1 & 0 & 0 & 0 & 0 & 0 \\
0 & 0 & 0 & 0 & 0 & 0 & 0 & 0 & 0 & 0 & 0 & 0 & 0 & 0 & 1 & 0 & 0 & 0 & 1 & 0 & 0 \\
0 & 0 & 0 & 0 & 0 & 0 & 0 & 0 & 0 & 0 & 0 & 0 & 0 & 0 & 0 & 0 & 0 & 1 & 0 & 1 & 0 \\
0 & 0 & 0 & 0 & 0 & 0 & 0 & 0 & 0 & 0 & 0 & 0 & 0 & 0 & 0 & 0 & 0 & 0 & 1 & 0 & 1 \\
0 & 0 & 0 & 0 & 0 & 0 & 0 & 0 & 0 & 0 & 0 & 0 & 0 & 0 & 0 & 0 & 0 & 0 & 0 & 1 & 0
\end{array}\right]
\begin{array}{l}
v_1 \\ v_2 \\ v_3 \\ v_4 \\ v_5 \\ v_6 \\ v_7 \\ v_8 \\ v_9 \\ v_{10} \\ v_{11} \\ v_{12} \\ v_{13} \\ v_{14} \\ v_{15} \\ v_{16} \\ v_{17} \\ v_{18} \\ v_{19} \\ v_{20} \\ v_{21}
\end{array}
\end{array}
$$

基于式（3.9）可达矩阵的定义，可以按照式（3.10）的计算得到可达矩阵 $\boldsymbol{P}^m$。

可达距离 m 的确立应按照区域范围的确立原则。可达距离的不同直接影响保护区域划分的多少及区域大小，进一步影响系统通信和保护实现。按目前工程实际配置要求，继电保护的最远保护范围是下一级相邻线路，即满足远后备保护的要求，计及图论描述中母线、线路均为节点，按照该配置要求区域范围应为 4 个图论节点长度，即本节推荐可达距离 $m=4$。按照图 3.4 所示基于节点和支路系统，计算得可达矩阵 $\boldsymbol{P}^4$：

$$
\boldsymbol{P}^4 = \begin{array}{c}
\begin{array}{ccccccccccccccccccccc}
v_1 & v_2 & v_3 & v_4 & v_5 & v_6 & v_7 & v_8 & v_9 & v_{10} & v_{11} & v_{12} & v_{13} & v_{14} & v_{15} & v_{16} & v_{17} & v_{18} & v_{19} & v_{20} & v_{21}
\end{array} \\
\left[\begin{array}{ccccccccccccccccccccc}
1 & 1 & 1 & 1 & 1 & 1 & 1 & 0 & 0 & 0 & 0 & 0 & 0 & 0 & 0 & 0 & 0 & 0 & 0 & 0 & 0 \\
1 & 1 & 1 & 1 & 1 & 1 & 1 & 1 & 0 & 1 & 0 & 1 & 0 & 0 & 0 & 0 & 0 & 0 & 0 & 0 & 0 \\
1 & 1 & 1 & 1 & 1 & 1 & 1 & 1 & 1 & 1 & 1 & 1 & 1 & 0 & 0 & 0 & 0 & 0 & 0 & 0 & 0 \\
1 & 1 & 1 & 1 & 1 & 1 & 1 & 1 & 0 & 1 & 0 & 1 & 0 & 0 & 0 & 0 & 0 & 0 & 0 & 0 & 0 \\
1 & 1 & 1 & 1 & 1 & 1 & 1 & 0 & 0 & 0 & 0 & 0 & 0 & 0 & 0 & 0 & 0 & 0 & 0 & 0 & 0 \\
1 & 1 & 1 & 1 & 1 & 1 & 1 & 1 & 1 & 1 & 1 & 1 & 1 & 1 & 0 & 0 & 0 & 0 & 0 & 0 & 0 \\
1 & 1 & 1 & 1 & 1 & 1 & 1 & 1 & 1 & 1 & 1 & 1 & 1 & 1 & 1 & 0 & 0 & 0 & 0 & 0 & 0 \\
0 & 1 & 1 & 1 & 0 & 1 & 1 & 1 & 1 & 1 & 1 & 1 & 1 & 1 & 0 & 0 & 0 & 0 & 0 & 0 & 0 \\
0 & 0 & 1 & 0 & 0 & 1 & 1 & 1 & 1 & 1 & 1 & 1 & 1 & 1 & 0 & 0 & 0 & 0 & 0 & 0 & 0 \\
0 & 1 & 1 & 1 & 0 & 1 & 1 & 1 & 1 & 1 & 1 & 1 & 1 & 1 & 0 & 0 & 0 & 0 & 0 & 0 & 0 \\
0 & 0 & 1 & 0 & 0 & 1 & 1 & 1 & 1 & 1 & 1 & 1 & 1 & 1 & 0 & 0 & 0 & 0 & 0 & 0 & 0
\end{array}\right.
\begin{array}{l}
v_1 \\ v_2 \\ v_3 \\ v_4 \\ v_5 \\ v_6 \\ v_7 \\ v_8 \\ v_9 \\ v_{10} \\ v_{11}
\end{array}
\end{array}
$$

$$
\begin{array}{cccccccccccccccccccccc|c}
0 & 1 & 1 & 1 & 0 & 1 & 1 & 1 & 1 & 1 & 1 & 1 & 1 & 1 & 1 & 1 & 0 & 1 & 0 & 0 & 0 & v_{12} \\
0 & 0 & 1 & 0 & 0 & 1 & 1 & 1 & 1 & 1 & 1 & 1 & 1 & 1 & 1 & 1 & 1 & 1 & 1 & 0 & 0 & v_{13} \\
0 & 0 & 0 & 0 & 0 & 1 & 1 & 1 & 0 & 1 & 0 & 1 & 1 & 1 & 1 & 1 & 1 & 1 & 1 & 1 & 0 & v_{14} \\
0 & 0 & 0 & 0 & 0 & 0 & 1 & 0 & 0 & 0 & 0 & 1 & 1 & 1 & 1 & 1 & 1 & 1 & 1 & 1 & 1 & v_{15} \\
0 & 0 & 0 & 0 & 0 & 0 & 0 & 0 & 0 & 0 & 0 & 0 & 1 & 1 & 1 & 1 & 1 & 1 & 1 & 1 & 0 & v_{16} \\
0 & 0 & 0 & 0 & 0 & 0 & 0 & 0 & 0 & 0 & 0 & 0 & 0 & 1 & 1 & 1 & 1 & 1 & 1 & 0 & 0 & v_{17} \\
0 & 0 & 0 & 0 & 0 & 0 & 0 & 0 & 0 & 0 & 0 & 0 & 0 & 1 & 1 & 1 & 1 & 1 & 1 & 1 & 1 & v_{18} \\
0 & 0 & 0 & 0 & 0 & 0 & 0 & 0 & 0 & 0 & 0 & 0 & 0 & 1 & 1 & 1 & 1 & 1 & 1 & 1 & 1 & v_{19} \\
0 & 0 & 0 & 0 & 0 & 0 & 0 & 0 & 0 & 0 & 0 & 0 & 1 & 1 & 1 & 1 & 1 & 1 & 1 & 1 & 1 & v_{20} \\
0 & 0 & 0 & 0 & 0 & 0 & 0 & 0 & 0 & 0 & 0 & 0 & 0 & 1 & 0 & 0 & 1 & 1 & 1 & 1 & 1 & v_{21}
\end{array}
$$

基于邻接矩阵 $\boldsymbol{C}$ 和可达矩阵 $\boldsymbol{P}$，可以实现保护分区。分区可以分为以下几个步骤。

（1）计算邻接矩阵 $\boldsymbol{C}$ 和可达矩阵 $\boldsymbol{P}$ 的节点度 D。如 $D(C) = (D(v_1)$, $D(v_2)$, $D(v_3)$, $D(v_4)$, $D(v_5)$, $D(v_6)$, $D(v_7)$, $D(v_8)$, $D(v_9)$, $D(v_{10})$, $D(v_{11})$, $D(v_{12})$, $D(v_{13})$, $D(v_{14})$, $D(v_{15})$, $D(v_{16})$, $D(v_{17})$, $D(v_{18})$, $D(v_{19})$, $D(v_{20})$, $D(v_{21})) = (1, 2, 3, 1, 2, 4, 2, 1, 2, 1, 2, 2, 2, 3, 1, 2, 2, 2, 1)$；同理可得 $D(\boldsymbol{P}^4) = (7, 10, 13, 10, 7, 14, 15, 14, 19, 12, 9, 15, 15, 13, 11, 9, 7, 10, 9, 7, 5)$。

（2）确立中心主站。如果存在人为指定的主站，则直接将该节点设为最高优先级主站。并在剩余区域节点中，搜索 $D(\boldsymbol{P}^4)$ 中较大节点度对应的节点，作为可选主站。

（3）边界节点确定。搜索邻接矩阵 $D(C)$ 中为 1 的对应节点为边界节点。

（4）初始分区。按照优先级高低选择主站，遵循保护规定的范围进行保护分区。

（5）交互原则检验。检查已划分的保护分区结果是否符合区域交互原则，若不符合，则将未交互节点按照未分区域重新分区。

（6）通信约束检验。保护分区初步完成后，计算每个分区域的节点延时和带宽利用率，若不满足设计要求，则说明分区不合理，将不满足通信要求的保护区域主站从可选主站去掉，然后再从初步分区步骤重新划分区域。

（7）分区优化。基于分区结果数目 R_N 和分区结果均衡性 R_B 综合指标寻找最优分区。

（8）选择分区域的备用主站。

基于以上分区方法，结合邻接矩阵 $\boldsymbol{C}$ 和可达矩阵 $\boldsymbol{P}$，通过编制分区搜索程序，可方便得到广域保护系统最优分区结果，其流程如图 3.5 所示。

基于保护分区方法，将图 3.4 所示系统分成两个保护区域。区域 G1：节点集合 $V1 = (v_1$, v_2, v_3, v_4, v_5, v_6, v_7, v_8, v_9, v_{10}, v_{11}, $v_{12})$，主站节点(v_7)；区域 G2：节点集合 $V2 = (v_{12}$, v_{13}, v_{14}, v_{15}, v_{16}, v_{17}, v_{18}, v_{19}, v_{20}, $v_{21})$，主站节点(v_{15})；两区域的交互节点(v_{12})，如图 3.6 所示。

3.2.3　算例分析

为验证本节分区方法，利用 IEEE 10 机 39 节点电网系统模型进行仿真分区验证。仿真系统的单线图及其支路编号如图 3.7 所示。

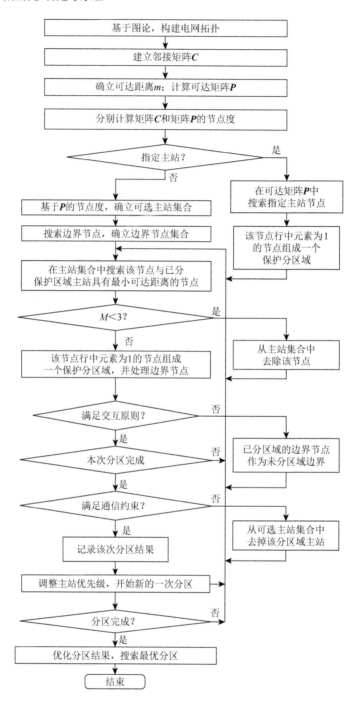

图 3.5 保护分区流程图

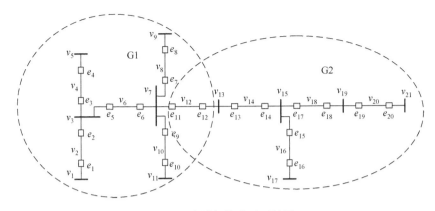

图 3.6　广域保护分区区域图

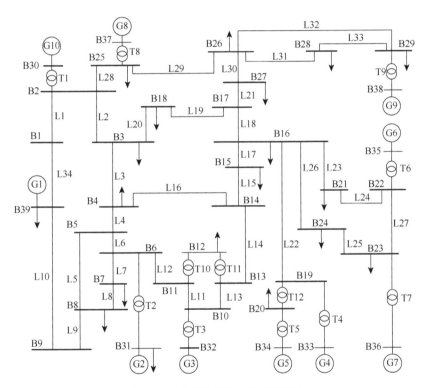

图 3.7　IEEE 10 机 39 节点系统图

由于广域保护系统分区不考虑发电机组和母线的负荷出线，同时，在同一电压等级下进行保护分区，故图 3.7 所示系统可以简化为图 3.8 所示系统。

在图 3.8 中，假设每条线路保护传输的通信量相同，设为 $T_C = 256$ B，接口带宽为 2 Mbit/s，链路带宽为 100 Mbit/s，通信信道按照与电网拓扑相同计算（如果实际通信拓扑不同，则按照实际信道拓扑计算即可），一般地，MSTP 的以太网卡处理时延 T_2 和 SDH 网元的处理时延 T_3 可以分别设置为 10 μs 和 125 μs，以太网交换机转发一个 64 B 的数据包的时延是 0.672 μs。本节分区不直接指定主站，按照图 3.5 保护分区方法进行分区。分区初始结果及计算指标如表 3.1 所示。

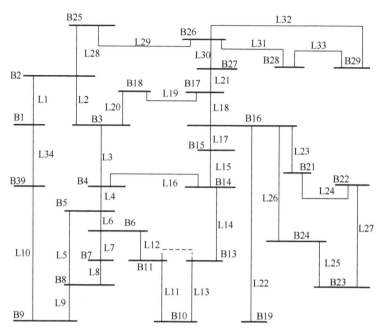

图 3.8　简化 IEEE 10 机 39 节点系统图

表 3.1　分区初步结果及计算指标

序号	主站	分区域子站节点	远主站线路节点	近主站线路节点	T_P/ms	BWU/%	R_N/R_B
1	B1	B2，B3，B9，B25，B39	L1，L34	L2，L10，L28	16.3	50.2	7/18.1
	B4	B2，B3，B5，B6，B8，B13，B14，B15，B18	L3，L4，L16	L2，L5，L6，L14，L15，L20	25.2	76.3	
	B6	B4，B5，B7，B8，B10，B11	L6，L7，L12	L4，L5，L8，L12	20.1	54.6	
	B8	B4，B5，B6，B7，B9，B39	L5，L8，L9	L4，L6，L7，L10	18.6	55.7	
	B13	B4，B10，B11，B14，B15	L13，L14	L11，L15，L16	16.3	52.1	
	B16	B14，B15，B17，B18，B19，B21，B22，B23，B24，B27	L17，L18，L22，L23，L26	L15，L19，L21，L24，L25，L27	28.3	81.7	
	B25	B1，B2，B3，B26，B27，B28，B29	L28，L29	L1，L2，L30，L31，L32	21.8	75.0	
2	B2	B1，B3，B4，B18，B25，B26，B39	L1，L2，L28	L3，L20，L29，L34	19.4	74.6	7/16.7
	B5	B3，B4，B6，B7，B8，B9，B11，B14	L4，L5，L6	L3，L7，L8，L9，L12	20.8	72.5	
	B9	B1，B5，B7，B8，B39	L9，L10	L5，L8，L34	16.2	52.9	
	B11	B5，B6，B7，B10，B13	L11，L12	L6，L7，L13	17.1	51.2	
	B14	B3，B4，B5，B10，B13，B15，B16	L14，L15，L16	L3，L4，L13，L17	21.7	70.6	
	B16	B14，B15，B17，B18，B19，B21，B22，B23，B24，B27	L17，L18，L22，L23，L26	L15，L19，L21，L24，L25，L27	28.3	81.7	
	B27	B16，B17，B18，B25，B26，B28，B29	L21，L30	L18，L19，L29，L31，L32，L33	23.5	69.1	
3	B2	B1，B3，B4，B18，B25，B26，B39	L1，L2，L28	L3，L20，L29，L34	19.4	74.6	8/20.7
	B4	B2，B3，B5，B6，B8，B13，B14，B15，B18	L3，L4，L16	L2，L5，L6，L14，L15，L20	25.2	50.2	
	B6	B4，B5，B7，B8，B10，B11	L6，L7，L12	L4，L5，L8，L12	20.1	54.6	
	B8	B4，B5，B6，B7，B9，B39	L5，L8，L9	L4，L6，L7，L10	18.6	55.7	

续表

序号	主站	分区域子站节点	远主站线路节点	近主站线路节点	T_p/ms	BWU/%	R_N/R_B
3	B13	B4，B10，B11，B14，B15	L13，L14	L11，L15，L16	16.3	52.1	8/20.7
	B15	B4，B13，B14，B16，B17，B19，B21，B24	L15，L17	L14，L16，L18，L22，L23，L26	21.1	76.6	
	B17	B3，B15，B16，B18，B19，B21，B24，B26，B27	L18，L19，L21	L17，L20，L22，L23，L26，L30	26.9	78.9	
	B21	B15，B16，B17，B19，B22，B23，B24	L23，L24	L17，L18，L22，L25，L26，L27	21.5	73.3	
4	B3	B1，B2，B4，B5，B14，B17，B18，B25	L2，L3，L20	L1，L4，L16，L19，L28	20.3	75.7	6/12.6
	B5	B3，B4，B6，B7，B8，B9，B11，B14	L4，L5，L6	L3，L7，L8，L9，L12	20.8	72.5	
	B13	B4，B10，B11，B14，B15	L13，L14	L11，L15，L16	16.3	52.1	
	B16	B14，B15，B17，B18，B19，B21，B22，B23，B24，B27	L17，L18，L22，L23，L26	L15，L19，L21，L24，L25，L27	28.3	81.7	
	B26	B2，B17，B25，B27，B28，B29	L29，L30，L31，L32	L21，L28，L33	19.8	59.6	
	B39	B1，B2，B8，B9	L10，L34	L1，L9	17.3	50.1	

由表 3.1 结果可知，基于通信容量和时延，各种分区都差不多；基于分区数目 R_N 和均衡性 R_B，序号 4 分区结果均能够获得最小值，认为该分区更为合理。但是，如果通信带宽利用率设定为 80%，再次对序号 4 分区进行优化，将主站 B16 分区分为两个，即主站 B16，V1＝（B16，B18，B27，B15，B14，B19，B21，B24，B22，L15，L17，L18，L19，L21，L22，L23，L26）；主站 B23，V2＝（B21，B22，B23，B24，B26，L24，L25，L26，L27）。最终分区结果如图 3.9 所示，图中◂▸表示两个区域交互区域。

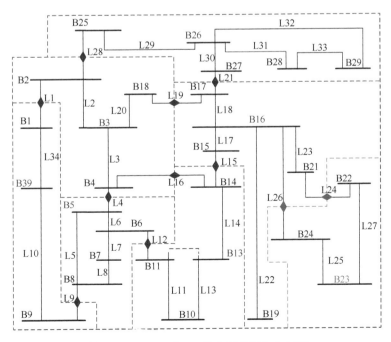

图 3.9　IEEE 10 机 39 节点系统保护分区图

3.3 基于电压分布的自适应保护分区技术与实现方式

3.3.1 电力系统故障时序电压分布特点

图 3.10 为一个简单的广域输电系统。在系统发生简单故障时，序电压分布特点较为明显：近故障点母线正序电压低于远故障点的母线正序电压，其负（零）序电压高于远故障点母线的负（零）序电压[6]。但对于特殊的系统结构（如短线路、中性点接地的变压器）或发生高阻接地故障、复故障时，序电压分布特点变得较为复杂，与序电压分布特点不相符合，详细分析如下所示。

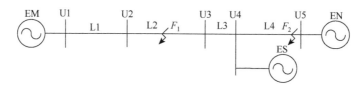

图 3.10 简单的广域输电系统图

系统在 F_1 点发生故障时，以负序电压分布为例，其分布图如图 3.11（a）所示；在 F_2 点发生故障时，其负序电压分布图如图 3.11（b）所示；在 F_1 点发生故障时，又发生 F_2 点复故障，其负序电压分布图如图 3.11（c）所示。

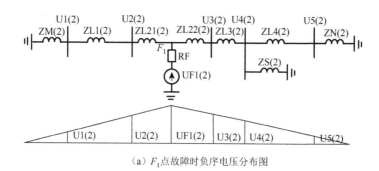

（a）F_1 点故障时负序电压分布图

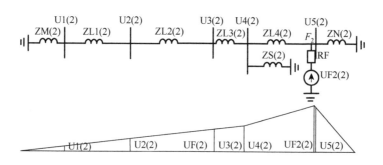

（b）F_2 点故障时负序电压分布图

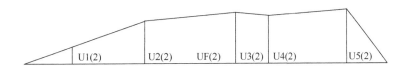

（c）F_1 点、F_2 点复故障时负序电压分布图

图 3.11 故障时负序电压分布图

由图 3.11 可知，在系统发生简单故障时，序电压分布特点较为明显。但对于特殊的系统结构或发生复故障时，序电压分布特点变得较为复杂。

（1）图 3.10 所示系统，线路 L3 较短，在 L3 区外 F_1 点发生故障时，母线 U3 与 U4 的序电压相比较为接近，受测量误差和计算误差的影响，母线 U4 的正序电压可能低于母线 U3 的正序电压，其负（零）序电压可能高于 U3 的负（零）序电压，与序电压分布特点不相符合。

（2）图 3.11（c）所示，当系统发生复故障时，各母线电压受多点故障电压分量的影响，远离故障点的母线正序电压相比较近故障点的母线可能更低，负（零）序电压相比较近故障点的母线可能更高，与序电压分布特点不相符合。

（3）当系统发生高阻接地故障时，各母线序电压变化相对较小，由电压量构成的保护判据可能会遇到灵敏度不足的问题。

（4）正序网络、负序网络和零序网络受系统电源、变压器接地等因素的影响存在差别，系统故障时各母线序电压的分布比较排序并不完全一致。

3.3.2 基于序电压分布的自适应识别故障区域

1. 序电压排序

根据电力系统故障时序电压分布特点，当系统发生简单故障时，通过对电网母线的序电压幅值大小排序，正序电压最小或负（零）序电压最大的母线确定为距离故障点最近的母线，定义为疑似故障母线，该母线及相连线路定义为疑似故障区域[7]。

为降低保护系统的通信量，在各变电站 IED 设置启动判据，集中式决策中心只需获取 IED 启动判据动作的母线序电压进行排序分析。为进一步降低保护系统的通信量，各 IED 的启动判据设置高、低定值启动门槛，在系统发生非高阻接地性故障时，因为低定值启动判据灵敏度较高，保护区域内较多母线的低定值启动判据会动作，如果决策中心获取所有启动母线的序电压，系统明显不能达到降低系统通信量的效果，鉴于高定值启动判据灵敏度较低，此时决策中心仅获取高定值启动判据动作母线的序电压，保护明显大幅度降低系统的通信量；在系统发生高阻接地故障时，高定值启动判据灵敏度不足，仅较少母线的低定值启动判据动作，决策中心仅获取低定值启动判据动作母线的序电压，保护亦大幅度降低了系统的通信量。

启动判据如下：

$$\begin{cases} K_{i(1)} = U_{i(1)}/U_{\mathrm{N}} < K_{\mathrm{Hset}(1)} \\ K_{i(2)} = U_{i(2)}/U_{\mathrm{N}} > K_{\mathrm{Hset}(2)} \\ K_{i(0)} = U_{i(0)}/U_{\mathrm{N}} > K_{\mathrm{Hset}(0)} \end{cases} \tag{3.11}$$

$$\begin{cases} K_{i(1)} = U_{i(1)} / U_{\text{N}} < K_{\text{Lset}(1)} \\ K_{i(2)} = U_{i(2)} / U_{\text{N}} > K_{\text{Lset}(2)} \\ K_{i(0)} = U_{i(0)} / U_{\text{N}} > K_{\text{Lset}(0)} \end{cases} \tag{3.12}$$

式中：$i = 1, 2, \cdots, n$，$U_{i(1)}$、$U_{i(2)}$ 和 $U_{i(0)}$ 分别为母线 i 的正序、负序和零序电压的幅值；U_{N} 为母线额定相电压；$K_{i(1)}$、$K_{i(2)}$、$K_{i(0)}$ 分别为母线正序、负序、零序电压的比例系数；$K_{\text{Lset}(1)}$、$K_{\text{Lset}(2)}$、$K_{\text{Lset}(0)}$ 分别为正序、负序、零序电压低定值启动判据门槛值；$K_{\text{Hset}(1)}$、$K_{\text{Hset}(2)}$、$K_{\text{Hset}(0)}$ 分别为正序、负序、零序电压高定值启动判据门槛值。$K_{\text{Lset}(1)}$ 取 90%，$K_{\text{Lset}(2)}$ 和 $K_{\text{Lset}(0)}$ 取 2%～5%，$K_{\text{Hset}(1)}$ 取 50%，$K_{\text{Hset}(2)}$ 和 $K_{\text{Hset}(0)}$ 取 10%。

本节研究的广域继电保护系统是基于集中式结构的保护系统。正常情况下，各变电站 IED 实时监测和计算母线序电压，并进行保护启动判据的判断；决策中心实时发送召唤系统有无启动判据动作的命令。在系统发生非高阻接地性故障时，如果 IED 检测到母线序电压高定值启动判据动作，则主动将该母线序电压和高定值启动判据动作标志上送至决策中心，决策中心收到高定值启动判据动作标志，停止发送召唤启动判据动作信息的命令。当系统发生高阻接地故障时，如果母线序电压高定值启动判据未动作，则 IED 在收到决策中心召唤命令后，将低定值启动判据动作的母线序电压上送至决策中心。

决策中心检测到母线序电压保护判据启动后，将汇聚的母线序电压值进行排序。设由式（3.11）、式（3.12）正序、负序和零序电压启动判据得到的母线数分别为 p、n、z，通过式（3.13）、式（3.14）、式（3.15）对启动的母线进行排序：

$$\text{Min}\{| K_{1(1)} |, | K_{2(1)} |, \cdots, | K_{p(1)} |\} \tag{3.13}$$

$$\text{Max}\{| K_{1(2)} |, | K_{2(2)} |, \cdots, | K_{n(2)} |\} \tag{3.14}$$

$$\text{Max}\{| K_{1(0)} |, | K_{2(0)} |, \cdots, | K_{z(0)} |\} \tag{3.15}$$

2. 疑似故障区域分析

当系统发生不同类型的故障时，序电压反映出不同的特点。根据启动判据得到的序电压排序结果，针对不同故障类型进行疑似故障区域分析，初步形成疑似故障区域和疑似故障母线。

（1）当线路发生对称故障时，系统中的零序电压几乎为零。由于故障后线路不再是完全换位的，系统会出现较小的负序电压，但基本上小于 $K_{\text{Hset}(2)} U_{\text{N}}$。所以，在各母线的负序电压、零序电压判据没有启动时，仅需将正序电压判据启动的母线根据式（3.13）排序，正序电压幅值最小的母线视为疑似故障母线，该母线及相连线路构成疑似故障区域。

（2）当线路发生不对称故障时，如果零序电压启动，则说明系统发生接地故障，负序电压和零序电压启动判据均有较高的灵敏度，受系统结构及变压器接地的影响可能两者排序最大的母线不一致，但也应该是两相邻母线或次相邻母线，取式（3.15）零序电压排序最大的母线作为疑似故障母线，该母线及相连线路构成疑似故障区域；如果零序电压未启动而负序电压启动，则说明系统发生相间短路故障。取式（3.14）负序电压排序最大的母线作为疑似故障母线，该母线及相连线路构成疑似故障区域。

（3）当电网发生复杂故障时，各母线序电压排序结果可能不一致，考虑母线序电压受多点故障电压分量的影响，将三个序电压排序结果正序电压最小、负（零）序电压最大的母线均视为疑似故障母线，该母线与相连线路构成疑似故障区域。

3.3.3　故障区域构建原则

当电网发生故障时，仅会引起故障线路相邻小范围内短路电流水平发生显著变化，继电保护具有较高的动作灵敏性和选择性；而远离故障线路区域的短路电流水平变化较小，继电保护的动作灵敏性明显降低，广域保护实现继电保护后备保护的功能，远离故障区域的线路或其他设备不在广域继电保护系统的保护范围。

当电网发生简单故障时，根据疑似故障区域分析，可以将疑似故障母线与相连线路构成故障区域。但受电网系统结构和复杂故障的影响，使用简单故障时疑似故障区域分析明显还不能把故障点包含在故障区域，如图 3.12 所示。

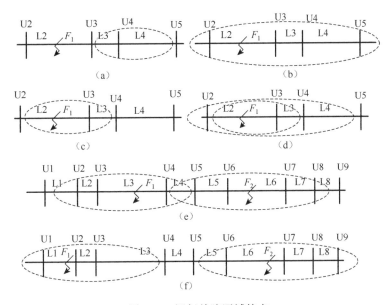

图 3.12　疑似故障区域特点

为消除短线路、高阻接地、复故障等对母线序电压排序结果的影响，故障区域应尽可能包含序电压排序结果的多个启动母线，原则如下。

（1）初始故障区域。如图 3.12（a）所示，当 F_1 点发生三相短路故障时，受短线路 L3 的影响，系统测量母线 U4 的正序电压低于母线 U3 的正序电压，根据疑似故障分析确立疑似故障区域为（U4、L3、L4），并不包含故障线路 L2。所以在故障区域识别时，考虑短线路的影响，系统将序电压排序结果前几个母线及其相连线路共同构成初始故障区域。如图 3.12（b）所示，故障区域包含短线路两端母线 U3、U4 及 U3 对端母线 U2、U4 对端母线 U5。所以，本节研究系统选定序电压排序结果前 4（序电压排序结果包含母线条数超过 4 条时，将所有母线作为疑似故障母线，作为初始疑似故障区域）个母线作为疑似故障母线。

（2）辅助故障区域。如图 3.12（c）所示，当 F_1 点发生高阻接地故障时，如果系统测量启动判据动作的母线仅有 U3，根据初始故障区域原则仅形成区域（U3、L2、L3）；受短线路影响，如果启动判据动作的母线仅有 U4，根据初始故障区域原则仅形成区域（U4、L3、L4）。第一种情况可以包含故障线路，但保护所需的冗余信息较少；第二种情况不能包含故障线路，所以受高阻接地故障影响，保护判据灵敏度较低，启动的母线较少。避免上述两种情况出现，本节研究以疑似故障母线为中心点，保护范围能够达到下一条线路的末端，由此构成的区域形成辅助故障区域。

（3）故障区域合并。在系统检测序电压排序结果小于 4 个母线时，为获取更多的广域冗余信息，将初始故障区域与辅助故障区域合并构成故障区域，如图 3.12（d）所示。

（4）多区域形成。受系统结构和复杂故障等因素影响，序电压排序可能结果不一致，分别根据序电压排序结果按照原则（1）～（3）构建多故障区域。

（5）多区域检验。对原则（4）构建的多区域进行检验，如果任两个区域交互，如图 3.12（e）所示，则直接合并这两个区域；如果区域不交互，如图 3.12（f）所示，为降低系统通信量，不合并该区域，系统分别对两个故障区域进行故障元件识别计算。

3.3.4 故障区域识别的实现方法

本节以图 3.10 所示系统为例说明广域继电保护系统故障区域识别实现的方法。在电网形成的网络拓扑图中，定义母线、线路等被保护元件为图论节点，如 $U1, L1, \cdots, Un$。

首先基于邻接矩阵和次邻接矩阵的定义，按照图 3.10 所示系统，可写出邻接矩阵 $\boldsymbol{C}$ 和次邻接矩阵 $\boldsymbol{P}$：

$$
\boldsymbol{C} = \begin{array}{c} \quad\quad\quad\text{U1 L1 U2 L2 U3 L3 U4 L4 U5} \\ \begin{bmatrix} 0 & 1 & 0 & 0 & 0 & 0 & 0 & 0 & 0 \\ 1 & 0 & 1 & 0 & 0 & 0 & 0 & 0 & 0 \\ 0 & 1 & 0 & 1 & 0 & 0 & 0 & 0 & 0 \\ 0 & 0 & 1 & 0 & 1 & 0 & 0 & 0 & 0 \\ 0 & 0 & 0 & 1 & 0 & 1 & 0 & 0 & 0 \\ 0 & 0 & 0 & 0 & 1 & 0 & 1 & 0 & 0 \\ 0 & 0 & 0 & 0 & 0 & 1 & 0 & 1 & 0 \\ 0 & 0 & 0 & 0 & 0 & 0 & 1 & 0 & 1 \\ 0 & 0 & 0 & 0 & 0 & 0 & 0 & 1 & 0 \end{bmatrix} \begin{array}{l} \text{U1} \\ \text{L1} \\ \text{U2} \\ \text{L2} \\ \text{U3} \\ \text{L3} \\ \text{U4} \\ \text{L4} \\ \text{U5} \end{array} \end{array}
$$

$$
\boldsymbol{P} = \begin{array}{c} \quad\quad\quad\text{U1 L1 U2 L2 U3 L3 U4 L4 U5} \\ \begin{bmatrix} 1 & 1 & 1 & 1 & 1 & 0 & 0 & 0 & 0 \\ 1 & 1 & 1 & 1 & 1 & 1 & 0 & 0 & 0 \\ 1 & 1 & 1 & 1 & 1 & 1 & 1 & 0 & 0 \\ 1 & 1 & 1 & 1 & 1 & 1 & 1 & 1 & 0 \\ 1 & 1 & 1 & 1 & 1 & 1 & 1 & 1 & 1 \\ 0 & 1 & 1 & 1 & 1 & 1 & 1 & 1 & 1 \\ 0 & 0 & 1 & 1 & 1 & 1 & 1 & 1 & 1 \\ 0 & 0 & 0 & 1 & 1 & 1 & 1 & 1 & 1 \\ 0 & 0 & 0 & 0 & 1 & 1 & 1 & 1 & 1 \end{bmatrix} \begin{array}{l} \text{U1} \\ \text{L1} \\ \text{U2} \\ \text{L2} \\ \text{U3} \\ \text{L3} \\ \text{U4} \\ \text{L4} \\ \text{U5} \end{array} \end{array}
$$

（1）初始故障区域实现。根据疑似故障区域分析，取排序前 4 的母线节点，在矩阵 **C** 中搜索各节点行中非零元素对应的列节点，由母线节点和搜索节点组成保护初始故障区域。

（2）辅助故障区域实现。根据疑似故障区域分析，取疑似故障母线节点，在矩阵 **P** 中搜索该节点行中非零元素对应的列节点，由母线节点和搜索节点组成保护辅助故障区域。

（3）多区域检验实现。在矩阵 **C** 中分别搜索任两个区域中母线节点行中非零元素对应的列。如果这两个区域搜索的列有相同的线路节点，则合并这两个区域，否则不合并。

故障区域识别流程如图 3.13 所示。

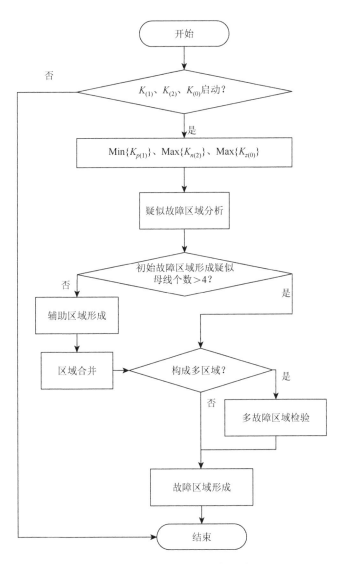

图 3.13　故障区域识别流程图

3.3.5　算例仿真

为验证本节故障区域自适应构建方法，利用图 3.7 所示 IEEE 10 机 39 节点电网系统模型进行仿真验证。

分别进行如下设置。

（1）线路 L7 距离母线 B7 侧 10%处 F_1 点发生 A 相接地故障，接地电阻为 0 Ω、100 Ω、300 Ω；线路 L3 距离母线 B4 侧 10%处 F_2 点发生 AB、ABG 和 ABC 相间短路故障。

（2）在 F_1 点发生 A 相接地故障，同时 F_2 点发生 BC 相间短路故障。

当故障发生时，统计启动各母线序电压的比例系数，如表 3.2～表 3.4 所示。因为 F_1 点接地故障时，负序与零序电压排序结果相同，表 3.2 仅给出零序电压计算结果和正序电压计算结果。F_2 点 BC 故障时，负序电压与正序电压排序结果相同，表 3.3 仅给出负序电压计算结果，ABG 故障时负序、正序与零序电压排序结果相同，表 3.3 仅给出零序电压计算结果。F_1 点、F_2 点发生复故障时，序电压计算结果如表 3.4 所示。

表 3.2　F_1 点故障时各母线序电压计算结果　　　　　（单位：%）

BUS	B2	B3	B18	B4	B14	B13	B15	B5	B6	B7	B8	B9	B11
$K_{(0)}$（$r=0$）	0.8	3.7	1.1	8.3	6.3	6.4	2.7	19.8	16.3	52.1	30.5	12.6	9.8
$K_{(1)}$（$r=0$）	100	98.8	99.6	92.1	93.8	93.5	97.3	85.6	86.5	76.6	81.7	95.4	90.1
$K_{(0)}$（$r=100$）	0.2	1.0	0.3	2.3	1.8	1.8	0.7	5.6	4.6	11.8	8.6	3.5	2.8
$K_{(1)}$（$r=100$）	100	100	100	98.7	99.7	100	100	98.3	98.8	96.5	97.0	100	99.6
$K_{(0)}$（$r=300$）	0.0	0.1	0.1	0.8	0.6	0.6	0.3	2.0	1.6	4.2	3.1	1.3	0.1
$K_{(1)}$（$r=300$）	103	102	102	99.5	100	100	100	99.6	100	98.3	102	100	98.0

表 3.3　F_2 点故障时各母线序电压计算结果　　　　　（单位：%）

BUS	B2	B3	B18	B4	B14	B13	B15	B5	B6	B7	B8	B9	B11
$K_{(2)}$（BC）	14.5	25.8	19.1	39.5	26.2	19.5	15.9	20.4	15.8	15.9	16.0	6.6	15.9
$K_{(0)}$（BCG）	4.6	20.4	3.0	32.1	16.9	9.4	7.2	9.8	6.0	6.7	7.1	2.9	6.0
$K_{(1)}$（ABC）	74.6	50.4	64.2	20.5	48.3	60.1	69.3	60.6	68.6	66.6	66.3	89.0	68.7

表 3.4　F_1 点、F_2 点故障时各母线序电压计算结果　　　　　（单位：%）

BUS	B2	B3	B18	B4	B14	B13	B15	B5	B6	B7	B8	B9	B11
$K_{(1)}$	87.1	72.6	80.4	52.4	67.5	72.9	81.4	65.9	70.5	60.5	65.4	88.7	73.9
$K_{(2)}$	12.5	22.3	16.2	32.1	19.6	13.1	12.3	5.8	3.0	6.9	2.5	1.0	5.7
$K_{(0)}$	0.8	3.7	1.1	8.2	6.2	6.3	2.6	19.7	16.2	41.9	30.4	12.5	9.8

由表 3.2 可知，在 F_1 点发生金属性接地故障时保护判据的灵敏度较高，高定值判据启动的母线 B7、B8、B5、B6、B9，较容易识别故障区域；随着接地电阻的增加，正序电压升高，零序电压降低，灵敏度均下降，在接地电阻为 300 Ω 时，仅母线 B7 和 B8 的零序电压低定值判据动作，正序电压判据已不能识别故障区域，结合辅助故障区域和零序电压排序确定的区域可识别故障区域。由表 3.3 可知，当系统发生相间故障时基于故障序电压特点的排序很快能够得出疑似故障母线 B4、B3、B14、B5。由表 3.4 可知，当系统复故障时，正序、负序、零序电压排序结果均不相同，根据复故障保护区域形成原则划分为一个故障区域。

仿真结果如图 3.14 所示，F_1 点故障时保护区域如图 3.14（a）ZONE I（虚线框）所示，

F_2 点故障时保护区域如图 3.14（a）ZONE Ⅱ（实线框）所示，F_1 点、F_2 点复故障时保护区域如图 3.14（b）ZONE Ⅲ（实线框）所示。从仿真结果可见，相比较 39 节点系统故障区域明显减小，通信量也相对降低，有利于广域继电保护系统的实现。

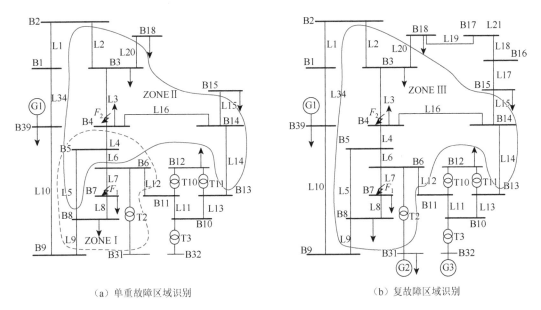

（a）单重故障区域识别   （b）复故障区域识别

图 3.14　自适应识别故障区域图

3.4　考虑通信系统的区域保护分区与实现流程

3.4.1　区域保护系统信息交换方式

区域保护通信系统中，每个变电站内的 IED 收集各处的电气量与状态量信息，将这些信息处理后以 SMV 报文的形式通过站内局域网传输至站内控制中心。各站内控制中心借助光纤通信网，将收集的 GOOSE 报文上传至所属区域中心站的区域决策中心。当系统内出现故障时，决策中心收集全网多源信息，按照一定的区域保护算法借助收集的多源信息作出相应的保护与控制决策，然后以 GOOSE 报文的形式向相关子站发送跳闸指令，选择相关 IED 执行相应的保护功能[8]。对于区域间的边界，将会有部分子站同时向其他区域主站发送相关测量信息。区域保护信息传输实现形式如图 3.15 所示。

由图 3.15 可知，区域保护的构建基础是通信的交互和保护原理的构成。而基于区域保护的快速性和可靠性要求，上述信息传输过程需在较短时间内准确地完成，因此在对区域保护系统进行分区时，应考虑其通信约束。现有一些广域保护后备保护算法的提出均是建立在信息能够快速有效传输至区域决策中心的前提下，针对一些较大电网，传统的通信方式并不一定能够满足这一要求。因此，为保证多源信息实时性要求，可能需要将大电网分成若干子区域，区域内的信息传输尽量不经过其他区域且传输延时必须满足区域保护的需求；同时子区域间应当保持相对均衡性，在保证本区域内信息满足该区域保护算法需求时，各子区域内通信延时、通道利用率、主站信息量与信息处理相对均衡。

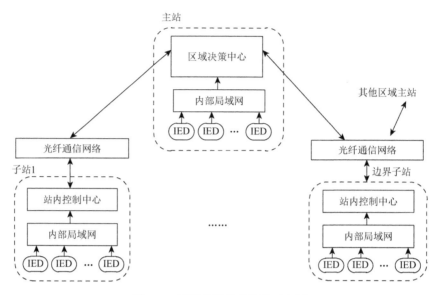

图 3.15　区域保护信息传输示意图

3.4.2　分区策略原则

1. 主站选取

1）主站选取原则

对于区域保护，其主要职责是依据多源信息实现故障元件的快速识别与可靠切除。选择通信时延最短的路径进行多源信息的传输，将更加有利于系统实现快速切除故障。定义最短跳数和连接度两个参量进行主站的选取。对于选定的主站组合，取任意一子站与所有主站的最短跳数的最小值，将这些最小值相加，作为对应于该主站组合的最短跳数和。定义与一主站直接相连的子站个数为该主站的连接度，对于选定的主站组合，将所有主站的连接度相加，作为对应于该主站组合的连接度和。

在进行主站选取时，应遵循以下原则。

（1）最短跳数和最小原则。最短跳数直接反映相应主站与子站之间数据传输过程的处理时延，借助最短跳数和最小原则可以保证所选主站组合中所有主站与其子站间的跳数较小。因此，在选择主站组合时，需优先选取最小跳数和较小的主站组合。

（2）连接度和最大原则。连接度越大，相应主站与其他子站间的联系关系就越紧密，即更多的子站可以通过跳数较小的路径将信息传输至主站。因此，在选择主站组合时，需优先选取连接度和最大的主站组合。

2）排列组合择优法

对于主站选取，基于分区后系统各区域的均衡性提出一种排列组合择优法。如图 3.16 所示，存在 18 个变电站，在这些站中利用排列组合择优法选取 3 个主站，将剩余站点依据距离划分给较优的主站。即将所有站点分成三个区域，使得区域内子站离本区域主站距离较小。首先，将所有主站可能的组合进行排列组合有 C_{18}^3 种，任取一种组合，如选择 B4、B10、B13 为主站，利用 Floyd 最短路径算法求取变电站 B1 与 B4、B10 和 B13 的最小跳数分别为 a_1、a_2 和 a_3，取其中的最小值作为主站-子站最短跳数，同理可求得其他剩余站的主站-子站最短跳数。

面向 C_{18}^3 种待定主站形式，将有 C_{18}^3 种最短跳数集合。考虑主站均匀地分布在区域电网，并结合连接度（各主站相连子站数量之和），定义集合中所有主站-子站最短跳数和与连接度的加权和最小的主站组合形式为最优主站组合。

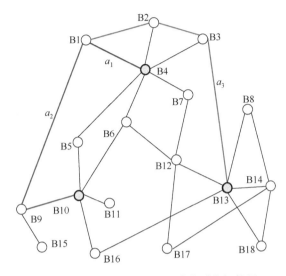

图 3.16　采用排列组合择优法的系统拓扑图

3）主站选取策略

考虑到保护分区域内，各通信带宽在正常运行时能够在信道带宽的 50% 以下，故基于系统站点平均信息通信量，可以初步估算单区域内平均变电站个数，进而由变电站总数可以计算系统分区主站个数，如式（3.16）所示：

$$\begin{cases} n_{\text{avr}} = \overline{b} \times 50\% / \overline{l} \\ n_{\text{main}} = n / n_{\text{avr}} \end{cases} \tag{3.16}$$

式中：n_{avr} 为每个区域平均变电站个数；$\overline{b}$ 为系统平均信道带宽；$\overline{l}$ 为系统中每个站点平均数据大小；n 为区域变电站总数；n_{main} 为主站个数。

实际应用中，在 n_{main} 基础上，将主站个数增减 1~2 个，分别求解不同主站个数对应的分区结果，结合工程实际比较分析，选取最优的分区方案。

综上所述，对于给定的区域系统，假设设置的主站个数为 m，主站随机组合的数目如式（3.17）所示：

$$g = C_n^m \tag{3.17}$$

对于这 g 种组合，优先选择最小跳数和较小及连接度较高的主站组合作为最优组合。

主站选取模型构建如式（3.18）~式（3.23）所示：

$$\min Q_j = \min_1^g \left\{ \omega_1 \times S_j^1 + \omega_2 \times 1 / L_j^1 \right\} \tag{3.18}$$

$$s_i = \min\{ J_1, J_2, \cdots, J_m \} \tag{3.19}$$

$$S_j = \sum_{i=1}^{n-m} s_i \tag{3.20}$$

$$S_j^1 = \frac{S_j - S_{\min}}{S_{\max} - S_{\min}} \tag{3.21}$$

$$L_j = \sum_{i=1}^m l_i \tag{3.22}$$

$$L_j^1 = \frac{L_j - L_{\min}}{L_{\max} - L_{\min}} \tag{3.23}$$

式中：对于第 j 种主站形式，S_j^1 为应用排列组合择优法求取的最小跳数和归一化形式；L_j^1 为总连接度，是各主站相连子站数量之和归一化形式；$J_1, J_2, \cdots, J_m$ 分别为第 $1, 2, \cdots, m$ 个子站与 m 个主站之间的最小跳数；s_i 为第 i 个子站与 m 个主站之间最小跳数的最小值；式（3.20）计算所有子站与其对应主站的最小跳数之和；式（3.21）对最小跳数和进行归一化处理，$S_{\max}$、$S_{\min}$ 分别为所有主站组合中最小跳数和的最大值、最小值；L_j 为对于第 j 种主站组合，所有主站的连接度之和；式（3.23）对连接度和进行归一化处理，$L_{\max}$、$L_{\min}$ 分别为所有主站组合中连接度和的最大值、最小值。

权值 ω_1 和 ω_2 反映了相应指标的相对重要性，可利用层次分析法确定[9, 10]，步骤如下。

（1）根据比例标度对各指标间的重要性进行两两比较，从而构造判断矩阵。

（2）计算判断矩阵的最大特征量与对应的向量，并校验其一致性。当一致性比率小于 0.1 时，校验通过。

（3）校验通过后，将特征向量归一化得到各权值。

利用上述模型，求解 Q_j 最小时对应的第 j 种主站组合，即为最优组合，选取该组合中的主站作为区域保护分区的主站。

2. 子站划分

1）子站划分原则

基于第 2 章针对时延构成的分析可知，数据传输的时延主要由发送时延、传输时延、排队时延和处理时延构成。发送时延与信道带宽相关；传输时延与信道长度相关；处理时延与数据传输经过的跳数相关；排队时延与信道利用率相关。

在将子站进行划分时，应按照以下原则进行子站划分。

（1）信道带宽最大原则。子站与主站之间的信道带宽越大，发送时延越短。因此，在划分子站时，优先将与主站间信道带宽较大的子站划分至相应主站。

（2）信道长度和最小原则。子站与主站之间的信道长度和越小，传输时延越短。因此，在划分子站时，优先将与主站间信道长度和较大的子站划分至相应主站。

（3）跳数最小原则。子站与主站之间的跳数越小，处理时延越短。因此，在划分子站时，优先将与主站间跳数较小的子站划分至相应主站。

2）子站划分策略

综合考虑发送时延、传输时延、处理时延等指标对子站划分的影响，以信道带宽倒数 $1/b$、信道长度 d 的加权和作为路径指标，再考虑与处理时延相关的迂回路径总跳数 J，以此作为子站划分参考指标。考虑到三个参考指标量纲各不相同，需对这三个参考指标进行归一化处理后再进行加权求和。

综上，根据影响区域性保护通信时延各影响因素，建立子站划分模型如式（3.24）～式（3.28）所示：

$$\min Q_r = \min \sum_{\substack{i=1 \\ r \in R}}^{t} (\omega_3 \times (1/b_i)^1 + \omega_4 \times d_i^1) + \omega_5 \times J_r^1 \qquad (3.24)$$

$$(1/b_i)^1 = \frac{(1/b_i) - (1/b)_{\min}}{(1/b)_{\max} - (1/b)_{\min}} \qquad (3.25)$$

$$d_i^1 = \frac{d_i - d_{\min}}{d_{\max} - d_{\min}} \qquad (3.26)$$

$$J_r^1 = \frac{J_r}{J_{\max}} \qquad (3.27)$$

$$l_i \leqslant 75\% \times b_i \qquad (3.28)$$

式中：R 为两站间所有可能路径集合，路径 r 为集合中的一条路径；i 为路径 r 包括的 t 条信道中的一条信道；ω_3、ω_4、ω_5 分别为信道带宽、信道长度、数据传输经过的跳数归一化后对应的权值，利用层次分析法确定[10]；$(1/b_i)^1$ 为第 i 条信道带宽倒数归一化后的值；$(1/b)_{\max}$、$(1/b)_{\min}$ 为整个通信网中信道带宽倒数的最大值和最小值；d_i^1 为第 i 条信道长度归一化后的值；d_i 为第 i 条信道的长度；$d_{\max}$、$d_{\min}$ 为整个通信网中信道长度最大值和最小值；为保证通信时延在区域保护允许范围内，通信系统的数据传输通常有一定的跳数约束，J_r 为路径 r 经过的跳数，J_r^1 为路径 r 的总跳数归一化后的值；式（3.28）为保证信息完整性的约束条件，l_i 为第 i 条信道上的通信量。

基于分区结果，需检验每条信道上的通信量是否满足该约束条件，若不满足，将返回主站选取步骤。

对于两站间的任一路径 r，对应的信道条数 t 等于跳数 J_r。为便于利用 Floyd 算法求取各路径对应权值 Q_r，将式（3.24）改进为

$$\min Q_r = \min \sum_{\substack{i=1 \\ r \in R}}^{t} (\omega_3 \times (1/b_i)^1 + \omega_4 \times d_i^1 + \omega_5 \times (1/J_{\max})) \qquad (3.29)$$

根据不同子站与主站之间的权值 Q_k，按照设定区域子站个数，为各主站选取较小权值 Q_k 对应的子站作为相应区域内子站。

3. 分区修正策略

分区完成后，若出现 $N-1$ 信道故障情况，需针对不同的信道故障情况，对分区进行相应的修正。

原则 1：当本区域存在可迁回路径时，通过本区域迁回路径对断线上的信息进行迁回，子站划分不变。

原则 2：若本区域不存在可迁回路径，需传输至其他区域进行迁回。判断经其他区域信道迁回至本区域主站决策中心是否满足时延要求。若满足，则通过其他区域迁回，子站划分不变；若不满足，则将信息传输至时延最小的主站，将该子站划分至相应区域。

下面结合图 3.17 所示系统对上述原则进行说明。区域 1 包括变电站 B1、B2、B3，区域主站为 B3；区域 2 包括变电站 B4、B5、B6、B7，区域主站为 B5。

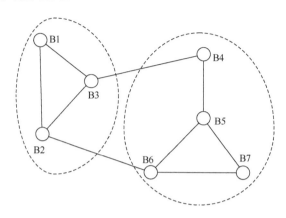

图 3.17　两区域系统示意图

当 B7 和 B5 之间的信道中断时，根据原则 1，应通过信道 B7 - B6 - B5 进行迂回，如图 3.18（a）所示。当 B4 和 B5 之间的信道中断时，按照原则 2，应通过计算经信道 B4 - B3 - B2 - B6 - B5 进行迂回，判断是否满足通信时延约束。若满足，则通过此迂回通道进行迂回，如图 3.18（b）所示；若不满足，则变电站 B4 将信息传输至区域 1 主站 B3，如图 3.18（c）所示。

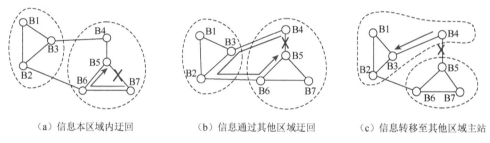

（a）信息本区域内迂回　　　　　（b）信息通过其他区域迂回　　　　　（c）信息转移至其他区域主站

图 3.18　不同信道故障情况下的修正

在完成主站选择后，区域保护配置时首先要根据保护对象的重要程度，考虑设置双重化主站决策单元甚至三重化主站决策单元；当主站出现直流故障等严重故障时，区域内需要设置其他子站作为备用主站，备用主站选取原则依据该区域内各子站连接度，选取连接度最大的子站作为备用主站。当区域内子站与主站通信中断时，备用主站将自动切换成主站，实现区域保护的功能，以此原则应对系统出现单点失效风险。

3.4.3　分区策略的实现流程

1. 矩阵构造

基于图论技术，将电力系统通信网用无向图 $G = (V, E)$ 表示。其中 $V = \{V_i \mid i = 1, 2, \cdots, p\}$ 为基本节点的集合，每个节点代表电力系统中的一个变电站；$E = \{E_i \mid i = 1, 2, \cdots, q\}$ 为连接基本节点的支路集，每个支路代表连接变电站与变电站之间的光纤通信信道。对于不同的研究对象，通过对支路权值赋予不同的物理意义，可以得到不同的矩阵。

构造电力系统连接矩阵，以表征系统拓扑连接关系。连接矩阵构造方法如式（3.30）所示：

$$A(i,j) = \begin{cases} 1, & \text{变电站} i \text{与} j \text{直接相连} \\ \text{Inf}, & \text{变电站} i \text{与} j \text{不直接相连} \\ 0, & i = j \end{cases} \qquad (3.30)$$

类似地，可以建立信道带宽矩阵 $\boldsymbol{B}$、信道长度矩阵 $\boldsymbol{D}$ 等表征系统物理特性的矩阵。结合上述矩阵，利用 Floyd 算法可求取所有节点之间的权值最小路径矩阵。对于不同的研究对象，权值的物理意义不同。

2. 实现方法与流程

利用 IEEE 39 节点系统对应的通信系统对分区策略进行实现说明。由于 IEEE 39 节点系统中存在多条母线位于同一站点的情况，在对应通信系统中将其合为一个点，从而得到 IEEE 39 节点系统对应的 17 节点通信网络拓扑图，包括 23 条光纤信道将位于同一站点的母线合并为一点，如图 3.19 所示。

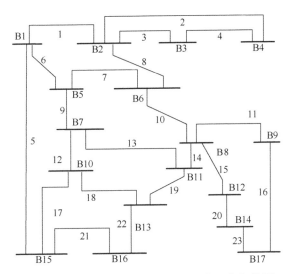

图 3.19　IEEE 39 节点系统对应的通信网络拓扑图

IEEE 39 节点系统中各信道长度及带宽如表 3.5 所示。

表 3.5　IEEE 39 节点通信系统数据

项目	信道编号											
	1	2	3	4	5	6	7	8	9	10	11	12
长度/km	64.6	125	94.8	30.2	127.4	30.2	43	34.6	42.6	17.8	27	25.6
带宽/(Mbit/s)	100	100	100	50	50	50	100	100	50	100	100	100

项目	信道编号										
	13	14	15	16	17	18	19	20	21	22	23
长度/km	69.2	18.8	11.8	28	22.4	25.8	43.4	70	27.6	20.2	19.2
带宽/(Mbit/s)	100	100	100	100	100	100	100	100	50	50	50

分区步骤具体如下。

（1）根据系统拓扑结合图论技术确定系统连接矩阵，行数 i 和列数 j 均为变电站编号，对应位置的值代表变电站 i 与变电站 j 之间的连接关系，按式（3.10）构造连接矩阵 A 如下所示：

$$A = \begin{bmatrix} 0 & 1 & \cdots & \text{Inf} & \text{Inf} \\ 1 & 0 & & & \text{Inf} \\ \vdots & & \ddots & & \vdots \\ \text{Inf} & & & 0 & \text{Inf} \\ \text{Inf} & \text{Inf} & \cdots & \text{Inf} & 0 \end{bmatrix}$$

（2）根据式（3.16），确定主站个数，本算例以主站个数为 3 进行分区求解说明，对 C_{17}^3 种主站组合进行求解并储存；所有主站组合的集合 P 如下所示：

$$P = \{[1,2,3],[1,2,4],\cdots,[15,16,17]\}$$

（3）对于每一种主站组合，通过排列组合择优法依据式（3.17）~式（3.23）求解最优主站组合；可得 Q_j 最小时对应的主站组合，即最优主站组合为 $P_j = [2,8,10]$。

（4）根据系统情况结合图论技术构造信道带宽、信道长度等影响通信时延的影响因素对应的矩阵，即

$$B = \begin{bmatrix} 0 & 100 & \cdots & 0 \\ 100 & 0 & & \vdots \\ \vdots & & \ddots & 0 \\ 0 & \cdots & 0 & 0 \end{bmatrix}, \quad D = \begin{bmatrix} 0 & 64.6 & \cdots & 0 \\ 64.6 & 0 & & \vdots \\ \vdots & & \ddots & 0 \\ 0 & \cdots & 0 & 0 \end{bmatrix}$$

（5）在此系统中，利用层次分析法确定 ω_3、ω_4、ω_5 分别取 0.35、0.15、0.5。结合信道带宽矩阵、信道长度矩阵，根据改进模型式（3.14），利用 Floyd 算法求解任意两站点之间的最小权值矩阵 Q，即

$$Q = \begin{bmatrix} 0 & 0.39 & \cdots & 1.86 \\ 0.39 & 0 & & \vdots \\ \vdots & & \ddots & 2.18 \\ 1.86 & \cdots & 2.18 & 0 \end{bmatrix}$$

（6）利用上述所求权值最小矩阵，结合所选主站以及计划子站数按照权值 Q_k 最小原则划分子站至各主站。初步分区结果如表 3.6 所示。

表 3.6　按计划子站数分区结果

主站	子站
B2	B1 B3 B4 B6 B15
B8	B5 B6 B9 B12 B17
B10	B1 B7 B11 B13 B15

（7）判断是否存在未分配子站，若存在，跳转至步骤（8），若不存在，跳转至步骤（9）。本算例中，变电站 B14、B16 未划分，故跳转至步骤（8）。

（8）针对每一个未划分子站，根据步骤（5）中所求权值矩阵，获取剩余变电站与主站间的权值集合，选取此权值集合中最小值对应的主站作为其最优主站，将所有未划分子站分配至相应主站。本算例中，剩余变电站与主站的权值集合如下：

$$Q(\text{B14}) = [1.77 \quad 0.89 \quad 2.21]$$
$$Q(\text{B16}) = [1.33 \quad 1.38 \quad 0.79]$$

子站 B14 与主站 B8 之间的权值 0.89 为最小值，子站 B16 与主站 B10 之间的权值 0.79 为最小值。因此，子站 B14 应划分至主站 B8 对应区域内，子站 B16 应划分至主站 B10 对应区域内。

（9）将区域间重复子站作为边界子站进行配置，按照 $N-1$ 信道故障下的分区修正原则对分区结果进行修正，输出分区结果，本算例分区结果如表 3.7 所示。

表 3.7　子站全覆盖分区结果

主站	子站
B2	B1 B3 B4 B6 B15
B8	B5 B6 B9 B12 B14 B17
B10	B1 B7 B11 B13 B15 B16

综上所述，基于通信约束的区域保护分区流程如图 3.20 所示。

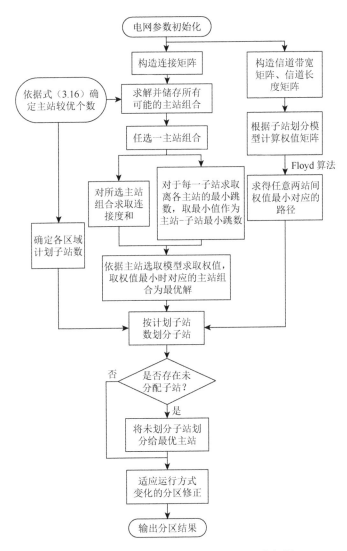

图 3.20　基于通信约束的区域保护分区流程图

3.4.4 仿真验证

1. 工程实例

如图 3.21 所示，为鄂东地区电网通信系统。此通信系统包含 45 个变电站，62 条信道。本节根据上述方法对此系统进行分区。

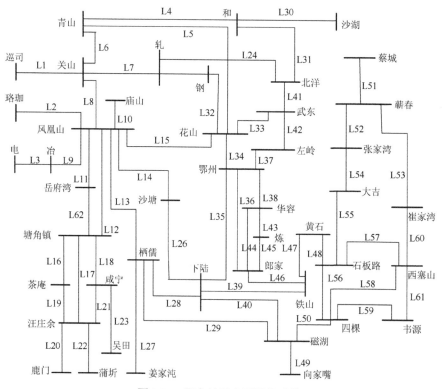

图 3.21 鄂东地区电网通信系统

此系统中信道长度、信道带宽等参数如表 3.8 所示。

表 3.8 鄂东地区电网通信系统数据

项目	信道												
	L1	L2	L3	L4	L5	L6	L7	L8	L9	L10	L11	L12	L13
长度/km	14	20	8	34.6	63.4	31	22	31	25	50	18	83	87
带宽/(Mbit/s)	155	155	155	155	155	155	155	155	155	155	155	155	622

项目	信道												
	L14	L15	L16	L17	L18	L19	L20	L21	L22	L23	L24	L25	L26
长度/km	116	104	79	52	17	18	25	43	40	34	23	8	43
带宽/(Mbit/s)	155	622	155	155	155	155	155	155	155	155	155	155	155

项目	信道												
	L27	L28	L29	L30	L31	L32	L33	L34	L35	L36	L37	L38	L39
长度/km	40.5	34	23	23	30	17.4	14	39	55	32	21	8.4	9
带宽/(Mbit/s)	155	155	155	155	155	155	155	155	155	155	155	155	155

项目	信道											
	L40	L41	L42	L43	L44	L45	L46	L47	L48	L49	L50	L51	L52
长度/km	11	25	29	27	34	9	14	41	9	42	8	62	80
带宽/(Mbit/s)	155	155	155	155	155	155	155	155	155	155	155	155	155

项目	信道									
	L53	L54	L55	L56	L57	L58	L59	L60	L61	L62
长度/km	75	44	36	16.5	9	25	18	21	10.5	62
带宽/(Mbit/s)	155	155	155	155	155	155	155	155	155	155

2. 分区方案

依据式（3.16），确定较优主站个数为 8，分别设定分区主站个数为 7、8、9 个主站。按不同分区个数要求分别进行分区，分区方案如表 3.9～表 3.11 所示。

表 3.9　7 区域分区方案

区域	主站	子站
1	凤凰山	关山、岳府湾、珞珈、冶、巡司、电、庙山、沙塘
2	汪庄余	茶庵、鹿门、蒲圻、咸宁、塘角镇、吴田
3	栖儒	磁湖、下陆、四棵、姜家沌、铁山、向家嘴
4	和	沙湖、北洋、青山、轧、武东、钢、花山
5	郎家	炼、铁山、下陆、鄂州、华容、左岭
6	蕲春	蔡城、崔家湾、张家湾、西塞山
7	石板路	黄石、西塞山、四棵、韦源、磁湖、大吉

表 3.10　8 区域分区方案

区域	主站	子站
1	凤凰山	关山、岳府湾、珞珈、冶、巡司、电、庙山、沙塘
2	汪庄余	茶庵、鹿门、蒲圻、咸宁、塘角镇、吴田
3	栖儒	磁湖、下陆、四棵、姜家沌、铁山、向家嘴
4	和	沙湖、北洋、青山、轧、武东
5	郎家	炼、铁山、下陆、鄂州、华容
6	蕲春	蔡城、崔家湾、张家湾、西塞山
7	石板路	黄石、西塞山、四棵、韦源、大吉
8	花山	武东、钢、轧、鄂州、北洋、左岭

表 3.11　9 区域分区方案

区域	主站	子站
1	凤凰山	岳府湾、珞珈、冶、电、庙山、沙塘
2	汪庄余	茶庵、鹿门、蒲圻、咸宁、塘角镇、吴田
3	栖儒	磁湖、下陆、四棵、姜家沌、向家嘴
4	和	沙湖、北洋、青山、轧

区域	主站	子站
5	郎家	炼、铁山、下陆、鄂州、华容
6	蕲春	蔡城、崔家湾、张家湾
7	石板路	黄石、西塞山、四棵、韦源、大吉
8	花山	武东、钢、轧、鄂州、左岭
9	关山	巡司、轧、青山、钢

针对表 3.9 分区结果，进一步判断各区域内时延最长的通信业务是否满足区域保护通信对于快速性的要求，测算区域内载荷量最大信道是否存在信道堵塞，以此判断分区结果是否满足区域保护分区均衡性要求。

3. 特性分析

设定每个变电站上传数据的大小为 21.7 Mbit/s。本节从实时性和均衡性两方面对多区域分区结果进行分析，为实际工程应用提供一定的规划建议[11]。

1）实时性

根据传统方法计算通信时延，分区域通信各区域最大时延对比结果如表 3.12 所示。

表 3.12   分区域通信各区域最大时延对比结果

区域	主站	各区域最大时延/ms		
		7 区域	8 区域	9 区域
1	凤凰山	2.55	2.55	2.43
2	汪庄余	2.49	2.49	2.49
3	栖儒	3.37	3.37	3.37
4	和	3.79	2.65	2.63
5	郎家	3.73	2.52	2.52
6	蕲春	3.06	3.06	1.90
7	石板路	2.60	2.30	2.30
8	花山	—	2.53	2.53
9	关山	—	—	2.40

由表 3.12 结果可知，三种分区方案均满足系统对于实时性的要求。对比可知，分区个数越多，实时性越优。但是，随着分区个数的增加，经济性将有所降低。

2）均衡性

结合区域间的均衡因子 $\Omega'(c)$ 的计算：

$$\Omega'(c) = \left\| \prod(c) \right\|' = \left\| [\text{Max}(\mu_1), \text{Max}(\mu_2), \cdots, \text{Max}(\mu_c)] \right\|_c \qquad （3.31）$$

式中：$\mu_1, \mu_2, \cdots, \mu_c$ 分别为区域 1 至区域 c 的信道利用率集合；$\text{Max}(\mu_1), \text{Max}(\mu_2), \cdots, \text{Max}(\mu_c)$ 分别为各个区域内信道利用率的最大值。

由表 3.13 可求得各分区方案对应的载荷均衡因子。$\Omega'(7)$、$\Omega'(8)$ 和 $\Omega'(9)$ 分别为 0.706、0.486 和 0.353。显然，分区个数多，载荷均衡因子越小，系统均衡性越优。

表 3.13　分区域通信各区域最大信道利用率对比结果

区域	主站	各区域最大信道利用率/%		
		7 区域	8 区域	9 区域
1	凤凰山	28	28	28
2	汪庄余	28	28	28
3	栖儒	42	42	28
4	和	70	42	28
5	郎家	42	28	28
6	蕲春	28	28	14
7	石板路	28	28	28
8	花山	—	42	28
9	关山	—	—	28

综合以上两方面的结果分析可以发现，随着区域主站个数的增多，各区域时延明显降低，载荷量也趋于更加均匀，但也意味着主站较多，投资费用更大。因此，可根据工程实际需求，综合考虑系统实时性、均衡性和投资经济性，确定合适的区域个数。如在本例中，若资金允许，则按表 3.11 中的 9 区域分区结果进行分区，实时性及均衡性最优。若优先考虑经济性，则按表 3.10 中 8 区域分区结果进行分区为最优分区方式。

参 考 文 献

[1] 李振兴，尹项根，张哲，等. 有限广域继电保护系统的分区原则与实现方法[J]. 电力系统自动化，2010，34（19）：48-52.

[2] 李振兴，尹项根，张哲，等. 基于多信息融合的广域继电保护新算法[J]. 电力系统自动化，2011，35（9）：14-18.

[3] 李振兴，尹项根，张哲，等. 分区域广域继电保护的系统结构与故障识别[J]. 中国电机工程学报，2011，31（28）：95-103.

[4] 尹项根，汪旸，张哲. 适应智能电网的有限广域继电保护分区与跳闸策略[J]. 中国电机工程学报，2010，30（7）：1-7.

[5] LI Z X，YIN X G，ZHANG Z，et al. A novel adaptive partitioning method for wide area protection[C]. 2011 Asia-Pacific Power and Energy Engineering Conference，2011.

[6] 汪华，张哲，尹项根，等. 基于故障电压分布的广域后备保护算法[J]. 电力系统自动化，2011，35（7）：48-52.

[7] 李振兴，尹项根，张哲，等. 广域继电保护故障区域的自适应识别方法[J]. 电力系统自动化，2011，35（16）：15-20.

[8] 李振兴. 智能电网层次化保护构建模式及关键技术研究[D]. 武汉：华中科技大学，2013.

[9] 李振兴，龚旸，翁汉琍，等. 考虑通信约束的区域保护分区策略及其实现技术[J]. 电力自动化设备，2019，39（4）：99-105.

[10] 何志勤，张哲，尹项根，等. 集中决策式广域后备保护的分区模型与优化算法[J]. 电工技术学报，2014，29（4）：212-219.

[11] 蔡煜，蔡泽祥，王奕，等. 配电网广域保护控制通信网络建模与组网策略[J]. 电力自动化设备，2018，38（4）：183-190.

第4章 基于电流变换的电流差动保护新原理

区域保护系统通过对区域范围内保护元件故障信息的收集，并通过控制区域范围内各断路器，完成区域保护动作策略[1,2]。这一系列的采集控制流程与传统的继电保护系统有很大差别，不仅要求保护方案无保护死区，也对通信系统的可靠性以及对所收集信息处理的快速性提出了很高的要求。电流差动保护性能好，但依赖于通信系统，特别是当前配电网通信基础差，高压电网通信基础较好但其应用广域保护时，通信要求变高，电流差动保护应用受到限制。由于广域保护系统无论基于方向比较原理还是广域差动原理都受通信系统的影响，在主保护受通信系统影响未能快速动作时，广域后备的快速近后备也很有可能无法动作。不仅如此，广域保护系统受通信系统的影响更甚于传统主保护系统，任何一个环节的故障都可能使得保护无法及时动作，甚至于误动作[3-5]。

随着计算机和通信技术的发展及大型互联电网的崛起，电力系统自动化水平也越来越高，自动化设备对于电网安全性和稳定性的要求自然也水涨船高。近年来电力系统中大范围电网利用相量测量单元（phasor measurement unit, PMU）实现了同步数据采集，工控机也正在逐渐取代以往传统的人工整定保护定值的落后保护方法。基于以太网的变电站局域网也被广泛应用于变电站内，SDH 光纤环网，MPLS 站内组网等新兴的与互联网有关的技术正如潮水般涌入电力行业，极大地提高了电网运行的效率。进而，区域大电网保护的可靠性不仅考虑保护之间的配合，还对各种通信信息交换平台以及通信系统的保护性能提出了更高要求，通信网络的性能也慢慢开始成为直接影响区域保护系统保护水平的重要因素。

继电保护的实时性和快速性要求使得其在数据处理上不同于故障录波或电能质量监测，因此其数据压缩的方法也不尽相同，有必要根据区域继电保护信息的特殊性，对其数据处理方法进行专门探讨。区域大电网继电保护系统的信息特征归结起来有以下几点。

（1）信息范围广。区域大电网保护系统以提高和改进传统继电保护的性能被提出，其基本立足点就在于能够充分利用区域范围内的信息进行故障判断。

（2）信息冗余多。信息量是一个十分抽象的概念，其具体定义应从信息消费者的角度来度量。从继电保护的角度来看，根据其切除故障优先的基本职责，断路器是继电保护信息的终端消费者，其接收来自保护决策系统的故障判别信息只有故障与无故障两种状态。若保护决策单元接收到数量更多或精度更高的数据后，其故障判别结果并不改变，则该部分增加的数据可视作信息冗余。也就是说，对判别结果无影响的信号失真在继电保护中都是容许的。因此，在不改变故障判别结果的范围内，广域信息并不要求很高的传输精确度，具有较大信息冗余。

（3）实时性要求高。区域保护功能是基于传统就地量保护并通过区域内信息互联，达到自适应电网拓扑的后备保护，但对于动作速度要求比传统后备保护快，这就使得其数据的压缩与解压缩对时间的要求更高。因此，压缩与解压缩算法不宜复杂。

（4）可靠性要求高。继电保护装置的误动及拒动对电力系统安稳运行危害巨大。尤其对于采用传统三段式保护的线路，其本身存在整定配合、灵敏度配合困难等问题，导致后备保护在系统振荡、非全相运行等情况下容易造成连锁误动进一步导致系统崩溃。区域保护利用多源信息，一方面虽然能够有效地解决一系列的配合困难问题，另一方面却比较依赖区域内信息采集的精度，所以对区域内信息采集的精度要求较高。因此，改善通信质量有利于提高保护可靠性。

数据压缩是指将原数据中不影响整体数据特征的冗余数据删除，然后将剩余数据压缩在一个可以满足指定存储空间的集合中去，用压缩得到的数据来描述原数据，并可以在基本不失真的情况下还原数据。显然，在通信带宽无法增大的条件下，通过数据压缩可以减少通信数据总量，间接提高通信容量，起到在相同通信网络设施的前提下提高通信网络实时处理数据效率的作用。

根据信息失真程度，数据压缩可以分为有损数据压缩和无损数据压缩两大类。其中，无损数据压缩方法主要有 Huffman 编码、字典编码与算术编码等，在数据经过压缩之后能够完整地保留原始数据的信息。有损数据压缩方法主要基于傅里叶变换和小波变换得到，有损压缩更符合工程实际情况，故更多地应用于电力行业之中，在电力系统中的应用更广泛。其中，整形变换就是电力行业中一种常用的有损压缩方法。

数据压缩技术在电力系统中的应用主要是在故障录波、电能质量监测等领域，涉及海量数据的传输与存储。然而，数据压缩技术在继电保护方面很少进行专门研究。并且，差动保护信息的数据处理方法不同于故障录波和电能质量监测，迫切需要专门的数据压缩方法来传输尽可能多的信息量。例如，针对基于分相电流突变量相位比较，提出新的广域继电保护故障识别算法，对电流突变量进行"1、0、-1"标记，计算电流相位差的相似度。又如，根据广域继电保护的需要，对不均匀冗余的电流信息进行非均匀量化压缩，构成新的广域电流差动保护。与传统保护相比，广域继电保护系统的信息特点是信息冗余多、实时性要求高、可靠性要求高。因此，探索数据压缩技术在广域差动保护中的应用具有重要的工程意义。

随着电网规模不断变大，传统差动保护遇到诸多问题，若每个采样点实部虚部直接进行交换，交换频率太高，不利于通信带宽的合理利用，而且每交换一次就存在一次延时，出现误差的可能性越高；若多个采样点交换信息一次，减少延时压力，但是一次的传输量较多会增加通信带宽的压力，在通信限制下，难以满足通信要求。从继电保护的角度来看，不影响故障判断结果的电气信息可视作冗余信息，且一定裕度内的信号失真在继电保护中是可以接受的。本章根据电流差动保护的信息特征，以不降低差动保护性能又减小通信量为目的，提出了不同的数据压缩方式，分别对电流进行非均匀整形变换、均匀整形变换和 0 ± 1 变换，构成电流差动保护新原理，既有利于实现保护实时通信，缓解带宽压力，又不降低差动保护的灵敏度特性[6,7]。

4.1　电流差动保护基本原理

传统电流差动保护以基尔霍夫电流定律为基础，分为动作和制动两个部分。动作部分通过线路两端电流的相量和形成差动电流，当保护区域的区内、外出现故障时，差动电流在幅值上有明显差异；制动部分主要反映为制动电流组成和多折线比率制动特性，不同的制动电流组成会形成不同的制动特性，对保护动作的可靠性会产生不同的影响[8, 9]。

假设电流由母线流向线路为正，由线路流向母线为负。对于一条单回线路，如图 4.1 所示，线路两侧配有纵联差动保护自动装置。如图 4.2 所示，装置分别对线路上 m、n 两侧各时刻的电流进行采样，并同时与对侧交换电流信息。当线路处于正常运行状态或 mn 段区外发生短路时，线路两端电流波形如图 4.2（a）所示，m 侧电流 $\dot{I}_{\rm m}$ 为正，n 侧电流 $\dot{I}_{\rm n}$ 为负，理想情况下两端电流矢量和为 0，即 $\dot{I}_{\rm m} + \dot{I}_{\rm n} = 0$；当 mn 段线路区内发生短路时，线路两端的电流波形如图 4.2（b）所示，电流 $\dot{I}_{\rm m}$、$\dot{I}_{\rm n}$ 都是正，电流幅值不尽相同，但相位几乎相同，并且 $\dot{I}_{\rm m} + \dot{I}_{\rm n} = \dot{I}_{\rm k}$（$\dot{I}_{\rm k}$ 为故障处的短路电流）。

图 4.1　双端线路图

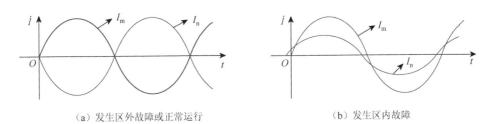

（a）发生区外故障或正常运行　　　　　　　　（b）发生区内故障

图 4.2　电流波形

传统电流差动保护的差动电流通常表示为两端电流相量和的模值，而制动电流构成有多种形式：两端电流相量差的模值，两端电流相量模值和的 1/2，两端电流相量模值较大值。制动电流的构成不同，其制动特性会存在差异，保护的灵敏度也就存在差异。本节以比较通用的形式为例进行说明，如式（4.1）所示：

$$\begin{cases} I_{\rm d1} = |\dot{I}_{\rm m} + \dot{I}_{\rm n}| \\ I_{\rm r1} = |\dot{I}_{\rm m} - \dot{I}_{\rm n}| \end{cases} \tag{4.1}$$

本节使用典型的二折线式差保护判据，如式（4.2）所示：

$$\begin{cases} I_{\rm d1} > I_{\rm op1} \\ I_{\rm d1} > K_1 I_{\rm r1} \end{cases} \tag{4.2}$$

式中：$I_{\rm op1}$ 为最小动作电流定值；K_1 为比率制动系数，一般取 0.4～0.7。

本节全部沿用比率制动特性构建保护判据，如图 4.3 所示，$I_{\rm d}$ 和 $I_{\rm r}$ 分别代表差动电流和制动电流，$I_{\rm op}$ 为最小动作电流定值，K 为比率制动系数。

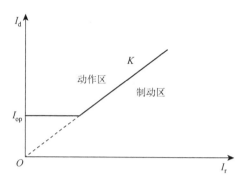

图 4.3　电流差动保护动作特性

4.2　非均匀整形变换的电流差动保护原理

4.2.1　非均匀整形变换规则

　　数据压缩的目的在于去除冗余，根据保护测量信息冗余度的分布特征，采用非均匀的量化压缩方法可以在保证保护性能的基础上有效限制通信带宽。从信息论的角度来看，对继电保护而言，电流测量信号的信息冗余度在不同幅值区段的分布是不均匀的。当电流幅值较小时，由于系统在不平衡运行状态下的最小启动电流难以整定，若直接使用四舍五入或进 1 法，误差占比较大，当电流失真很少时就可能会引起保护误动作，冗余度较小；而当电流幅值较大时，误差占比很小，具有制动特性的电流差动判据灵敏度较高，不容易发生保护误判，对保护几乎没有影响。尤其当电流幅值高于常规电流速断保护的整定值时，仅依据采样值本身的信息已能够将故障范围确定在很小的范围内。因此，电流幅值小时信息冗余度较小，反之亦然。基于非均匀量化理论，建立电流相量值的非线性映射关系，重新量化合并单元获取的电流信息，在减小数据量的同时，能够在保障保护性能的前提下更加合理地去除信息冗余。

　　为充分利用线路电流信息的这种不均匀冗余特性，将电流的幅值和相位分别进行整形变换。量化级数决定编码比特数，其值过小，量化信噪比低，保护可靠性受到较大影响；其值过大，不能达到减小通信量的目的。非均匀整形变换将 4 字节的电流相量压缩成 2 字节，幅值和相位各占 1 字节，每 8 位对应[0, 255]，所以整形变换对应的量化级数最大为 255，如图 4.4所示。

8	7	6	5	4	3	2	1
0/1	0/1	0/1	0/1	0/1	0/1	0/1	0/1
2^7	2^6	2^5	2^4	2^3	2^2	2^1	2^0

0～255

图 4.4　非均匀整形变换范围

　　根据继电保护对数据处理实时性与可靠性的要求，不宜采用复杂的压缩方法，借用分段线性函数的思想，可获得简单有效的变换特性[10-12]。为确保整体误差在许可范围之内，对电流幅值进行非均匀整形变换，即针对电流幅值较小和较大的区段分别进行高精度和低精度整形变换，从而实现降低通信量的目标。当故障电流较小时，可以用较高的精度，随着故障电流大于额定电流的倍数越来越大，差动电流也会很大，可以适当放低精度，所以取两个分段 $0.02I_N$ 和 $0.05I_N$（其中 I_N 表示额定电流）。考虑到 2 倍额定电流足以辨识故障电流，而且取太高会导致变换后的数值超出量化级数；同时考虑到暂态励磁电流最大可以达到额定电流的 4～8 倍，加上一定裕度，较大区段的上限取 $10I_N$；$10I_N$ 以上的电流已非常大，可以不进行精化处理。最后通过计算确定以 $2I_N$ 和 $9.75I_N$ 为界限将电流分段，具体变换规则如式（4.3）所示：

$$I_2 = \begin{cases} \left[\dfrac{I}{0.02I_N} \right], & 0 \leqslant I < 2I_N \\ \left[\dfrac{I}{0.05I_N} \right] + 60, & 2I_N \leqslant I < 9.75I_N \\ 255, & I \geqslant 9.75I_N \end{cases} \tag{4.3}$$

式中：I 和 I_2 分别为变换前后的电流值。第一、二段的最高整形变换误差分别为 $0.02I_N$ 与 $0.05I_N$，当电流模值较小时，相对误差很小，能很好地防止由误差可能引起的误动。

相位范围为 $[0°, 360°]$，超出编码范围 $[0, 255]$，且电流相位不存在小角度大角度冗余度不同的问题，故对相位进行均匀变换。同时，考虑到相位整形变换的精度和编码位的充分使用，确定如下变换关系，即相位编码范围为 $[0, 240]$。

$$\varphi_2 = \left[\frac{\varphi}{1.5} \right] = \left[\frac{120 \cdot rad}{\pi} \right] \tag{4.4}$$

式中：φ、φ_2 分别代表整形变换前后的角度；rad 为弧度制表示的相角。相角的最高整形变换误差为 1.5°。

4.2.2 不还原信息下的保护判据

改进的电流差动保护将变换后的数据进行编码传输至对侧保护装置，不需要进行还原操作，直接进行差动电流和制动电流的计算与保护判别。电流表达式为

$$\dot{I}_2 = I_2 \angle 1.5\varphi_2 \tag{4.5}$$

根据式（4.1）可得整形变换后的差动电流和制动电流为

$$\begin{cases} I_{d2} = \left| I_{2m} \angle 1.5\varphi_{2m} + I_{2n} \angle 1.5\varphi_{2n} \right| \\ I_{r2} = \left| I_{2m} \angle 1.5\varphi_{2m} - I_{2n} \angle 1.5\varphi_{2n} \right| \end{cases} \tag{4.6}$$

沿用二折线比率制动判据，如式（4.7）所示：

$$\begin{cases} I_{d2} > I_{op2} \\ I_{d2} > K_2 I_{r2} \end{cases} \tag{4.7}$$

式中：一般取 $I_{op2} = 10$、$K_2 = 0.5 \sim 0.6$。

4.2.3 信息压缩比

电流非均匀整形变换的过程就是数据压缩的过程，本章使用压缩比来衡量数据压缩程度，如式（4.8）所示：

$$R_{CR} = \frac{\text{源代码长度} - \text{压缩后代码长度}}{\text{源代码长度}} \times 100\% \qquad (4.8)$$

估算通信量时暂不考虑电压以及其他附加信息，只计算后续保护用到的 ABC 三相电流。假设采样频率为 4 kHz，则每周期有 80 个采样点，按照 $T/4$ 的通信频率传输数据。本节使用差动保护中通用的 IEC 61850-9 通信协议，通信数据报头为 67 字节。

相量差动中每个相量一般按 4 字节计算（实、虚部各 2 字节），通信量为

$$\text{Data}_1 = 67 + 4 \times 20 \times 3 = 307 \qquad (4.9)$$

电流非均匀整形变换分别将幅值与相位压缩为单字节，故通信量为

$$\text{Data}_2 = 67 + 2 \times 20 \times 3 = 187 \qquad (4.10)$$

因此，由式（4.8）可得电流整形变换的压缩比为

$$R_{CR} = \frac{\text{Data}_1 - \text{Data}_2}{\text{Data}_1} \times 100\% = 39.09\% \qquad (4.11)$$

由以上分析可知，将电流非均匀整形变换后，理论上至少能压缩掉 39%的通信量，可以大大减小通信堵塞的概率，有效提高信息传输速度。

4.2.4 灵敏度分析

差动电流有效值越大，算法动态特性达到整定值的时间越短，则保护的动作速度越快。为了表征电流差动保护判据在故障状态下的动作性能，常将灵敏度定义为动作电流与制动电流之比。令电流整形变换前后的灵敏度分别为 K_{sen1}、K_{sen2}，表达式为

$$K_{sen1} = \frac{I_{d1}}{I_{r1}} \qquad (4.12)$$

$$K_{sen2} = \frac{I_{d2}}{I_{r2}} \qquad (4.13)$$

当发生区内故障时，灵敏度系数应大于 1，其值越高，保护灵敏性越高；当发生区外故障时，灵敏度系数应小于 1，其值越低，保护安全性越高。

设 m 侧电流幅值 $I_m = k_1 I_N$，n 侧电流幅值 $I_n = k_2 I_N$，且 $I_m < I_n$，电流的比例系数定义为

$$k = \frac{I_n}{I_m} = \frac{k_2}{k_1} \qquad (4.14)$$

通过推导得到两侧整形变换后的电流关系表达式为

$$I_{2n} = k I_{2m} + \Delta I \qquad (4.15)$$

且 $\Delta I \leqslant 0$，其值存在随电流比例系数 k 增大而减小的趋势。

假设 $\dot{I}_m$ 与 $\dot{I}_n$ 的夹角为 φ，且 $\varphi \geqslant 0$，令

$$\begin{cases} \dot{I}_m = I_m \angle \varphi \\ \dot{I}_n = I_n \angle 0 \end{cases} \qquad (4.16)$$

则整形变换后的电流相量为

$$
\begin{cases}
\dot{I}_{2m} = I_{2m} \angle 1.5\varphi_2 \\
\dot{I}_{2n} = I_{2n} \angle 0
\end{cases}
\tag{4.17}
$$

进一步将式（4.17）代入式（4.12）和式（4.13），可得传统差动保护灵敏度 K_{sen1} 与改进差动保护灵敏度 K_{sen2}，如式（4.18）所示：

$$
\begin{cases}
K_{\text{sen1}} = \left| \dfrac{k + 1\angle \varphi}{k - 1\angle \varphi} \right| \\[3mm]
K_{\text{sen2}} = \left| \dfrac{k + 1\angle 1.5\varphi_2 + \dfrac{\Delta I}{I_{2m}}}{k - 1\angle 1.5\varphi_2 + \dfrac{\Delta I}{I_{2m}}} \right|
\end{cases}
\tag{4.18}
$$

式中：$\Delta I = I_{2n} - kI_{2m}$。通过对比两个灵敏度，便于分析改进差动保护的性能。

由电流相量的编码可知，φ 与 $1.5\varphi_2$ 的最大角差为 $1.5°$，为便于分析，将其忽略不计，令

$$
K_{\text{sen2}} = \left| \frac{k + 1\angle \varphi + \dfrac{\Delta I}{I_{2m}}}{k - 1\angle \varphi + \dfrac{\Delta I}{I_{2m}}} \right|
\tag{4.19}
$$

下面根据 φ 的取值讨论 K_{sen1} 与 K_{sen2} 的关系，对传统电流差动判据与改进判据的灵敏度进行比较。

1）$\varphi \leqslant 90°$

根据前文分析，有 $k > 1$，则

$$
K_{\text{sen1}} = \left| \frac{k + 1\angle \varphi}{k - 1\angle \varphi} \right| \geqslant 1
\tag{4.20}
$$

量化后的电流值一定大于零，由式（4.15）可得

$$
-k < \frac{\Delta I}{I_{2m}} < 0
\tag{4.21}
$$

故得

$$
K_{\text{sen2}} = \left| \frac{k + 1\angle \varphi + \dfrac{\Delta I}{I_{2m}}}{k - 1\angle \varphi + \dfrac{\Delta I}{I_{2m}}} \right| \geqslant \left| \frac{k + 1\angle \varphi}{k - 1\angle \varphi} \right| = K_{\text{sen1}}
\tag{4.22}
$$

当 $\varphi \leqslant 90°$ 时一般为区内故障，相比于传统电流差动保护，电流非均匀整形变换的电流差动保护在区内故障的灵敏性增大。

2）$\varphi > 90°$

同理可得灵敏度存在如下关系：

$$
K_{\text{sen1}} = \left| \frac{k + 1\angle \varphi}{k - 1\angle \varphi} \right| < 1
\tag{4.23}
$$

$$
K_{\text{sen2}} = \left| \frac{k + 1\angle \varphi + \dfrac{\Delta I}{I_{2m}}}{k - 1\angle \varphi + \dfrac{\Delta I}{I_{2m}}} \right| \leqslant \left| \frac{k + 1\angle \varphi}{k - 1\angle \varphi} \right| = K_{\text{sen1}}
\tag{4.24}
$$

$\varphi > 90°$ 一般发生在区外故障条件下，可知电流非均匀整形变换的差动保护灵敏度相比传统电流差动保护更低，不容易误动，故区外故障可靠不动作。

由推导结果可知，灵敏度大小受电流比例系数、相角差的影响。当 $\varphi \leqslant 90°$ 时，一般为区内故障，$K_{sen2} \geqslant K_{sen1} \geqslant 1$；当 $\varphi > 90°$ 时，一般为区外故障，此时 $K_{sen2} \leqslant K_{sen1} < 1$。图 4.5 分别给出了 $\varphi = 60°$、$\varphi = 120°$ 时，I_m 从 I_N 到 $3I_N$，I_n 从 0 到 $10I_N$ 变化时两种原理的灵敏度。其中，k_1 和 k_2 分别为 m、n 两侧采样电流与额定电流的比例系数，虚线和实线分别为传统电流差动保护和改进电流差动保护的灵敏度变化曲线。

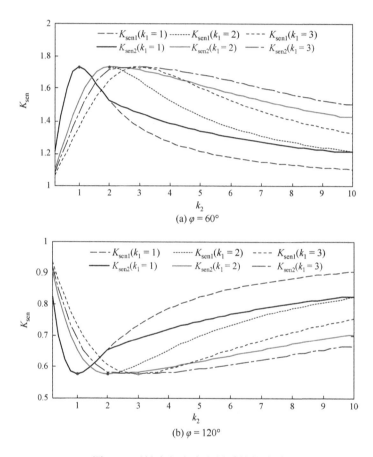

图 4.5 灵敏度与电流比例系数的关系

图 4.5（a）表示，当存在区内故障时，改进电流差动保护的灵敏度大于（或等于）传统保护的灵敏度，其值始终大于 1，能够保证保护快速动作。观察图 4.5（b），当存在区外故障时，改进电流差动保护的灵敏度小于（或等于）传统电流差动保护的灵敏度，其值始终小于 1，保护具有更好的制动特性。

图 4.6 为灵敏度随相角差变化的曲线，令 m 侧电流不变，由图可知，两种原理以 90° 相角差为分界点，当相角差小于 90° 时，两种保护原理灵敏度都大于 1；当相角差大于 90° 时，两种保护原理灵敏度均小于 1。显然，当两侧电流幅值差很大时，保护可以准确地识别出区内或区外故障，这对于经高电阻接地短路故障有很好的适应性。

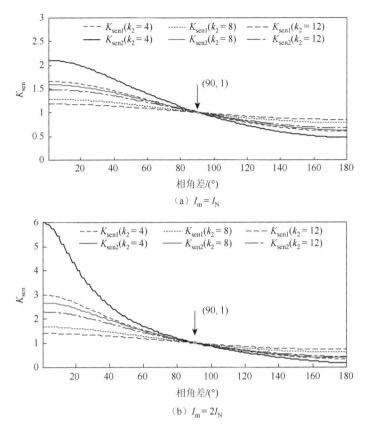

（a）$I_m = I_N$

（b）$I_m = 2I_N$

图 4.6 灵敏度与相角差的关系

4.2.5 差动保护性能分析与验证

在三峡大学动态模拟实验平台上搭建 800 V 模拟 500 kV 高压输电线路仿真系统，如图 4.7 所示。其中，01 G 为同步发电机，02 G 为无穷大系统。系统主要设备参数：发电机额定功率 $S_N = 15\,000\,MV \cdot A$；额定电压 $U_N = 800\,V$；额定电流 $I_N = 10\,kA$；线路单位长度阻抗为 $Z_1 = 0.004\,36 + 0.065\,86\,j(\Omega)$。

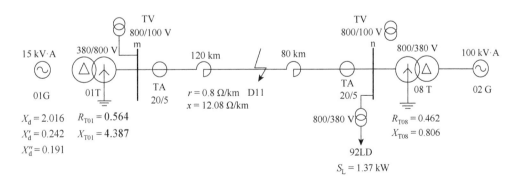

图 4.7 动模仿真模型

模型的电压电流互感器变比分别为 800/100、20/5。模型参数如下：

$$\begin{cases} I_N = 20 \text{ A} \\ I'_{INT} = 28 \text{ A} \end{cases} , \begin{cases} r = 0.8 \ \Omega/\text{km} \\ x = 12.08 \ \Omega/\text{km} \end{cases}$$

式中：r 为线路单位电阻；x 为单位线路阻抗；系统额定电压为 380 V。

同步电抗、暂态电抗以及次暂态电抗分别为

$$\begin{cases} x_d = 2.016 \text{ p.u} \\ x'_d = 0.242 \text{ p.u} \\ x''_d = 0.191 \text{ p.u} \end{cases}$$

各变压器参数如下：

$$\begin{cases} R_{T01} = 0.564 \\ X_{T01} = 4.387 \end{cases} , \begin{cases} R_{T08} = 0.462 \\ X_{T08} = 0.806 \end{cases}$$

为验证所提保护方法的性能，实验中对 mn 的长度分别为 120 km、200 km、400 km 时进行了各种短路故障测试。表 4.1 为对应线路上的故障位置。

表 4.1　故障位置

线路长度/km	故障位置			
	F_1	F_2/%	F_3/%	F_4/%
120	区外	0	33.3	66.7
200	区外	0	40	80
400	区外	0	40	75

1. 故障录波

以线路 F_4 处发生故障为例，故障录波如图 4.8 所示，其中第 1、2、3 条录波为 n 侧 A、B、C 三相电流，第 4、5、6 条录波为 m 侧 A、B、C 三相电流，第 7 条录波为保护动作情况。由 T1 和 T2 光标可知，图 4.8（a）线路故障与保护动作的时差为 9.00 ms，图 4.8（b）线路故障与保护动作的时差为 9.90 ms。

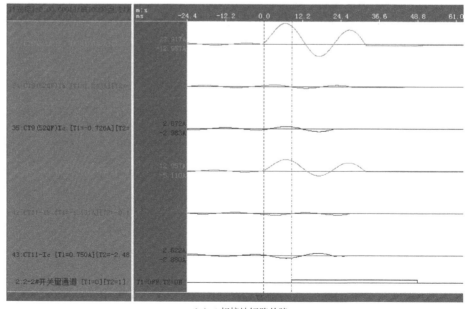

（a）A 相接地短路故障

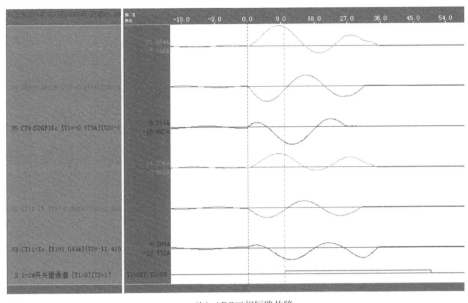

（b）ABC三相短路故障

图 4.8 录波波形（$L = 200 \text{ km}$）

2. 电流整形变换

当区外（F_1）和区内（F_3）分别发生 A 相接地短路故障时，电流模值和相位的整形变换结果如图 4.9 所示。图中 I_m、I_n 分别表示 m、n 两侧电流的采样值。

3. 故障仿真与灵敏度

以线路上 F_3 处发生 A 相接地短路为例，将提出的电流差动保护与传统差动保护进行对比，结果如图 4.10 所示，图中，I_m、I_n 分别是 m、n 两侧电流采样值；I_{d1}、I_{r1}、I_{d2}、I_{r2} 分别是变换前后的差动电流和制动电流；op1 和 op2 表示保护的动作情况；K_{sen1} 和 K_{sen2} 表示两种方法的灵敏度。

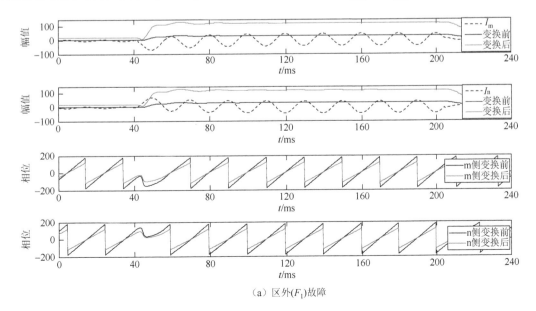

（a）区外(F_1)故障

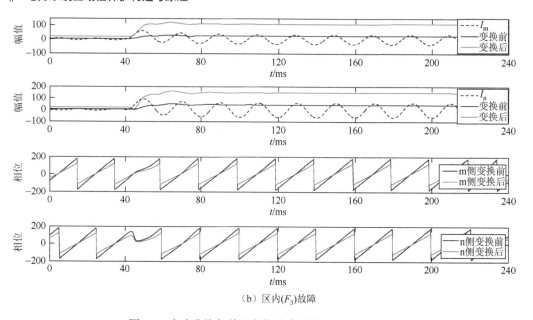

（b）区内(F_3)故障

图 4.9 电流非均匀整形变换仿真结果（$L = 200\ \text{km}$）

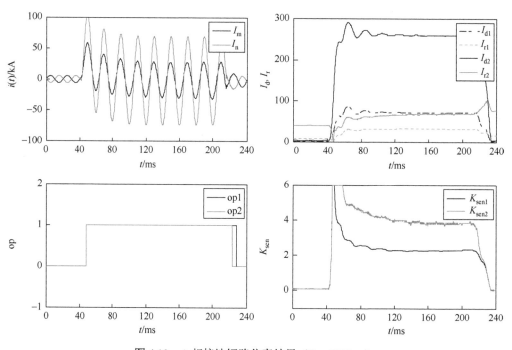

图 4.10 A 相接地短路仿真结果（$L = 200\ \text{km}$）

在 F_3 处设置不同故障类型来验证该方法的可靠性，如图 4.11 所示，包含线路两侧采样电流、整形变换后差动电流和制动电流、保护动作情况和灵敏度曲线。显然，保护的动作情况能正确反映故障情况。

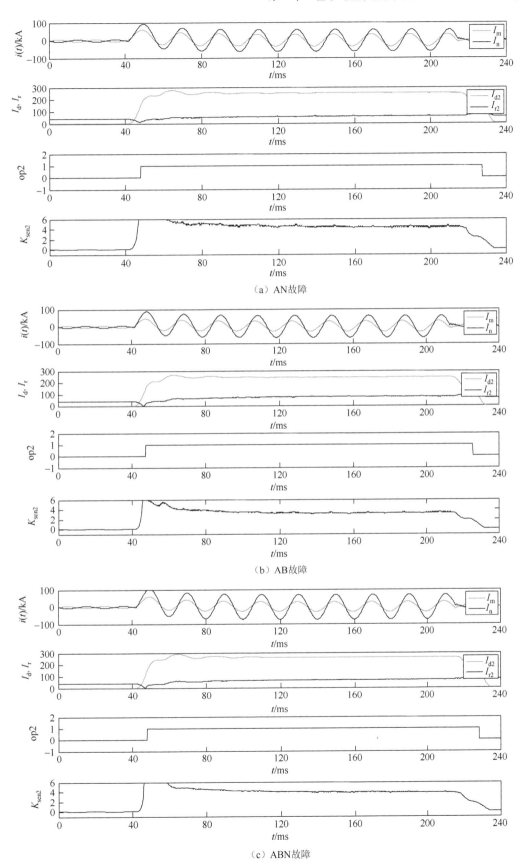

（a）AN故障

（b）AB故障

（c）ABN故障

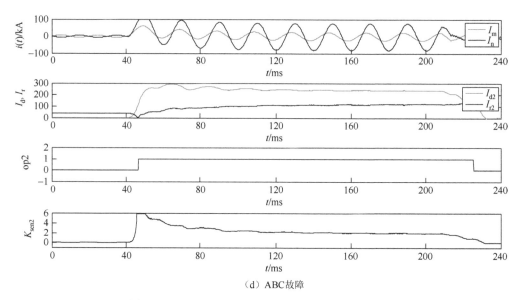

（d）ABC故障

图 4.11　F_3 处不同短路故障仿真结果（$L = 200\ km$）

图 4.12 对比了四个不同位置分别发生 A 相接地短路故障时的灵敏度曲线。图中，F_1、F_2、F_3、F_4 代表故障位置，当 m 侧上游发生短路时，灵敏度接近 0，线路 mn 中间任意位置发生短路时，灵敏度均大于 1，故障点越靠近 m 端则灵敏度曲线数值越大。

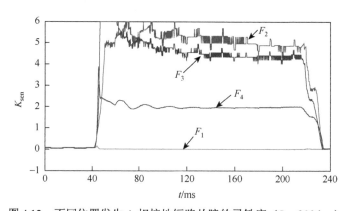

图 4.12　不同位置发生 A 相接地短路故障的灵敏度（$L = 200\ km$）

表 4.2 列举了 mn 线路不同长度时发生不同故障时保护的灵敏度。由表 4.2 可知，当发生区外故障时，灵敏度均接近零，保护可靠不动作；当发生区内故障时，灵敏度均大于 1，能正确动作，具有良好的选择性。

表 4.2　不同故障的灵敏度

故障位置	故障类型	$L = 120\ km$		$L = 200\ km$		$L = 400\ km$	
		K_{sen1}	K_{sen2}	K_{sen1}	K_{sen2}	K_{sen1}	K_{sen2}
F_1	AN	0.004 8	0.005 3	0.005 3	0.005 6	0.007 4	0.014 4
	AB	0.003 2	0.003 1	0.004 6	0.005 3	0.013 9	0.015 1
	ABN	0.005 2	0.005 8	0.006 2	0.007 5	0.007 5	0.006 0
	ABC	0.005 7	0.006 4	0.004 7	0.004 3	0.006 5	0.028 3

续表

故障位置	故障类型	L = 120 km		L = 200 km		L = 400 km	
		K_{sen1}	K_{sen2}	K_{sen1}	K_{sen2}	K_{sen1}	K_{sen2}
F_2	AN	2.135 0	2.174 9	2.538 9	2.468 2	1.922 3	2.820 9
	AB	2.462 6	2.462 2	2.573 6	2.637 2	2.214 3	2.660 9
	ABN	2.473 5	2.489 7	2.465 6	2.842 5	2.179 6	3.515 0
	ABC	2.936 7	3.035 3	3.462 4	3.523 6	3.192 1	4.630 1
F_3	AN	4.536 6	4.583 6	4.683 5	4.837 8	4.602 1	5.276 5
	AB	4.973 6	5.045 3	5.368 4	5.415 6	4.897 9	5.488 6
	ABN	5.356 2	5.563 6	5.478 4	6	5.584 4	6
	ABC	3.525 5	3.634 6	4.989 5	6	3.442 4	4.893 7
F_4	AN	1.626 7	1.843 5	2.087 6	2.257 6	1.643 1	2.239 7
	AB	1.636 7	1.734 7	1.974 5	2.035 7	1.703 3	2.376 6
	ABN	1.642 3	1.834 5	2.034 5	2.185 6	1.616 3	2.263 2
	ABC	1.506 2	1.735 6	2.042 6	2.158 3	1.502 8	2.044 5

4. 过渡电阻

因为输电线路最常见的故障为单相接地故障，有必要验证发生经过渡电阻短路时，保护是否依然可以正确动作。过渡电阻分别设置为 50 Ω、100 Ω、200 Ω、300 Ω，不同过渡电阻接地短路时的灵敏度如表 4.3 所示。结果显示，在过渡电阻较小时保护灵敏度仍较大，保护可靠动作，故该保护方案具有耐受高过渡电阻的能力。

表 4.3　不同过渡电阻接地短路时的灵敏度（$L = 200$ km、F_3）

过渡电阻/Ω	K_{sen2}		
	A 相	B 相	C 相
0	5.527 3	0.039 3	0.031 4
50	6	0.052 4	0.026 2
100	6	0.065 5	0.052 4
200	2.862 9	0.078 7	0.065 5
300	1.251 6	0.065 5	0.052 4

5. 噪声干扰

利用 PSCAD 软件平台搭建如图 4.1 所示的双端电源系统，其中，01 G 和 02 G 为理想电压源，电压等级为 500 kV，m、n 两侧线路长度均为 50 km，mn 线路为 200 km，线路单位阻抗为 $Z_1 = 0.019\ 50 + 0.277\ 96$ j(Ω)，电导忽略不计。m 侧电源相角超前 n 侧电源相角 25°，将故障点设置在 0.1 s 时刻发生，持续 0.1 s，系统采样频率设置为 5 kHz。分别对区外（m 侧外部出口 F_1）和区内（线路 mn 中点 F_2）进行各种短路故障实验，验证改进的差动保护动作性能。

在实际应用中，噪声干扰始终存在保护系统中，会导致暂态电流出现波动，因此必须深入研究新原理的抗干扰性。本章以 F_2 处发生 ABC 三相短路为例，测得线路一端的电流加入 5 dB 的噪声干扰，对比了有无噪声干扰时的电流波形，来观察对非均匀变换的电流差动保护的影响，如图 4.13 所示。由图可知，在采样电流中加入噪声干扰后，虽然电流出现明显波动，但保护动作情况并未受到影响，灵敏度和不加噪声时的趋势一致。

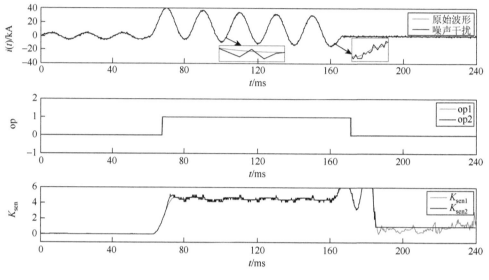

图 4.13　噪声干扰的仿真结果

为进一步对比分析，表 4.4 列出了信噪比分别为 5 dB、10 dB、20 dB 时 F_2 处发生不同故障的灵敏度。结果显示，在不同信噪比下，保护能正确辨别出故障相，具有很好的抗干扰性能。

表 4.4　不同信噪比时在区内 F_2 处发生不同故障的灵敏度

信噪比/dB	故障类型	K_{sen2}		
		A 相	B 相	C 相
5	ANR0	5.527 3	0.039 3	0.031 4
	ANR50	6	0.065 5	0.052 4
	ANR100	6	0.065 5	0.052 4
	ANR200	2.945 1	0.083 2	0.065 5
	ANR300	1.313 3	0.078 7	0.039 3
	AB	3.936 8	2.983 7	0.045 1
	ABN	4.811 9	2.882 5	0.039 3
	ABC	3.534 7	3.150 0	3.330 7
10	ANR0	5.527 3	0.039 3	0.031 4
	ANR50	6	0.056 6	0.026 2
	ANR100	6	0.065 5	0.052 4
	ANR200	2.862 9	0.070 9	0.052 4

信噪比/dB	故障类型	K_{sen2}		
		A 相	B 相	C 相
10	ANR300	1.249 0	0.065 5	0.052 4
	AB	3.936 8	2.983 7	0.045 1
	ABN	4.811 9	2.882 5	0.046 6
	ABC	3.471 5	3.150 0	3.305 9
20	ANR0	5.527 3	0.039 3	0.031 4
	ANR50	6.000 0	0.056 6	0.026 2
	ANR100	6.000 0	0.065 5	0.052 4
	ANR200	2.862 9	0.078 7	0.065 5
	ANR300	1.254 0	0.065 5	0.039 3
	AB	3.936 8	2.983 7	0.045 1
	ABN	4.811 9	2.882 5	0.041 3
	ABC	3.471 5	3.150 0	3.330 7

6. 电流互感器饱和

电流互感器饱和一直是电力系统保护装置需要解决的重要问题，电流互感器饱和主要分为两种，即稳态饱和和暂态饱和。其中稳态饱和是当电流互感器通过较大稳态电流时，一次电流值进入电流互感器的饱和区域，导致互感器铁心饱和，二次电流不能正确传变一次电流；暂态饱和是指大量非周期分量导致电流互感器饱和时二次侧电流波形不对称，使励磁电流变大，开始饱和时间较长。本节主要讨论暂态饱和的情景。

一般情况下，当系统存在区内短路故障时，一旦电流互感器进入饱和状态以后，其差动和制动电流都会受到不同程度的影响，其比值会很快满足差动保护的动作条件。而对于比率差动保护来说，仍然可以正确动作。对于区外短路故障，由于穿越性短路电流比较大，电流互感器达到饱和状态，则饱和特性会使得电路存在很大的虚假差动电流，所以在各个测量点对电流互感器的饱和情况进行监测时，会发现其饱和影响将更严重。若在此产生的工作点正好在比率差动保护的动作特性区内，那么比率差动保护就会发生误动作。

本节的仿真验证只涉及线路单端电流互感器饱和情况。假设线路区内（F_2 处）发生 A 相接地短路故障，电流急剧增大，m 侧的电流互感器发生暂态饱和，导致二次电流畸变。由于 m 侧电流畸变会产生二次谐波、三次谐波等谐波，在时域内对 m 侧电流的影响是将二次电流的顶部消去一部分，该影响可以近似等效为电流互感器暂态饱和的形式，其饱和度越大，二次电流顶部被削去的部分越多。图 4.14 对比了电流互感器不同饱和程度时的电流波形、差动电流和制动电流曲线以及保护动作结果，图中，I、I_{CT} 分别表示电流互感器饱和前后的电流曲线。由采样电流波形可知，随着暂态饱和程度的持续增大，电流互感器二次侧电流波形的衰减程度也不断增加，等效视为波形顶部被削去的部分增多。

由图 4.14 结果可以看出，当发生区内故障时，m 侧电流互感器发生饱和，在一定范围内随着饱和度的增加，保护可靠动作，具有较好的抗电流互感器暂态饱和能力。

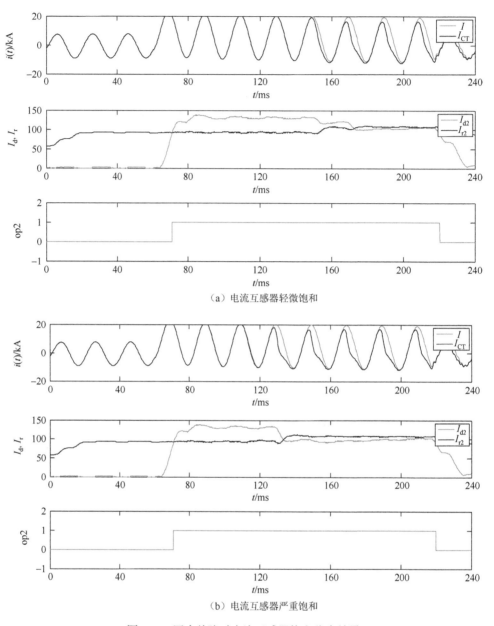

（a）电流互感器轻微饱和

（b）电流互感器严重饱和

图 4.14　区内故障时电流互感器饱和仿真结果

4.3　均匀整形变换的电流差动保护原理

4.3.1　均匀整形变换与反变换规则

为了减少差动保护整形变换时的误差，基于动态基准对电流进行均匀变换。本节提出的基于均匀整形变换的电流差动保护原理旨在降低两端电流信息传输量，在数据上传前对采样值进行变换，上传后进行反变换，接着进行傅里叶变换以及后续的保护判别。因整形变换的对象是采样值，故不需要考虑相位问题，但需要考虑到采样值的正负号。将 2 字节的采样值压缩成 1

字节，前七位表示电流大小，第八位表示符号，1 代表 " + "，0 代表 "–"，故每 8 位对应范围为[–127，127]，如图 4.15 所示。

8	7	6	5	4	3	2	1
0/1	0/1	0/1	0/1	0/1	0/1	0/1	0/1
$\pm$	2^6	2^5	2^4	2^3	2^2	2^1	2^0

$$-127\sim127$$

图 4.15　均匀整形变换范围

按照预设时间间隔，将浮点型数据变换成整型数据。对于 A/D 采样数据，本身幅值小，且每个时间间隔内的电流幅值不相等，现相当于按统一基准放大数据，再进行有损压缩，能够满足通信要求，如图 4.16 所示，然后进行传输与无损反变换，具有较好的降低误差功能。为了保证整形变换后的电流波形和变换前的波形具有相同的趋势，选择电流过零点后开始整形变换，时间间隔 t 设置为 $T/4$（T 表示电流波形的周期，$T = 20$ ms）。当线路发生故障后，选择新的过零点，重新按照 $T/4$ 间隔进行整形变换。在变换过程中如果发现极大的异常数据，就把该点改为和前一个数据一样或者自动排除。

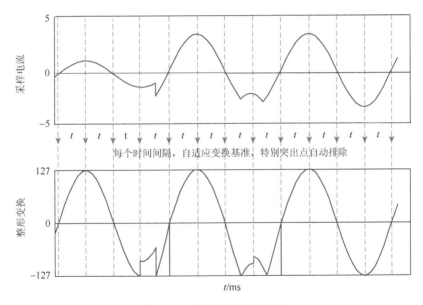

图 4.16　均匀整形变换原理

电流均匀整形变换原理明晰，只需进行简单的乘除法运算，如式（4.25）所示：

$$I_3 = \left[127 \times \frac{I}{I_M}\right] \tag{4.25}$$

式中：I 表示变换前的电流值；I_3 表示变换后的电流值；I_M 表示各个时间间隔 t 的电流极值，是一个变量。

反变换过程不宜复杂，应具有很高的还原度，如式（4.26）所示：

$$I_4 = \frac{1}{127} \times I_3 \times I_M \tag{4.26}$$

式中：I_4 表示反变换后的电流值。这样不仅能够满足通信要求，而且可以提高保护的判断速度。

4.3.2　还原信息下的保护判据

整形变换后的差动电流和制动电流为

$$\begin{cases} I_{d3} = |\,I_{4m} + I_{4n}\,| \\ I_{r3} = |\,I_{4m} - I_{4n}\,| \end{cases} \tag{4.27}$$

沿用二折线比率制动判据，如式（4.28）所示：

$$\begin{cases} I_{d3} > I_{op3} \\ I_{d3} > K_3 I_{r3} \end{cases} \tag{4.28}$$

因电流进行了还原，所以和传统差动保护的参数相同，一般取 $K_3 = 0.4 \sim 0.7$。

4.3.3　信息压缩比

数据进行整形压缩后先对其编码，再进行上传。采样值差动中每个采样值一般按 2 字节计算，通信量为

$$\text{Data}_3 = 67 + 2 \times 20 \times 3 = 187 \tag{4.29}$$

电流均匀整形变换将采样值压缩为单字节，故通信量为

$$\text{Data}_4 = 67 + 1 \times 20 \times 3 = 127 \tag{4.30}$$

故均匀整形变换的电流差动保护原理的压缩比为

$$R_{\text{CR}} = \frac{\text{Data}_3 - \text{Data}_4}{\text{Data}_3} \times 100\% = 32.09\% \tag{4.31}$$

根据上述分析可知，对电流进行均匀整形变换与还原后，保护通信降容达 32.09% 以上。

4.3.4　误差分析

由式（4.26）可得，无损反变换后与采样电流的误差为

$$\Delta I\% = \frac{I - I_4}{I} = 1 - \frac{\left[127 \times \dfrac{I}{I_M}\right]}{127 \times \dfrac{I}{I_M}} \tag{4.32}$$

当 $I = I_M$ 时，有 $I_3 = 127$，即该点变换与反变换的误差为 0。当 $I \neq I_M$ 时，$\left[127 \times \dfrac{I}{I_M}\right]$ 与

$127 \times \dfrac{I}{I_M}$ 的误差极限为 1，则可将误差公式变形为

$$\Delta I\% < 1 - \frac{I_3}{I_3 + 1} = \frac{1}{I_3 + 1}, \quad I_3 = 1, 2, \cdots, 126 \tag{4.33}$$

基于式（4.33）的计算，等效误差为 2.694%。但实际中，一个数据窗下，电流值越大，对整个波形和差动计算的贡献度越大，小电流的贡献度越小，故实际电流波形变换与反变换的误差远小于 2.694%。由图 4.17 可知，对某一采样电流进行处理，最终得到的反变换波形与变换前的波形几乎重合，误差在 1% 左右，这表明本方法具有较高的还原性，误差很小。

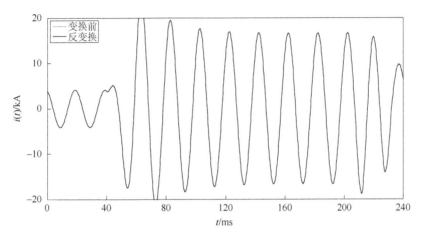

图 4.17　电流变换与反变换仿真结果

4.3.5　差动保护性能分析与验证

1. 电流整形变换

当系统区外（F_1）和区内（F_3）分别发生 A 相接地短路时，电流变换前后的波形分别如图 4.18 所示（变换前经直流滤波）。图中 I_m、I_{3m} 表示 m 侧变换前后的电流值，I_n、I_{3n} 表示 n 侧变换前后的电流值。

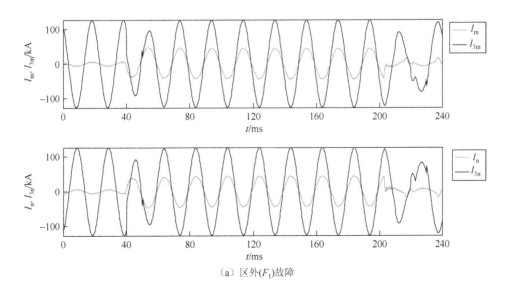

（a）区外（F_1）故障

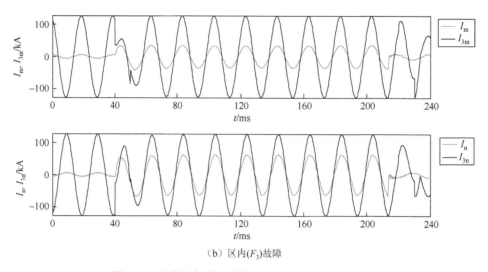

（b）区内（F_3）故障

图 4.18 电流均匀整形变换仿真结果（$L = 200$ km）

2. 数据还原性与误差

为了对反变换电流的还原性进行验证，需对数据的还原度进行量化计算，表 4.5 列出了不同故障类型两端各相电流的还原度。由表 4.5 可知，各相电流信息还原度高达 99%，表明电流经过变换与反变换，数据误差在 1% 以内。

表 4.5 不同故障类型两端各相电流还原度

故障位置	故障类型	I_m			I_n		
		A 相	B 相	C 相	A 相	B 相	C 相
F_1	AN	0.999 1	0.990 0	0.995 5	0.999 1	0.989 2	0.993 3
	AB	0.999 2	0.994 5	0.999 6	0.992 4	0.991 4	0.998 5
	ABN	0.993 4	0.996 4	0.991 6	0.996 9	0.992 9	0.998 6
	ABC	0.994 7	0.993 3	0.959 4	0.997 1	0.990 9	0.998 6
F_2	AN	0.992 0	0.917 1	0.989 4	0.998 1	0.993 6	0.997 2
	AB	0.989 5	0.998 3	0.985 0	0.996 7	0.994 8	0.998 5
	ABN	0.998 8	0.995 6	0.993 2	0.998 4	0.997 2	0.995 8
	ABC	0.995 0	0.994 4	0.978 7	0.995 2	0.997 5	0.994 6
F_3	AN	0.995 4	0.900 9	0.995 5	0.997 2	0.998 4	0.992 2
	AB	0.995 3	0.996 5	0.983 9	0.995 5	0.993 4	0.998 4
	ABN	0.997 4	0.994 8	0.997 5	0.996 5	0.998 6	0.993 0
	ABC	0.999 3	0.997 1	0.986 0	0.992 5	0.992 7	0.984 4
F_4	AN	0.995 4	0.997 0	0.996 3	0.992 4	0.995 7	0.998 4
	AB	0.994 2	0.998 4	0.984 2	0.995 8	0.994 3	0.998 5
	ABN	0.997 6	0.991 1	0.994 4	0.992 8	0.992 8	0.997 7
	ABC	0.988 2	0.996 2	0.984 0	0.992 9	0.996 9	0.997 7

图 4.19 展示了区外（F_1）和区内（F_3）分别发生 A 相接地短路时，mn 两侧的电流经过均匀整形变换与反变换后的数据误差。

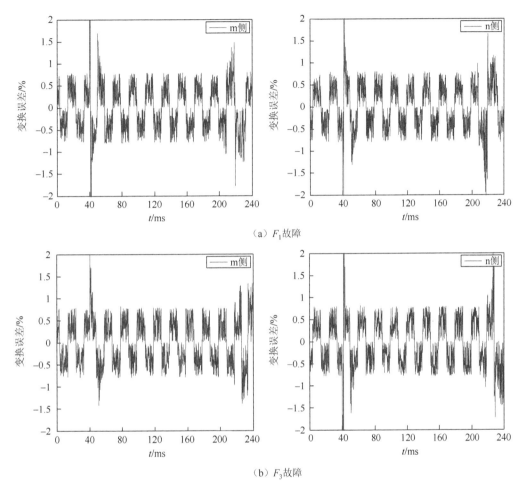

（a）F_1 故障

（b）F_3 故障

图 4.19 A 相接地故障的电流还原误差（$L = 200\,\text{km}$）

由图 4.19 可知，不论何处发生故障，电流波形变换与反变换的误差整体在 1% 以内，远小于理论值 2.694%。在故障时刻，因为短路电流突然增加，误差会有一个短暂的起伏，但很快趋于稳定恢复正常。这一特征可以用来初步判断系统至少出现不正常运行状态，同时对保护的判断不会造成不良影响。

3. 故障仿真与灵敏度

以线路 F_3 处发生 A 相接地短路为例，将提出的电流差动保护与传统差动保护进行对比，结果如图 4.20 所示，图中，I_m、I_n 分别是 m、n 两侧电流采样值；I_{d1}、I_{r1}、I_{d4}、I_{r4} 分别是变换前后的差动电流和制动电流；op1 和 op4 表示保护的动作情况；K_{sen1} 和 K_{sen4} 表示两种方法的灵敏度。

图 4.21 对比了 400 km 线路上 F_3 处发生各种故障类型时的仿真图，包含采样电流、差动电流与制动电流、保护动作情况以及保护灵敏度波形。

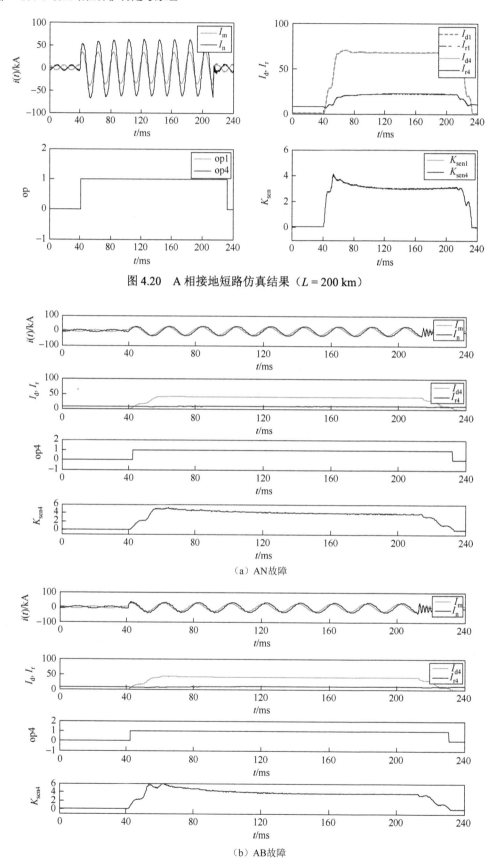

图 4.20 A 相接地短路仿真结果（$L = 200$ km）

（a）AN故障

（b）AB故障

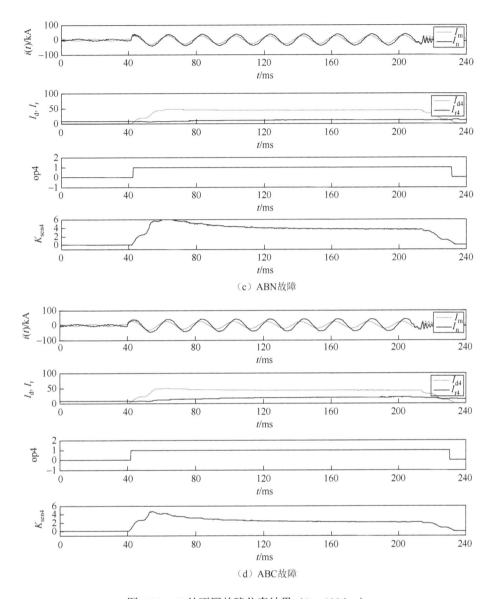

（c）ABN故障

（d）ABC故障

图 4.21　F_3 处不同故障仿真结果（$L = 400$ km）

同样地，以线路 mn 等于 400 km 为例，图 4.22 对比了不同位置发生 A 相接地短路故障时的灵敏度，F_1、F_2、F_3、F_4 代表故障位置，当 m 侧上游发生短路时，灵敏度接近 0，线路 mn 中间任意位置发生短路时，灵敏度均大于 1，故障点越靠近 m 端则灵敏度曲线越大。

表 4.6 列出了不同位置发生各种故障时的灵敏度。由表 4.6 可知，保护可以正确识别区内区外故障。

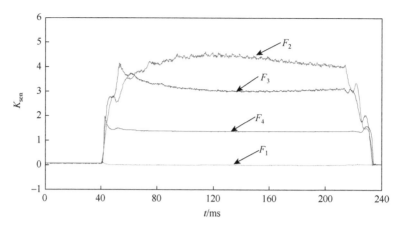

图 4.22 区内区外故障灵敏度（$L = 200$ km）

表 4.6 线路不同故障时的灵敏度（$L = 200$ km）

故障位置	故障类型	灵敏度		
		A 相	B 相	C 相
F_1	AN	0.003 6	0.014 6	0.020 1
	AB	0.004 9	0.004 3	0.030 0
	ABN	0.003 4	0.002 8	0.008 4
	ABC	0.003 1	0.002 5	0.001 5
F_2	AN	3.822 8	0.026 9	0.006 9
	AB	4.537 7	5.531 3	0.028 2
	ABN	5.230 9	2.189 0	0.015 1
	ABC	4.436 2	4.542 5	3.924 3
F_3	AN	3.431 2	0.041 9	0.020 5
	AB	2.613 4	2.018 1	0.030 5
	ABN	2.722 4	2.153 0	0.026 0
	ABC	2.121 7	2.106 9	2.069 4
F_4	AN	1.390 0	0.081 1	0.048 6
	AB	1.371 0	1.253 7	0.036 4
	ABN	1.336 6	1.301 0	0.049 6
	ABC	1.286 4	1.284 4	1.282 7

4. 过渡电阻

过渡电阻分别设置为 50 Ω、100 Ω、200 Ω、300 Ω，不同过渡电阻接地短路时的灵敏度如表 4.7 所示。由表 4.7 可知，过渡电阻较小时灵敏度很大，即使过渡电阻很大，灵敏度仍然大于 1，保护可靠动作，保护能够正确判别故障与选相，故该保护方案具有耐受高过渡电阻的能力。

表 4.7 不同过渡电阻接地短路时的灵敏度（$L = 400$ km、F_3）

过渡电阻/Ω	K_{sen4}		
	A 相	B 相	C 相
0	5.426 3	0.039 3	0.031 4
50	5.346 2	0.052 4	0.026 2
100	3.637 8	0.065 5	0.052 4
200	2.862 9	0.078 7	0.065 5
300	1.251 6	0.065 5	0.052 4

图 4.23 展示了不同位置发生接地短路以及经不同过渡电路短路时的灵敏度曲线。

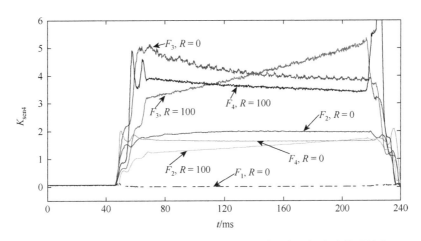

图 4.23　不同位置发生接地短路以及经不同过渡电阻短路时的灵敏度

仿真结果表明，该方法基本上不受故障位置、过渡电阻、故障类型的影响，在小区域发生各种故障的情况下均能正确判断出区内区外故障。

5. 噪声干扰

如图 4.24 所示，采样电流加入噪声干扰后的波形有明显的变化，但保护仍可靠动作，受噪声的影响较小。

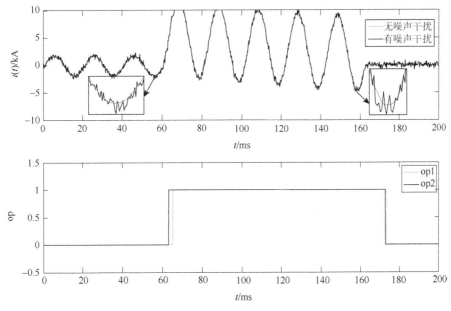

图 4.24　噪声干扰的仿真图

为进一步对比分析，表 4.8 列出了信噪比分别为 5 dB、10 dB、20 dB 时 F_3 处发生不同故障的灵敏度。结果显示，在不同信噪比下，保护能正确辨别出故障相，具有很好的抗干扰性能，在信噪比小于 5 dB 时，保护仍有很高的灵敏度，能够正确动作。

表 4.8 不同信噪比时在区内 F_3 处发生不同故障的灵敏度

信噪比/dB	故障类型	K_{sen4}		
		A 相	B 相	C 相
5	ANR0	5.527 3	0.039 3	0.031 4
	ANR50	6.000 0	0.065 5	0.052 4
	ANR100	6.000 0	0.065 5	0.052 4
	ANR200	2.945 1	0.083 2	0.065 5
	ANR300	1.313 3	0.078 7	0.039 3
	AB	3.936 8	2.983 7	0.045 1
	ABN	4.811 9	2.882 5	0.039 3
	ABC	3.534 7	3.150 0	3.330 7
10	ANR0	5.527 3	0.039 3	0.031 4
	ANR50	6.000 0	0.056 6	0.026 2
	ANR100	6.000 0	0.065 5	0.052 4
	ANR200	2.862 9	0.070 9	0.052 4
	ANR300	1.249 0	0.065 5	0.052 4
	AB	3.936 8	2.983 7	0.045 1
	ABN	4.811 9	2.882 5	0.046 6
	ABC	3.471 5	3.150 0	3.305 9
20	ANR0	5.527 3	0.039 3	0.031 4
	ANR50	6.000 0	0.056 6	0.026 2
	ANR100	6.000 0	0.065 5	0.052 4
	ANR200	2.862 9	0.078 7	0.065 5
	ANR300	1.254 0	0.065 5	0.039 3
	AB	3.936 8	2.983 7	0.045 1
	ABN	4.811 9	2.882 5	0.041 3
	ABC	3.471 5	3.150 0	3.330 7

6. 电流互感器饱和

本节通过模拟线路单端电流互感器饱和情景来验证均匀整形变换的电流差动保护原理的性能。假设线路区内（F_3处）发生 ABC 三相短路故障，m 侧的电流互感器发生饱和。图 4.25 对比了电流互感器不同饱和程度时的电流波形、差动电流和制动电流曲线以及保护动作结果，图中，I、I_{CT} 分别表示电流互感器饱和前后的电流曲线。由图 4.25 可知，区内故障时，m 侧电流互感器发生饱和，随着饱和度的增加，电流顶部被削去的部分越多，其衰减速度越快，但保护仍然可靠动作，不受电流互感器饱和的影响。

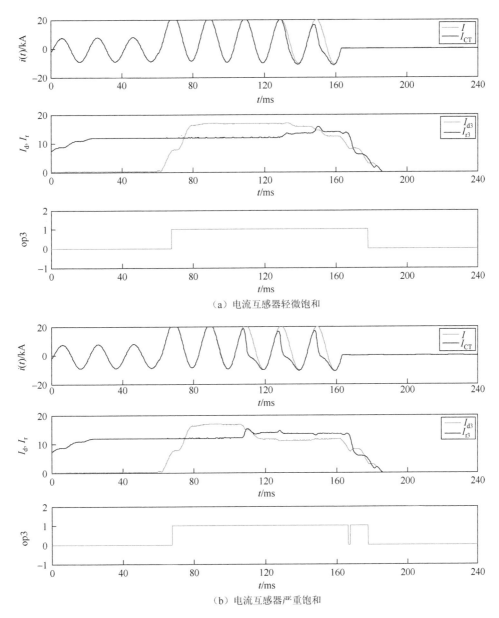

（a）电流互感器轻微饱和

（b）电流互感器严重饱和

图 4.25　电流互感器饱和仿真图

4.4　0±1 变换的电流差动保护

4.4.1　多 DG 接入配网差动保护分析

1. 配网线路传统差动保护构成分析

对于单端电源辐射状配电网，一般使用主干线路上的电流进行差动保护，线路的始端均装有电流差动保护，线路电流正方向均由母线指向线路，如图 4.26 所示。当线路 mn 上（F_1 或 F_2）出现故障时，希望保护 1 能快速动作，保护 2、保护 4 均不动作；当线路 mn 外（F_3）有故障时，希望保护 4 快速动作，保护 5、保护 6 不动作；当线路 mn 外（F_4）有故障时，希保护 2 快速动作，保护 1、保护 4 和保护 3 不动作。

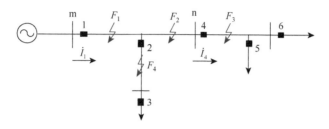

图 4.26　配电网示意图

传统配电网，潮流方向固定，正常运行状态和故障状态下的电流方向都能确定，如图 4.27 所示。当线路 mn 区内（F_1 或 F_2）发生短路时，线路两端的电流波形如图 4.27（a）所示，m 侧电流很大，n 侧电流几乎为零；当线路处于正常运行状态或 mn 段区外（F_3）发生短路时，电流波形如图 4.27（b）所示，因负荷分支存在两端电流近相，幅值存在差异，没有负荷分支的理想情况下两端电流相同；当线路 mn 区外（F_4）发生短路时，电流波形和图 4.27（a）特征类似。由此，根据短路电流的特征可以初步得出保护容易误判。

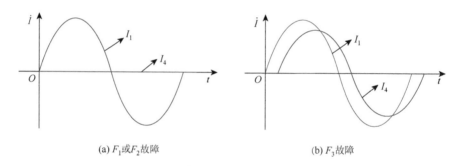

(a) F_1 或 F_2 故障　　　　　　　　　　(b) F_3 故障

图 4.27　短路电流幅值特征

以保护 1 为例，电流差动保护的差动电流与制动电流计算值分别如式（4.34）所示：

$$\begin{cases} I_d = |I_1 + (-I_4)| = |I_1 - I_4| \\ I_r = |I_1 - (-I_4)| = |I_1 + I_4| \end{cases} \quad (4.34)$$

由于线路 mn 上存在负荷分支，实际的差动电流和制动电流应该为

$$\begin{cases} I_d' = |I_1 + (-I_4 - I_2)| = |I_1 - I_4 - I_2| \\ I_r' = |I_1 - (-I_4 - I_2)| = |I_1 + I_4 + I_2| \end{cases} \quad (4.35)$$

观察式（4.34）和式（4.35）不难发现，针对同一故障，由于负荷分支的存在，电流差动保护动作量的计算值大于实际值，制动量的计算值小于实际值。当线路发生区内故障（F_1）时，负荷分支电流和 n 侧电流为零，对差动保护的影响很小。当线路发生区内故障（F_2）时，n 侧电流为零，负荷分支上有电流，对差动保护有影响。当线路下游发生区外故障（F_3）时，m、n 两侧电流接近，对保护影响较小。当负荷分支处发生区外故障（F_4）时，n 侧电流为零，负荷分支上电流很大，对保护影响很大，由式（4.34）计算的差动电流等于制动电流，容易发生误动。

配电网接入 DG 后，电网的拓扑结构会改变，由单电源转换为多电源结构，潮流分布会受

到 DG 的分布、容量、故障位置、负荷分布等因素的影响,潮流的方向和大小均具有不确定性,对保护的影响变得更加复杂。接入 DG 后,本章研究对象仍然为 mn 线路,即 F_1、F_2 同样为区内故障,F_3、F_4 为区外故障,不同的是对参考方向进行了重新选择,将线路电流流向保护区域(图中 4.28 虚线范围)的方向取为正方向,如图 4.28 所示。

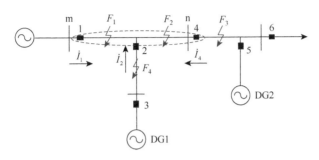

图 4.28　多 DG 接入的配电网示意图

当线路处于正常运行状态时,因 DG1 和 DG2 的存在,与其连接的负荷分支的电流方向不确定。当区内发生短路时,三端电流波形关系可能如图 4.29(a)所示,m 侧电流很大,由于 DG2 的存在,n 侧也有电流流向故障点,若故障点为 F_1,DG1 会有功率外送至故障点,若故障点为 F_2,因容量不同 DG1 可能发生功率外送,也可能吸收主电源的功率,故电流 I_2 方向具有不确定性;当区外(F_4)发生短路时,电流波形关系可能如图 4.29(b)所示,三个电流均流向故障点,故电流 I_2 与另外两个电流方向相反。

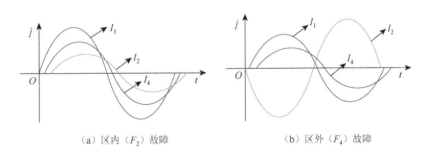

（a）区内（F_2）故障　　　　　　　　　（b）区外（F_4）故障

图 4.29　短路电流幅值特征

2. 配网线路传统差动保护通信问题

DG 因具有建设成本低、周期短,运行方式灵活、启停容易,噪声低、排放少、高效等优势,逐渐在配电网中大规模接入,是未来电网发展的必然趋势。但 DG 接入配电网运行后,传统的配电网由单端电源辐射状网络变为多端电源网络,DG 的出力一般具有波动性与随机性,线路上的潮流方向及大小均有可能改变且具有不确定性,可能导致继电保护的误动作或拒动作。这种特性使得传统继电保护原理的整定变得非常困难,配网中常见的三段式保护已经无法满足继电保护的基本要求。通常配置于输电系统的电流差动保护因具有全线速动功能而逐渐被应用到配电系统。

随着光纤通信在电网中的大量使用,铺设光纤的高昂成本使得配电网差动保护成本显著增加,为降低配电网保护成本,基于 4G 无线通信的配电网差动保护技术应运而生,它虽然省去了铺设光纤的高昂成本，但其本身的传输带宽十分有限，采用 4G 无线通信必须要解决通道质量、带宽以及时间同步等方面的难题。光纤通信和 4G 无线通信的局限性促使配电网差动保护技术不断更新，基于 5G 无线通信的新型配电网差动保护方法以覆盖范围广、带宽高、延时低的优势很快便映入我们的眼帘，它能够满足差动保护对通信的要求。但 5G 无线通信存在传输不稳定、穿透率弱等劣势，且国内外暂未普遍应用于配电网保护，各种通信方式优缺点如表 4.9 所示。配电网节点较多，电流差动保护需要实时通信，长时间的通信量很大，电力线载波通道的传输容量和传输速率较低，目前载波通信带宽难以满足传统的电流差动保护需求。综上所述，由于通信限制，差动保护在配电网中未得到很好的应用。

表 4.9　各种通信方式优缺点

通信方式	应用特点	优势	劣势
10 kV 电力线通信	10 kV 电力线通信组网结构最符合电网拓扑，适合配用电设备分散安装场景	电力线通信与配电网架完全同步、无须布线、电力专网安全性高、综合运营成本低；能够实现对电网全域感知，建立拓扑识别	未大批量应用，目前无安装运维规范
光纤（XPON）	PON 组网结构可符合电网拓扑，光纤融入分支，不破坏，影响小，可靠性高	带宽高，可达 1 Gbit/s、安全可靠、易扩展、网管统一	施工量大、成本高、维护量大
无线公网	针对光纤等有线通信方式施工难度大、敷设成本高的地区	易部署、初期投入小、维护方便	存在通信盲区、安全可靠性低、网络租用

本节根据纵联相位差动保护利用高频信号有无表征电流相位这一思想，提出将电流进行 0 ± 1 变换，将正弦波形转换为方波，根据纵联电流相量差动的思想，在一定数据窗内累加求和，引入比率制动特性，构建电流相量差动保护。由于 DG 出力的不确定性，其接入配电网后多端电流差动构建制动电流困难，本章提出接入 DG 的支路电流参与保护判别，对各端电流进行两两差动，构建新的保护判据。这样解决了电力线载波通信低带宽下的纵联保护通信限制问题，可以满足 0 ± 1 变换后的电流差动保护通信需求，实现多 DG 接入的配电网故障快速隔离。

3. 基于相位比较的配网多端差动保护构成

纵联电流差动保护需要同时比较线路两侧电流的大小和相位，并对数据传输的同步性提出很高要求。将纵联电流差动保护应用到多节点、多 DG 分支配电网中，电力线载波通道只能传递简单的逻辑信号，其传输容量与传输速率很难满足庞大的数据传输量以及保护的速动性要求。因此载波通道常被用来传递电流的相位信息。构成纵联电流相位差动保护。

电力载波通道以高频信号的有无表征两端电流相位信息。当线路发生故障时，线路两端传输各自的相位信息，启动元件发出高频信号。这种工作方式仅采用电流正半波或负半波时发出高频信号，可以区分区内、外故障。双端电源系统中外部故障时两端电流相位相差 180°，输电线路上将出现连续的高频信号，如图 4.30 所示；内部故障时两端电流相位相差 0°，输电线路上将出现间断的高频信号，如图 4.31 所示。因此，高频信号的连续和间断反映了两端电流的相位比较结果。

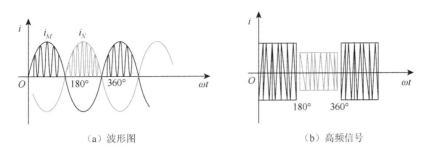

（a）波形图　　　　　　　　　　　（b）高频信号

图 4.30　电流相位差动保护区内短路

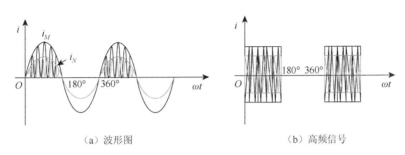

（a）波形图　　　　　　　　　　　（b）高频信号

图 4.31　电流相位差动保护区外短路

图 4.30 和图 4.31 中电流相位关系为理想状态，实际上两端电流并不完全同向或者反向，存在相角差，使得区外故障时高频信号并不连续，区内故障时高频信号的间断小于 180°。为保证任何区外故障时保护不误动，需要对闭锁角进行整定。考虑到 10% 的电流互感器误差、滤序器及收发信操作回路误差和线路传输延时角度，以及 15° 的保护裕度角，闭锁角 φ_0 一般取 $37° + \dfrac{L}{100} \times 6°$（$L$ 为线路长度）。当发生区内故障时，随着保护线路的增长，可能出现高频信号之间间断缩短，直至小于闭锁角，保护不动作。闭锁角难以整定，相位差动保护没有得到广泛的应用。

4. 数据压缩下差动保护思路

电流变换为 –1、0 和 1 后，对两侧电流进行相加，"0" 表示两侧电流反相，"1" 表示模糊状态，"2" 表示两侧电流同相。可以通过比较数据窗内 2 的个数，来进行差动保护判断，如图 4.32 所示。

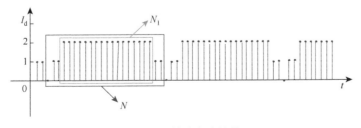

图 4.32　差动电流计算

保护判据为

$$\frac{N_1}{N} \geqslant 80\%\qquad(4.36)$$

式中：N 为数据窗内采样点的总个数；N_1 为"2"的个数。该方法简单，但是保护动作的比例系数不好整定。

上述保护方案多用于模拟式保护中，微机保护的不断发展，对电流信号进行数字化处理与传输的能力大大提高。基于纵联电流相位差动的思想，对电流进行 0、1、−1 变换，引入比率制动特性，构成相量电流差动保护。一方面可以对配电网多节点的庞大信息量进行降容，降低对通信通道容量的要求；另一方面可以充分利用已有的电力载波通道承担信息传输任务，节省通道构建的成本。

4.4.2 采样电流的精确化 0±1 变换

1. 保护启动判据

受电力线载波通道正常无高频电流的工作方式启发，考虑到长时间的信息传输与交换对通道容量以及信息处理的高要求，将可靠判别故障发生作为电流信号变换启动的先决条件，同时面对 DG 接入配电网带来的不确定性，保护启动判据的构建尤为重要。

启动判据整定原则：

（1）当发生故障时，确保多端保护均能够启动；

（2）当系统正常运行时，保护可靠不启动，在系统受到干扰的情况下，保护尽量不启动；

（3）充分考虑 DG 提供故障电流的不确定性。

保护启动判据的确定：本节以配电网两级母线之间构成的线路区段为研究对象，当本区段线路末端发生最小两相短路故障时，计算 DG 与主电源向短路点提供的最小短路电流，将其最小值记为 $I_{k\min}$，确保多端启动电流信息转换参与差动保护判别。

$$I_{\text{set1}} = K_{\text{rel}} \times I_{k\min}\qquad(4.37)$$

式中：I_{set1} 为保护启动判据；K_{rel} 为可靠系数，考虑到二次测量误差，一般取值 0.85～0.9。

2. 0±1 变换判据

相量电流差动保护与相位差动保护相比，不需要闭锁角的整定，利用相位差动保护的思路，采用相量差动保护。对电流进行 0、1 变换虽然可以减少信息量，但只利用正半轴上的半波数据，不仅很难分辨波形正负，而且数据失真程度较大，所以利用整个波形数据对电流进行 0±1 变换，得到−1、0、1 三种状态量。电流 0±1 的变换公式为

$$i_{01} = \begin{cases} 1, & i \geqslant I_{\text{set2}} \\ 0, & I_{\text{set2}} < i < I_{\text{set2}} \\ -1, & i < -I_{\text{set2}} \end{cases}\qquad(4.38)$$

式中：i_{01} 为 0±1 变换后的电流值；I_{set2} 为变换阈值。

根据变换公式可得电流波形如图 4.33 所示。

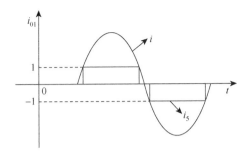

图 4.33　电流 0±1 变换仿真结果

3. 精确化处理

1）0±1 变换阈值的选取

变换阈值选取的合理性将直接影响 0±1 变换后的数据表征电流相位特征的优劣程度，以及利用 0±1 变换构成差动保护的性能。变换阈值的选取应遵循尽可能多地利用电流数据并表征电流相位特征的原则。

本节选取 0±1 变换阈值的方法为：将保护启动阈值（即区段末端发生最小两相短路时，多端电源提供的最小短路电流的最小值）作为有效值，构建工频正弦离散波形；考虑有采样点刚好落在零时刻的情形，如图 4.34 所示，采样点 2 落在零时刻，选取过零时刻前、后各一个采样间隔的采样点（采样点 1、3）对应的采样值分别作为 1、−1 的变换阈值。

假定一个周波采样点数为 N，按照上述方法选取变化阈值，在较为理想的情况下变换后 1、−1 值状态均有 $N/2-1$ 个，0 值状态有 2 个。当电流过零时刻没有对应的采样点时，如图 4.35 所示，每半周波有两个采样点未达到变换阈值变换为 0，变换后 1、−1 值状态个数均为 $N/2-2$，0 值状态个数为 4。

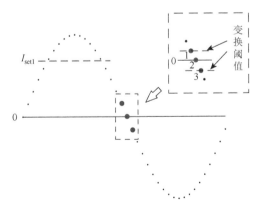

图 4.34　采样点落在零时刻

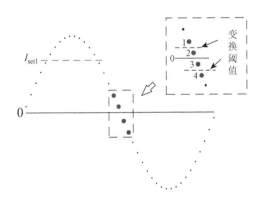

图 4.35　采样点未落在零时刻

2）考虑直流衰减分量的影响

短路故障电流由交流周期分量和衰减直流分量组成，在故障初期，衰减直流分量对短路电流的抬升效果显著，引起电流波形偏向时间轴的一侧，在电流相位关系上最为直接的表现就是正、负半波波形在一周波内相位占比不等，如图 4.36 所示，在首个周波内 $T_1 > T_2$，相位占比相差最大。此故障特征对电流相位比较原理影响较大，甚至会导致错误的相位比较结果，造成保护的误动。

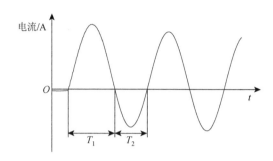

图 4.36 暂态过程衰减现象

对电流波形进行 0±1 变换后时间轴两侧相位占比不等的现象仍然存在，为防止比相错误引起误动，本章针对此现象进行以下优化。

（1）启动变换后，记录首个非零变换值，对后续采样点连续判断，变换值发生突变，确定为一个连续区间。若此区间非零变换值个数大于 $N/2$，以此连续区间中间时刻为基准，重构个数为 $N/2-2$ 的变换值，重构首个半波变换。

（2）搜索确定第二个连续变换区间，以采样值的突变以及连续非零变换值个数为基准确定区间，若此区间非零变换值个数小于 $N/2$ 并且大于 $N/10$，以连续区间中间时刻为基准，重构个数为 $N/2-2$ 的变换值，补全第二个半波变化（其中 $N/10$ 的个数限制是为了避开在零附近发生少数点突变产生干扰的情形）。

（3）执行（1）、（2），完成数据的连续 0±1 变换。

如图 4.37 所示，时间轴上方阴影表示衰减直流分量对电流波形的抬升导致时间轴上方相位"超出"部分；时间轴下方阴影相应地表示时间轴下方相位"缺失"的部分。

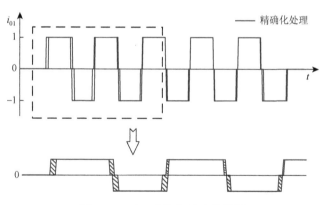

图 4.37 0±1 变换与精确化结果

3）考虑电流互感器饱和引起的电流波形畸变

故障发生引起的暂态过程非周期分量，可能会导致电流互感器铁心快速达到饱和，引起电流波形产生畸变与缺失，电流波形的畸变会导致差动保护动作延时，甚至引起误动。如图 4.38 所示，电流互感器饱和引起电流波形缺失，按照 0±1 变换将其变换后对应畸变部分会出现大量的 0 值状态，以此直接作为相位比较的数据会带来很大误差，导致拒动或误动。因此，本章针对电流互感器饱和导致的电流畸变现象，在初次 0±1 变换的基础上进行判别与数据补全。

一般的电流互感器饱和会引起在半周波内缺失小于 1/4 周波的波形，重度饱和甚至会导致超过 1/4 周波的波形缺失，本节主要讨论轻度与中度电流互感器饱和引起的波形畸变。0 ± 1 变换后的数据仍与原始采样数据存在一致的"缺失"，如图 4.39 所示。

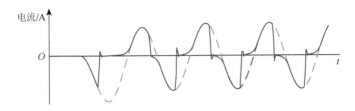

图 4.38　电流互感器饱和电流波形畸变示意图

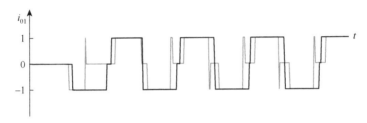

图 4.39　0 ± 1 变换与精确化结果

针对电流互感器饱和引起的电流波形畸变，以每半周波 $N/2-2$ 个连续非零值为目标，具体优化策略如下。

（1）启动变换后，记录首个非零变换值，对后续采样点进行连续判断，变换值发生突变，确定为一个连续区间。若此区间非零变换值个数少于 $N/10$，重新向后检索；若此区间非零变换值个数大于 $N/10$ 并且少于 $N/2-2$，以此连续区间开始时刻为基准，重构个数为 $N/2-2$ 的变换值，补全首个半波变换；其中 $N/10$ 的个数限制是为了避免在零附近发生少数点突变产生干扰的情形，电流波形畸变还会产生一些零值附近的干扰。

（2）搜索确定第二个连续变换区间，若第二个变换区间开始时刻先于重新构建的首个半波变换结束时刻，将后者变换结束时刻前移，保证同一时刻只存在唯一变换值。与重构首个变换区间同样的策略，如若其区间连续变换值个数少于 $N/2-2$，以连续区间开始时刻为基准，重构个数为 $N/2-2$ 的变换值，补全第二个半波变换。

（3）执行（1）、（2），完成数据的连续 0 ± 1 变换。

短路电流中还包含大量的高频分量，即使采取一定的滤波手段，少数采样干扰点的存在仍会对基于电流采样值提出的保护原理有较大影响，对保护的可靠性带来一定挑战。根据 0 ± 1 变换阈值的选取，若干扰点的突变与电流波形的变化趋势一致（均在时间轴的同一侧），较小的变换阈值可以很好地避开干扰点的影响从而正确变换；若干扰点在零值附近，如电流互感器饱和所述情形，通过精确化处理仍能够躲开其干扰。

4. 信息编码与压缩比

本节提出新的编码规则：采用两组字编码，按照字节中的小比特位进行编码。以一个 20 点采样序列数据为例对 0 ± 1 编码规则进行说明，如图 4.40 所示。如图 4.40（a）所示，将一个正弦波形进行 0 ± 1 变换，并对可能出现的畸变进行了处理。如图 4.40（b）所示，若电流变换值为 0，则其第一、二组双字编码值均为 0；若电流变换值为 1，则其第一、二组双字编码值分别为 1 和 0；若电流变换值为–1，则其第一、二组双字编码值分别为 0 和 1。双字编码组合，不但能够有效地识别电流变换值和方向性，还能将所有不对应变化都默认为畸变，从而提高通信容错性。

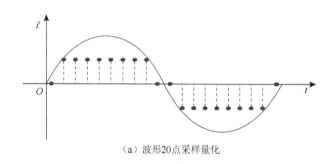

（a）波形20点采样量化

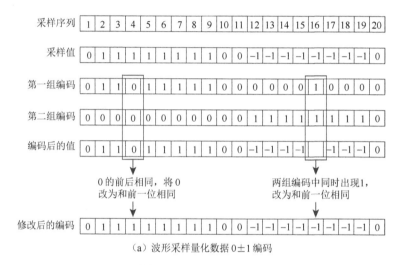

（a）波形采样量化数据0±1编码

图 4.40　0±1 通信编码

电流进行 0±1 变换后每个电流值需要 2 bit，可得数据包的大小为

$$\text{Data}_5 = 67 + 2 \times 20 \times 3 \div 8 = 82 \tag{4.39}$$

与采样值电流差动的通信量式（4.29）进行对比，可得数据压缩比为

$$R_{\text{CR}} = \frac{\text{Data}_3 - \text{Data}_5}{\text{Data}_3} \times 100\% = 56.15\% \tag{4.40}$$

通过计算可知，对电流采样值进行 0±1 变换，从理论上可以减少 56% 以上的通信量，可以实现快速差动。

4.4.3　综合相量与相位比较的差动保护判据

1. 两端信息比较的保护判据构成

基于电流压缩的差动保护原理仍沿用传统电流差动保护的计算思路，计算电流重构后的差动电流与制动电流，如式（4.41）所示：

$$\begin{cases} I_{d0} = \left| J_m + J_n \right| \\ I_{r0} = \left| J_m - J_n \right| \end{cases} \tag{4.41}$$

根据式（4.41）得到线路正常运行或发生区外故障时（不考虑电容电流）差动电流和制动电流的波形，如图 4.41 所示。此时，差动电流序列几乎为"0"值，而制动电流序列几乎为"2"值，二者存在较大差异。但实际波形存在过零时刻，导致制动电流仍然可能存在"0"状态值，此时与差动电流相等，处于保护的临界状态，可能引起误动。

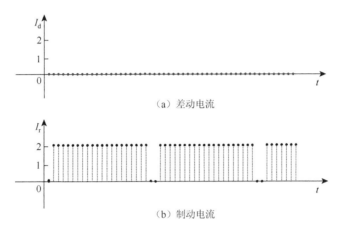

（a）差动电流

（b）制动电流

图 4.41　区外故障的差动电流与制动电流

同样，根据式（4.41）得到线路区内故障的差动电流和制动电流波形，如图 4.42 所示。当发生区内故障时，两侧电流存在角差，差动电流序列多为"2"值，但也存在部分"1""0"值；而制动电流多为"0"值，但因受两端电流相位差的影响存在部分"1""2"值。图中非"0"值的长度因相位误差不同而不同，对差动保护动作性能的影响也随之改变。具体相位差别可参见电流的相位误差分析。这表明线路区内故障时存在制动电流等于甚至大于差动电流时刻，保护可能拒动。

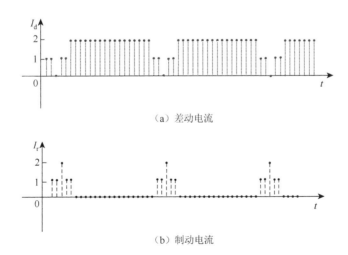

（a）差动电流

（b）制动电流

图 4.42　区内故障的差动电流与制动电流

综上分析可知，电流经过 0±1 变换后，同一时刻的差动电流和制动电流只有 0, 1, 2 三种状态值。由于采样电流波形存在过零点、比较阈值设定、0±1 电流值正负相加互消等，发生区外故障后会出现差动电流大于制动电流，而区内故障后会出现制动电流大于差动电流。显然，这达不到继电保护基本要求中的可靠性。为提高保护可靠性，需进行进一步处理，根据传统差动保护利用半周波或全周波傅里叶计算结果进行差动保护判断思想，在此提出对一定长度数据窗下的差动电流、制动电流进行累加求和，得到最终的差动电流、制动电流，如式（4.42）所示：

$$\begin{cases} I_{d} = \sum_{i=j}^{J} | \dot{I}_{m01}(i) + \dot{I}_{n01}(i) | \\ I_{r} = \sum_{i=j}^{J} | I_{m01}(i) - I_{n01}(i) | \end{cases} \tag{4.42}$$

式中：下标 m、n 分别表示 m 侧、n 侧电流；I_{d}、I_{r} 分别为 i 时刻的差动电流和制动电流；j 表示数据窗起始点；J 表示数据窗终点。

将上述差动电流和制动电流作为保护判据的比较量，使得图 4.41 或图 4.42 中某一点或某几点重构值出现偏差（或者不连续）时对差动电流、制动电流的大小关系没有影响，从而不会影响最终保护的动作情况，增加保护故障识别的容错性。

在系统扰动瞬间，两端电流发生跃变，数据窗内既包含跃变前的正常数据，也包含跃变后的故障数据。即使是区外故障，其暂态过程的数据也可能使得差动电流改变部分状态值。随着数据窗的移动，当数据窗较短时，可能存在动作电流较大而导致保护误动的情况；数据窗越长，数据越多，保护判断的准确性越高，但保护的速动性越差。

为了比较不同数据窗的选择对保护动作的影响，分别选择如图 4.43 所示的数据窗，并进行简要分析。其中，数据框 1 为半波数据窗，数据框 2 为全波数据窗，数据框 3 为窄数据窗。

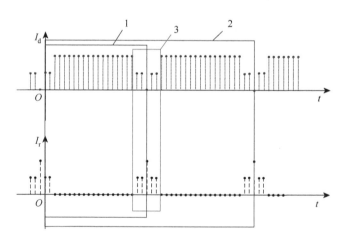

图 4.43　数据窗的选取

由图 4.43 可知，此时系统发生了区内故障。当选择窄数据窗时，如数据框 3，计算得到差动电流为 4，而制动电流达到 6，不满足保护判据，出现保护拒动情况。尽管随着数据窗滑动，保护能够满足判据并动作，但这种情况一定程度上延长了保护动作时间。当选择半波数据窗时，如数据窗 1，计算得到差动电流为 38，制动电流为 6；当选择全波数据窗时，如数据窗 2，保护的差动电流为 76，制动电流达到 12，均能够可靠地满足保护判据，保护不存在返回情况。在同时满足保护可靠性的条件下，基于半波傅里叶计算窗长，选择半波数据窗，可减少算法的计算量，提高保护动作速度。

参照式（4.2）构成保护判据，由于差动电流和制动电流基于 0 ± 1 变换电流值，最小动作电流 I_{op} 需要相应调整，一般取 $3\sim5$ 即可。K 值较传统比率制动系数的设定有所提高，一般取 $0.8\sim0.9$。

$$\begin{cases} I_d > I_{op} \\ I_d > KI_r \end{cases} \tag{4.43}$$

2. 区域故障判别方式

如图 4.28 所示拓扑图中，当线路 mn 上 F_1 或者 F_2 处发生故障时，保护 1 和保护 4 正确动作，当线路 mn 下游 F_3 处发生故障时，保护 1 和保护 4 可靠不动作，当线路 mn 上的 DG 分支上 F_4 发生故障时，保护 1 和保护 4 会误动作。所以仅依靠线路两端进行差动保护已经不能完全满足保护要求。表 4.10 列出了保护 1、保护 4、保护 2 之间保护判别结果，观察其中的特征与关系。

表 4.10　保护判别

项目	F_1	F_2	F_3	F_4
保护 1、保护 4	1	1	0	1
保护 1、保护 2	1	1	1	0
保护 2、保护 4	1	1	0	1
判别结果	1	1	0	0

由表 4.10 可知，仅利用任意两端之间电流信息进行判别，都会存在判断错误的情况，如保护 1 和保护 4 之间，区外 F_4 故障会误动；保护 1 和保护 2 之间，区外 F_3 故障会误动；保护 2 和保护 4 之间，区外 F_4 故障会误动。但是当保护 1、保护 2、保护 4 三端之间分别进行两两差动判别，对三组判断结果进行与逻辑，就可以正确地判断故障位置，若结果为 1，则发生区内故障，否则为区外故障。

通过整定，灵敏度比较高，传输量比较少，通过仿真对比该原理对数据测量精度要求更低，因为少量误差不会改变电流 0 ± 1 变换的结果。

4.4.4　配网仿真分析与验证

1. 模型建立

利用 PSCAD 搭建如图 4.28 所示的 10 kV 配电网，图中，电源侧电压为 121 kV，系统内阻为 4 Ω，通过降压变压器接入 10 kV 配电网络，10 kV 网络经降压变压器降至 380 V 连接负载，负载额定功率为 $2+j0.1$ MV·A。110 kV 侧降压变压器变比为 121 kV/10.5 kV，容量为 50 MV·A，10 kV 侧变压器变比为 121 kV/10.5 kV，容量为 5 MV·A；DG1 的容量为 4 MV·A，DG2 的容量为 2 MV·A。设置 0.2 s 时刻发生故障，并持续 0.1 s，采样频率设为 5 kHz，分别在位置 F_1（区内）、位置 F_2（区内）、位置 F_3（区外）和位置 F_4（区外）设置不同故障。采用 5 点差分滤波滤除直流分量。

2. 故障分析

单向接地故障是电力系统中最常见的故障，三相短路故障是发生概率最低同时也是最严重的故障，带来的危害非常大，本节以最严重的三相短路故障为例进行分析。

当系统区内（F_2）或区外（F_4）分别发生 ABC 三相接地短路时，三个端口的短路电流波形如图 4.44 所示。图中，I_1、I_4 和 I_2 分别是 3 个端口的电流采样值。可以明显观察到，系统正常运行时，电流 I_1、I_4 的波形接近同相，而电流 I_2 与另外两个电流反相。系统发生区内短路后，电流 I_2 变得与其他两个电流同相。但是如果发生区外短路，电流 I_2 与其他电流反相更加明显。

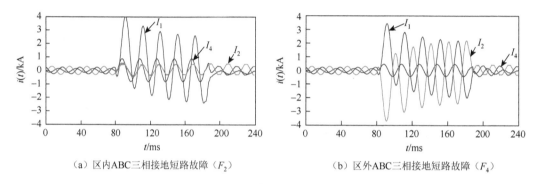

（a）区内 ABC 三相接地短路故障（F_2）　　　　　（b）区外 ABC 三相接地短路故障（F_4）

图 4.44　短路电流波形

在不同地方设置 ABC 三相接地短路故障，观察线路两端电流的 0±1 变换结果，如图 4.45 所示。便于观察，将 0±1 变换结果扩大 3 倍。

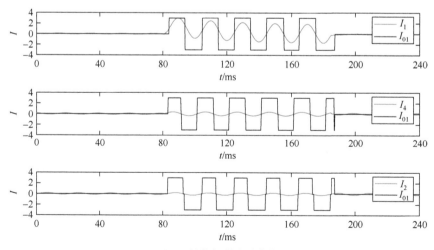

（a）F_1 处发生两相短路接地故障

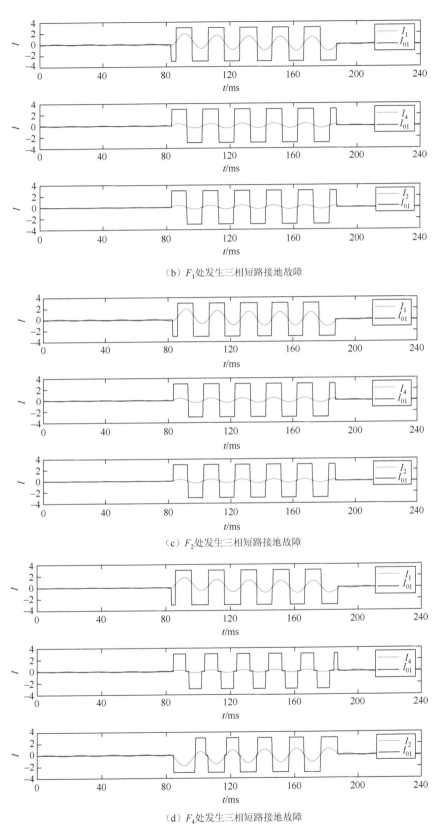

（b）F_1 处发生三相短路接地故障

（c）F_2 处发生三相短路接地故障

（d）F_4 处发生三相短路接地故障

图 4.45　电流变换（ABC 三相接地短路故障）

在不同位置设置各种故障，表 4.11 列出了 BC、BE 的保护动作情况。表中，"0"表示保护不动作，"1"表示保护动作。

表 4.11　不同故障仿真结果

故障位置	故障类型	14 判断结果	12 判断结果	24 判断结果	保护动作
F_1	AB	1	1	1	1
	ABN	1	1	1	1
	ABC	1	0	0	1
F_2	AB	0	1	1	1
	ABN	1	1	1	1
	ABC	1	1	1	1
F_3	AB	0	1	0	0
	ABN	0	1	0	0
	ABC	0	1	0	0
F_4	AB	1	0	0	0
	ABN	1	0	0	0
	ABC	1	0	0	0

当区内外发生不同类型故障时，差动保护均能可靠动作；当系统发生区外故障时，测量装置仍能正确检测到电流量的变化，此时差动电流非常小，保护能可靠不动作。

参 考 文 献

[1] 李振兴. 智能电网层次化保护构建模式及关键技术研究[D]. 武汉：华中科技大学, 2013.

[2] 邓靖雷. 计及通信约束的区域保护可靠性分析与改进差动保护研究[D]. 宜昌：三峡大学, 2019.

[3] 陈国炎. 广域后备保护原理与通信技术研究[D]. 武汉：华中科技大学, 2012.

[4] 李丰，王来军，文明浩，等. 广域后备保护智能跳闸策略研究[J]. 电力自动化设备, 2011, 31（6）：84-89.

[5] 汪华，张哲，尹项根，等. 基于故障电压分布的广域后备保护算法[J]. 电力系统自动化, 2011, 35（7）：48-52.

[6] 何志勤，张哲，尹项根，等. 基于故障电压比较的广域后备保护新算法[J]. 电工技术学报, 2012, 27（7）：274-283.

[7] 李振兴，尹项根，张哲，等. 基于序电流相位比较和幅值比较的广域后备保护方法[J]. 电工技术学报, 2013, 28（1）：242-250.

[8] 张爱会，周良才. 变电站集中式后备保护[J]. 电力自动化设备, 2009, 29（6）：1-5.

[9] 李振兴，望周丽，刘颖彤，等. 基于整形变换降容的电流差动保护原理与实现[J]. 电力系统保护与控制, 2022, 50（2）：77-85.

[10] 褚旭，孙锦琛. 直流输电线路单极故障不平衡电流分析及差动保护改进方案[J]. 电力系统保护与控制, 2021, 49（2）：47-56.

[11] 李海锋，祝新驰，梁远升，等. 基于电流控制补偿的高压直流线路快速差动保护[J]. 电力系统自动化, 2021, 45（11）：111-119.

[12] 刘颖彤. 基于故障元件判别的广域继电保护算法研究[D]. 武汉：华中科技大学, 2013.

第5章 基于多信息融合的区域保护原理

无论是站域保护还是广域保护，最终的目的都是利用多源信息（超出了常规继电保护所采用的单元式就地信息）构建新型继电保护，以解决当前继电保护存在的原理问题和系统设计复杂问题。目前对于利用多信息构建新型继电保护的研究大致可以分为两类：一类是继电保护构建模式的研究，这部分在前几章已详细阐述；另一类是继电保护功能的研究，研究重点集中在如何利用冗余信息去改进传统继电保护系统。这些改进不单指继电保护在经济、运行和工程维护等方面，主要是以解决常规继电保护存在问题为目的的继电保护性能改进，其中基于多信息的故障元件判别算法是关键[1, 2]。

广域保护依赖通信系统，当前技术条件下工程应用存在难度，因此研究适用于工程应用的故障算法至关重要。新的故障判别算法应能够克服传统继电保护的问题，特别是整定配合、动作速度、保护误动等方面。广域保护范围广，容量大，其保护算法的容错性有待进一步提高。

基于以上分析，本章主要研究内容如下。

（1）研究基于纵联通道的站域距离保护，能够简化整定配合，加快动作速度，且易于工程实现。

（2）研究基于纵联通道的站域零序电流保护，选择性好，动作速度快，且易于工程实现。

（3）研究基于集中决策的距离保护，信息冗余性强且集中，更好地实现整定配合简化，加快动作速度。

（4）研究基于故障信息测度的故障判别算法，提高信息容错能力。

5.1 基于多源信息的故障元件判别原理和实现方案

5.1.1 基于多源信息的距离保护

距离保护作为线路后备保护的主要保护，依靠复杂的阶梯形定值和延时配合实现各条线路的近后备保护和远后备保护。随着电网结构的复杂程度加大，常规距离保护（主要指距离Ⅱ段、距离Ⅲ段保护）的应用遇到越来越多的问题，给继电保护工作人员带来很大不便，总结如下。

（1）基于阶梯式整定定值的常规距离保护配合复杂，动作延时长。

（2）常规距离保护动作没有明确的选择性，必须依靠定值和延时配合实现选择性。例如，距离Ⅱ段为保护全线，必须超范围整定。

（3）目前采用的离线整定模式只是依据有限的运行方式。特别是现代电网运行方式复杂多变，离线整定的定值不能适应所有的运行方式。

（4）距离Ⅲ段为保证灵敏度，提高耐过渡电阻能力，一般区域较大，但在发生大范围潮流转移时，易引起保护误动，进而引发大范围的连锁跳闸事故，也是引起大停电事故的因素之一。

针对目前距离后备保护存在的问题，一些学者和电力工作者也采用了相应的对策，但也存在一定缺陷，具体如下。

（1）加强主保护，简化后备保护。但主保护拒动，远后备保护延时长，跳闸范围大。

（2）改变Ⅲ段距离保护动作特性，采用抛圆特性、椭圆特性等做法避免潮流转移时保护误动。但延时长的问题仍没有解决，同时耐过渡电阻能力下降。

（3）基于在线自适应整定，适应不同运行方式，提高距离保护灵敏度。但复杂的整定配合，延时长的问题没有解决，同时在线实时计算增加实现难度。

本书提出，基于常规距离保护原理，利用集中的多源距离保护计算结果综合决策，既能够解决延时长的问题，又不需要复杂的配合[3, 4]。

1. 基于纵联信道的站域距离保护方案

站域保护以本站信息为主，但基于变电站集中式广域保护构建模式，站域保护间可以借助传统纵联保护信道传输少量的远方故障辨识信息，增加站域保护的信息冗余性，提高故障判断能力[5, 6]。类似于纵联距离保护比较原理，基于多源距离保护计算信息的综合判断，不需要距离保护的复杂定值整定与延时的逐级配合，就能够实现快速的后备保护动作。

在确定故障判据前，需要先辨识站域距离保护故障方向。一般来讲，高压系统保护装置采用双重化配置，站域保护在获得双重化保护装置 R1/R2 多保护动作信息后，以一条线路为例，通过图 5.1 所示逻辑判断，故障方向信息为"故障正方向"；非故障方向信息为"故障反方向"；信息通过简单的数字量表示后可通过传统纵联保护信道与相邻变电站通信。

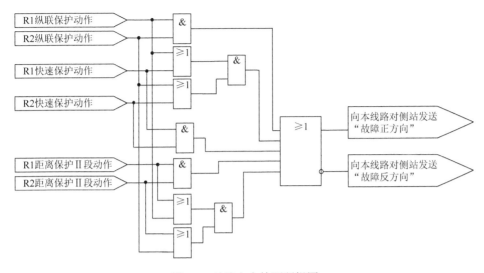

图 5.1　故障方向检测逻辑图

由图 5.1 可知，故障方向检测采用了多种保护动作信息的综合判断，既能防止一种保护拒动造成站域保护拒动，又能防止一种保护误动后，误给对侧发送"故障正方向"信息，进而防止保护误动，提高保护可靠性。

1）近后备保护

作为线路故障后主保护拒动时的后备保护，需要利用线路两端的信息进行综合判断。以一条线路为例，其线路故障后故障判断逻辑如图 5.2 所示。

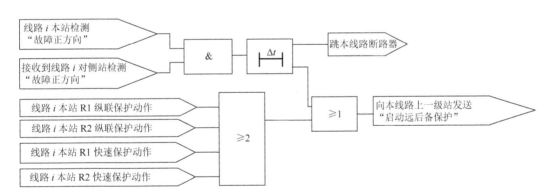

图 5.2　近后备保护故障判断逻辑图

由图可知，任一站同时接收到线路两端"故障正方向"信息则直接判断线路故障。同时，在检测出线路故障后，经延时发出跳闸信息的同时，也给上一级线路保护发送"启动远后备保护"信息，简化常规远后备保护的阶梯整定和延时配合。

2）远后备保护

作为下一级线路发生故障时的远后备保护。站域保护针对本站各线路，接收各自下一级线路的启动远后备保护信息，并结合本站距离Ⅲ段保护动作情况，实现远后备保护功能。以一条线路为例，其故障判断逻辑如图 5.3 所示。

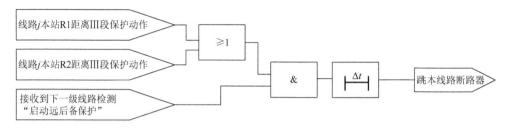

图 5.3 远后备保护故障判断逻辑图

由图 5.3 可知，距离Ⅲ段保护必须在接收到启动本线路远后备保护信息后方能动作。该方法大范围潮流转移时，由于不能接收到启动远后备保护动作信息，保护不会误动。

实现上述近后备保护和远后备保护各需要与远端通信一次，借助当前纵联保护信道，由于仅传送简单的信息，在目前的工程条件下容易实现。整个保护信息传输过程如图 5.4 所示。

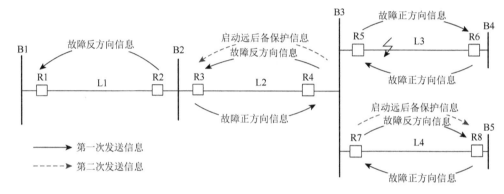

图 5.4 变电站信息传输示意图

相比传统距离保护，总结基于纵联信道实现的站域距离后备保护具有如下优点[7, 8]。

（1）整定无须配合。近后备保护时，距离保护可以基于保证灵敏度的倒整定方式，不需要配合。

（2）提高灵敏度。基于本站就地信息的传统距离保护Ⅲ段保护灵敏度受助增电流影响，助增电流过大会导致距离Ⅲ段作为远后备保护灵敏度不足。基于站域距离保护的远后备保护方案，在距离Ⅲ保护动作与收到"启动远后备保护信息"共同满足时站域保护才会动作，保护动作的条件主要限制了故障点的方向，故可放宽距离Ⅲ段保护整定条件，提高灵敏度。

（3）加快后备保护的动作时间。近后备保护延时按照一个时限阶段整定，推荐值为 0.5 s，远后备保护与近后备保护配合，按照两个时限阶段整定，推荐值为 0.5～1.0 s。相比传统距离保护，站域距离后备保护明显提高了动作速度。

（4）不受潮流转移影响。距离Ⅲ段保护作为远后备保护功能，尽管保护区域较大，但在收到"启动远后备信息"后方可动作，即保护范围仅限于下一条线路，保护判据不受系统潮流转移的影响。

（5）基于传统纵联保护信道传输变电站故障辨识信息，信息量少，易于工程实现。

2. 基于集中决策的区域距离保护方案

区域距离保护是利用广域保护决策中心获取的区域内多源距离保护动作信息集中决策，基于故障区域范围内对应多种保护动作范围的重叠原理，综合实现故障元件判别。根据采用的信息不同，可以将保护对象划分为不同的保护信息区域（signal area，SA），如图 5.5 所示线路 L1。信息区域由三部分组成：保护对象本身信息构成的区域为最小信息区域 SA1；利用线路两端站域信息构成中间信息区域 SA2；利用线路上一条线路的远后备保护信息构成最大信息区域 SA3。

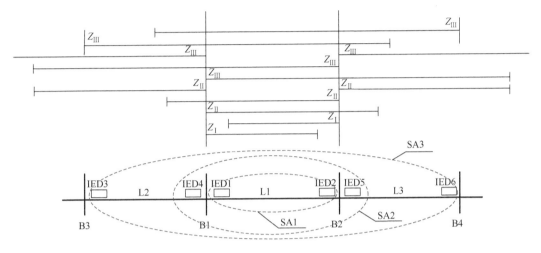

图 5.5　区域距离保护信息区域图

线路故障时区域距离保护判据分析（以线路 L1 为例）：

（1）由 SA1 信息构成线路 L1 的近后备保护判据：

$$R_{AV1} = (Z_{I\_1} \bigcup Z_{I\_2}) + (Z_{II\_1} \bigcap Z_{II\_2}) + (Z_{III\_1} \bigcap Z_{III\_2}) \tag{5.1}$$

式中：R_{AV1} 为近后备保护判据 1 的判断结果，大于 0 即表示线路发生故障，延时一个时间阶段跳线路 L1；Z_{I_1}、Z_{II_1}、Z_{III_1} 分别为 IED1 的距离 I、II、III 段的保护动作值；其他元件命名规则相同。判据 1 采用了线路两端距离 I、II 段的保护动作值进行综合判别，基于保护范围重叠原理，在线路 L1 发生故障时，R_{AV1} 一般等于 3 或者 4，如果利用双重化装置信息进行综合判断，R_{AV1} 值可以得到更大的结果，能够快速地实现故障判断，且原理简单，具有多信息容错功能。

（2）由 SA2 信息构成线路 L1 的近后备保护判据。理论上由 SA1 信息可以快速判断故障，但在两端任一保护装置因测量回路或硬件故障等造成装置失效时，式（5.1）性能明显下降。基于中间信息区域 SA2，可以利用信息共享技术，获得站域信息，实现进一步的近后备保护判据：

$$R_{AV2} = (Z_{II\_1} \bigcap \overline{Z_{II\_5}}) + (Z_{II\_2} \bigcap \overline{Z_{II\_4}}) \tag{5.2}$$

式中：R_{AV2} 为近后备保护判据 2 的判断结果，大于 0 即表示线路发生故障，延时一个时间阶段跳线路 L1。由图 5.5 可知，判据 2 的故障判断包含了母线故障，但考虑到广域保护作为后备保护，在母线发生故障后应该早已切除，所以并不影响线路的判断，即使最严重的情况，母线故障没有及时切除，也应该保护动作为出口。

（3）由 SA3 信息构成线路 L1 的远后备保护判据。远后备保护从信息上讲主要针对上游变电站线路保护，而从保护对象上讲主要是保护故障元件发生变电站直流故障和保护失灵两种情况。以线路 L1 单侧 IED1 为例，说明远后备保护判据：

$$R_{\text{AV3}} = Z_{\text{III\_3}} \cap \overline{Z_{\text{II\_4}}} \cap \overline{Z_{\text{II\_5}}} \tag{5.3}$$

$$R_{\text{AV4}} = Z_{\text{III\_3}} \cap ((R_{\text{AV1}} + R_{\text{AV2}} + R_{\text{AV3}}) > 0) \tag{5.4}$$

式中：R_{AV3}、R_{AV4} 分别为 IED1 保护失灵和变电站直流故障远后备保护判据的判断结果。虽然两个判据都作为远后备，但跳闸对象不一样：当 R_{AV3} 大于 0 时，延时一个时间阶段跳线路 L1；当 R_{AV4} 大于 0 时，延时两个时间阶段跳线路 L2。这里使用距离Ⅲ段保护动作信息，但并不是直接跳闸，而是结合远端动作信息综合判断，故可以避免潮流转移时保护的误动。

基于保护判据，结合电网网络拓扑，区域距离保护的实现方法如下。

广域保护决策中心完成基于多信息的故障元件识别功能，研究的保护对象是输电元件，利用的信息来自以保护对象为中心的不同信息域，信息域确定后即可实现区域距离保护[9-11]。实际上广域电网运行结构变换频繁，运行工况的变化引起距离保护信息域的变化，很难实现如式（5.1）～式（5.4）所示的固有判据。因此，广域保护系统根据电网拓扑结构自动生成区域内各保护对象的信息拓扑树，如图 5.6 所示，保护对象为树根，其他相邻元件为树枝，以树枝的 IED 为节点建立多层信息域。广域保护的保护系统基于信息拓扑树的多层信息域搜索来构建区域距离保护的判据[12]。

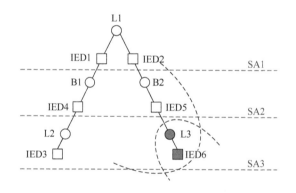

图 5.6　信息拓扑树

如图 5.6 所示 L3 为分区域交互重叠区，IED6 的传输信息为两个区域间的交互信息。与其他 IED 相比，IED6 通信复杂，但考虑到仅需要距离Ⅲ段保护动作信息，故在工程上很容易实现。

如图 5.6 所示，根据信息拓扑树知识，在线路 L1（树根）故障启动后，分三步搜索实现保护判断。

（1）首先由 SA1 区域所有 IED 的距离Ⅰ段或距离Ⅱ段动作信息，基于式（5.1）共同构成保护判据，如果判据动作则发跳闸 L1 命令，否则执行第（2）步。

（2）依次搜索 SA1 区域树枝上的 IED，如果检测到 IED 距离Ⅱ段的动作信息，再搜索 SA2 区域另外树枝上所有的 IED 对应的距离Ⅳ段不动作信息，基于式（5.2）共同构成保护判据，如果判据动作则发跳闸 L1 命令，否则执行第（3）步。

（3）依次搜索 SA3 区域树枝上的 IED，如果检测到 IED 距离III段的动作信息，再搜索 SA2 区域所有树枝上的 IED 对应距离 II 段不动作信息，基于式（5.3）共同构成保护判据，如果判据动作则发跳闸 L1 命令，否则保护返回。

（4）如果前面任一综合判据保护动作或主保护动作，再次检查 SA3 区域树枝上的 IED 距离III段的动作信息，如果两者均满足则延时跳 SA3 区域 IED 对应断路器。

5.1.2　基于纵联信道的站域零序电流保护

高压输电系统为大电流接地系统，通常同时采用距离保护和零序电流保护作为线路后备保护。据规程规定，传统零序电流保护一般为四段式，各段均可分别经零序功率方向元件控制，若仅通过电流定值也能保证选择性时，则不宜经方向元件控制。在实际应用中，由于接地距离元件动作速度较快，受系统运行方式的影响较小，整定计算相对零序电流保护而言简单许多，故在配置有接地距离保护的场合时，零序电流保护基本作用已退化为主要用于反映单相高阻接地故障。为简化在复杂环网中零序电流保护的整定配合，工程上，常将零序电流保护 I 段和 II 段停用，只保留用于反映高阻接地故障的零序III段和IV段。零序电流III段定值一次值取 500 A，带方向，动作时间取 4 s；零序电流IV段定值一次值取 300 A，不带方向，动作时间取 4.5 s。为了不影响零序电流III段保护动作性能，零序功率方向元件要有足够的灵敏度，在保护末端故障时，零序电压不应小于方向元件最低动作电压的 1.5 倍，零序功率不小于方向元件最小动作功率的 2 倍。

由以上整定方法可知，零序电流保护III段和IV段并不是逐级配合整定的，而是全网统一定值、统一时限，靠自然分流来保证选择性。这种方式存在的突出问题是，在一定的分流条件下可能存在多处保护都达到整定值、同时跳闸、扩大停电范围的问题，零序保护的选择性无法保证。此外，在高阻接地时，零序电压一般较小，零序方向元件可能存在灵敏度不足，零序III段配置功率方向元件的作用有限，影响保护性能。而依据零序方向比较确定故障方向的多信息零序保护实现也存在困难。

因此，本节提出一种基于纵联信道的站域零序电流保护算法。站域保护通过本站通信网络采集本站各进出线零序电流及其IV段保护的动作信息，据此对动作后的本站进出线零序电流进行比较，辨识故障方向，并将故障方向结果通过纵联信道传送至相邻变电站。然后，基于纵联故障方向比较识别故障元件，实现零序电流保护有选择性跳闸[13]。

1. 故障方向判断

当系统发生接地故障时，基于零序网络分析零序电流的流向，如图 5.7 所示。

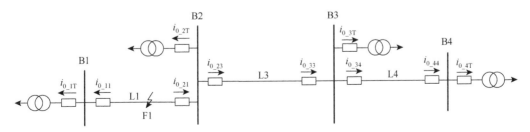

图 5.7　F_1 接地故障时零序电流分布图

由图 5.7 可知，当系统 F_1 点发生接地故障时，以母线 B2 为例，与母线相连的各分支均有零序电流流过，但零序网络是单电源网络，基于网络拓扑，可通过对同一节点各零序电流Ⅳ段保护动作的支路零序电流幅值比较，直接判断出各线路的故障方向。如式（5.5）所示，任一支路 i 满足支路零序电流大于其他支路零序电流的 1.2 倍，则支路 i 为故障方向（节点指向支路），其他支路为非故障方向。

$$\begin{cases} I_{0\_k} > I_{04\mathrm{dz}}, & k=1,2,\cdots,N \\ I_{0\_i} > 1.2 \times \overset{N}{\underset{j=1,j\neq i}{\forall}} i_{0\_j} \end{cases} \tag{5.5}$$

式中：$I_{04\mathrm{dz}}$ 为零序四段保护动作定值。

但对于进出线中存在同杆双回线的变电站，当双回线路上发生故障时，可能出现两条或三条进出线零序电流均较大的情况，导致上述判据失效。如图 5.8 所示，在系统 F_2 点发生接地故障时，以母线 B2 为例，如果 B1 站连接变压器的零序阻抗较大，i_{0_2T} 会分得较大零序电流，且可能会出现大于 1.2 倍其他支路电流；如果 B1 站连接变压器零序阻抗较小，i_{0_21} 会分得较大电流，也可能会出现大于 1.2 倍其他支路电流。

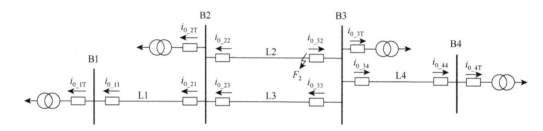

图 5.8 F_2 接地故障时零序电流分布图

针对系统中同杆双回线路的情况，首先将两条线路看成一条线路，即将 $i_{0\_22}+i_{0\_23}$ 作为一个支路电流进行比较，如果满足式（5.5），则认为该支路为故障方向；如果不满足，将两条线路依旧看成两个分支，按照式（5.5）进行故障方向判断。

此外，若故障点位于长线路末端，可能造成远离故障点侧的零序分流较小，可能会出现线路一端判断为故障方向，另一端零序电流Ⅳ段没有启动，这种情况下则可直接判断为该支路故障。

2. 故障判断流程

基于故障方向判断结果，结合电网拓扑，可确定基于多信息零序电流保护的判断流程，如图 5.9 所示。

相比传统零序保护，基于纵联信道的站域零序电流保护具有如下优点：无须定值配合，具有明确的选择性，避免零序方向元件因低电压灵敏度不足的拒动，加快后备保护的动作速度。

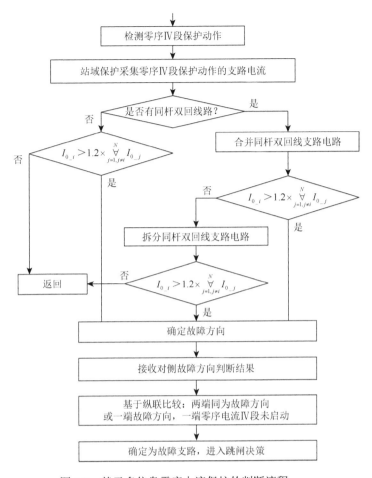

图 5.9　基于多信息零序电流保护的判断流程

5.2　基于故障信息测度的信息容错算法

充分利用广域范围内的冗余测量信息进行故障判别是实现广域保护的基本思路,考虑到广域信息在测量、判断和传输过程中可能出现的信息缺失或信息错误,本节提出基于故障信息测度的信息容错算法,通过建立多信息融合的适应度函数模型,利用信息的冗余性和它们之间的逻辑关系,识别故障的输电线路。

5.2.1　信息综合适应度模型的确立

1. 故障判别编码

故障判别的目的是在输电系统发生故障时识别出故障元件以实现快速切除故障,在软件实现上也就是将输电系统元件作为故障判别的对象进行 0-1 状态编码(0 表示正常状态、1 表示故障状态),通过对广域范围内所有保护对象元件的状态编码组成的数字串(即故障判别编码)进行故障判别计算,求得最优识别编码表示广域保护故障判别的决策解,解的 1 状态位对应系统的故障元件。

理论上，输电系统各元件均可能发生故障，N 个元件可组成 2^N 组故障判别编码，如图 5.10 所示为广域电网系统。

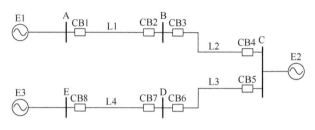

图 5.10 广域电网系统结构图

图 5.10 中，输电系统元件含母线（A、B、C、D、E）和线路（L1、L2、L3、L4），可形成 512 组故障判别编码，如果所有故障判别编码都进行故障判别计算，则广域保护的快速性较难实现。实际上，系统同时发生多处故障的可能性很小，广域保护在实现上仅需分别对输电系统单个元件故障编码，形成 N 组故障判别编码，每组编码仅有一位"1"状态位，其对应的元件称为该元件的故障编码，如表 5.1 所示，可大大减小广域保护系统的计算量。

表 5.1 故障判别编码

序号	故障判别编码								
	A	B	C	D	E	L1	L2	L3	L4
1	1	0	0	0	0	0	0	0	0
2	0	1	0	0	0	0	0	0	0
3	0	0	1	0	0	0	0	0	0
4	0	0	0	1	0	0	0	0	0
5	0	0	0	0	1	0	0	0	0
6	0	0	0	0	0	1	0	0	0
7	0	0	0	0	0	0	1	0	0
8	0	0	0	0	0	0	0	1	0
9	0	0	0	0	0	0	0	0	1

2. 适应度函数数学模型

基于信息融合的适应度函数数学模型的构建目的是利用广域故障信息对每组编码的性能进行评价，适应度函数的好坏直接影响最终的判断结果，且具有不同的容错能力。针对广域保护实现广域范围的后备保护，一方面是广域保护在常规主保护失效时能够快速切除故障，另一方面是广域保护在系统发生非预设的运行工况变化、潮流转移或区外故障时能够不误动作[14]。因此，适应度函数的建立应考虑以下几个方面。

（1）基于广域范围内的故障信息选取。建立多信息融合的适应度函数必须充分利用信息相互独立、灵敏度和可靠性都较高的保护动作信息，考虑到广域保护动作速度较常规主保护慢但应比常规后备保护特别是远后备保护快，且基于纵联或就地信息的常规保护原理较为成熟可靠，本节研究广域保护采用基于常规保护原理的主保护信息和后备保护信息（无延时的后备保护动作信息）以快速实现故障元件识别，同时可充分利用双重化保护装置的动作信息实现冗余信息的相互独立性。

（2）保护动作系数。考虑系统故障时基于不同保护原理的保护动作信息、动作灵敏度均不同，如果同等看待则不能够体现主要保护信息的重要性。本节研究引入保护动作系数，在建立适应度函数时不仅区分主保护、后备保护动作信息，同时也考虑主保护与后备保护之间的逻辑关系及保护范围。

（3）容错能力。基于广域信息的故障判别，必须考虑信息缺失或信息错误给保护判断带来的影响。在构造适应度函数时，采用包括主保护、近后备快速保护、灵敏度较高的距离Ⅱ、Ⅲ段保护及基于零序电流幅值比较的故障方向判断信息等多信息或双重化保护配置的保护信息进行融合计算，利用众多信息对故障判别的支持及对错误信息的排斥，在有限信息错误或信息缺失时利用故障元件编码适应度的变化特性，实现故障元件识别的高容错性。

基于上述分析，构造系统故障时的适应度函数如式（5.6）所示，它反映最优编码对应的适应度最小。

$$
\begin{aligned}
E(X) = {} & \omega_A \sum_{j=1}^{N_A} \left| A_j - A_j^* \right| + \omega_B \sum_{j=1}^{N_B} \left| B_j - B_j^* \right| + \omega_C \sum_{j=1}^{N_C} \left| C_j - C_j^* \right| + \omega_D \sum_{j=1}^{N_D} \left| D_j - D_j^* \right| \\
& + \omega_E \sum_{j=1}^{N_E} \left| E_j - E_j^* \right| + \omega_F \sum_{j=1}^{N_F} \left| F_j - F_j^* \right|
\end{aligned}
\tag{5.6}
$$

式中：$E(X)$ 为故障判别编码所对应的适应度；A_j、A_j^* 分别为各变电站线路主保护实际状态和期望状态（0 表示正常状态，1 表示故障状态）；B_j、B_j^* 分别为各变电站线路距离Ⅰ段、突变量距离等不能保护线路全长但可直接判断保护对象故障的保护实际状态和期望状态；C_j、C_j^* 分别为各变电站线路距离Ⅱ段等能保护线路全长但不能直接判断保护对象故障的保护实际状态和期望状态；D_j、D_j^* 分别为各变电站站域保护基于多信息零序电流保护的实际状态和期望状态；E_j、E_j^* 分别为各变电站 IED 配置的距离Ⅲ段等远后备保护的实际状态和期望状态；F_j、F_j^* 分别为线路失灵保护的实际状态和期望状态；N_A、N_B、N_C、N_D、N_E、N_F 分别为保护总数目；ω_A、ω_B、ω_C、ω_D、ω_E、ω_F 分别为保护动作系数。

保护动作系数是基于保护元件的选择性和保护范围来确立的，本节将适应度函数使用的保护元件分为三类：第一类是保护具有明确选择性，其动作系数确立为 1；第二类是保护不具有明确的选择性，但作为近后备保护可以明确保护本线路全长，其动作系数确立为 1/2；第三类是保护不具有明确的选择性，但作为远后备保护可以明确保护下一条线路全长，其动作系数确立为 1/3。为减小保护系统的计算量，将分数系数化简为整数系数，可得到式（5.6）中 ω_A、ω_B、ω_C、ω_D、ω_E、ω_F 的值分别为 6、6、3、2、2、6。

3. 期望函数数学模型

适应度函数中保护测量信息的实际状态均由决策中心通过系统通信实时获得；适应度函数中保护动作信息的期望状态由期望函数模型计算得到。

期望函数建立的好坏直接影响适应度函数建立的成功与否，本节研究的期望函数模型是基于广域故障判别编码（如表 5.1 编码 X）所体现的电网系统故障发生的元件（即编码解对应的元件 X_i），结合系统结构和常规主/后备保护原理的动作逻辑及保护范围共同构建的，体现了保护元件可靠动作性能。其通用表达式如下：

$$A_j^* = X_i \tag{5.7}$$

$$B_j^* \bigcup B_{j\pm1}^* = X_i \tag{5.8}$$

式中：$B_{j\pm1}^*$ 为 B_j^* 对端保护。

$$C_j^* = X_i \bigcup X_{ltb} \tag{5.9}$$

$$D_j^* = \begin{cases} 1, & \sum(-1)^n X_i > 0 \\ -1, & \sum(-1)^n X_i < 0 \\ 0, & \sum(-1)^n X_i = 0 \end{cases} \tag{5.10}$$

式中：如果 X_i 是断路器 j 的反方向元件，则 $n=1$，否则 $n=0$。

$$E_j^* = X_i \bigcup X_{ltb} \bigcup X_{nl} \bigcup X_{nltb} \tag{5.11}$$

$$F_j^* = (A_j \bigcup B_j) \bigcap S_j \tag{5.12}$$

X_i 确定断路器失灵保护的期望状态要比确定其他保护的期望状态复杂，这是由于失灵保护是一个与跳闸回路和操作机构有关的保护，所以不能由故障判别编码确定，必须借助快速保护的动作信息及断路器的位置进行期望状态估计。其中：X_i 为保护对象的故障判别编码解；X_{ltb}、X_{nl}、X_{nltb} 分别为线路末端母线、下一条线路及其末端母线的编码；S_j 为保护对象的断路器位置（1 表示合位，0 表示分位）。

5.2.2 故障信息测度的定义

对应不同的故障判别编码可以得到不同的适应度，有文献采用遗传算法等技术对随机产生众多组编码按照适应度最优方向进行智能操作计算，寻求最优解即为系统故障元件的故障判别编码。但这种处理随机性很大，同时存在收敛约束问题[15, 16]。本节分别按照表 5.1 所示组成的故障判别编码，计算它们的适应度，再根据适应度的特点来分析故障判别算法。

以图 5.10 系统为例，正常运行时，各继电保护的实际信息均为零，计算此时各组编码的适应度，如表 5.2 所示。

表 5.2 正常运行时各组故障判别编码的适应度

序号	1	2	3	4	5	6	7	8	9
适应度值	45	50	52	50	45	62	64	64	62

当系统发生故障时，由于故障元件的实际信息和期望信息一致，其对应故障判别编码的适应度会大幅下降，而与故障元件相关联的元件因在故障元件的后备保护范围内，其对应初始解的适应度会出现小幅下降；与故障元件不相关联的元件由于实际信息和期望信息不一致，其对应初始解的适应度不会减小。

因此，在保护稳态启动后，可以实时监视各组故障判别编码适应度减小的情况，当适应度减小到一定程度时，则判断其对应故障元件发生故障。

为了更好地说明故障元件识别算法，通过比较正常运行时和故障时故障判别编码的适应度，引入故障信息测度（information measure，IM）的概念，令

$$\begin{cases} E_{si} - E_i > 0 \\ \mathrm{IM}_i = (E_{si} - E_i) \times 100\% / E_{si} \end{cases} \tag{5.13}$$

式中：E_{si} 为表 5.2 所示各组识别编码适应度；E_i 为实时计算的各组识别编码适应度；IM_i 为各组识别编码故障信息测度。IM_i 越大说明该故障判别编码越趋于最优，即其对应故障元件发生故障的可能性最大。

5.2.3　故障元件判别算法

1. 信息错误对故障判别的影响分析

理论上，系统发生故障时广域信息完全正确，发生故障的元件对应的故障判别编码的适应度最小，故障信息测度最大，很容易识别故障元件[17]。表 5.3 的计算结果可说明这一点。

表 5.3　广域信息完全正确时各组编码的故障信息测度

元件	故障信息测度/%								
	1	2	3	4	5	6	7	8	9
A	100	14	0	0	0	40	0	0	0
B	4	100	12	0	0	32	38	0	0
C	0	8	100	8	0	0	34	34	0
D	0	0	12	100	4	0	0	38	32
E	0	0	0	14	100	0	0	0	40
L1	18	16	0	0	0	100	0	0	0
L2	0	20	19	0	0	0	100	0	0
L3	0	0	19	20	0	0	0	100	0
L4	0	0	0	16	18	0	0	0	100

实际上，受信息缺失或信息错误的影响，故障元件实际信息和期望信息并不完全一致，如图 5.11 所示，此时的适应度也不再为零，即故障信息测度下降。

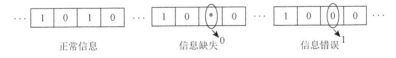

图 5.11　信息错误处理方式

表 5.4 显示 L1 故障编码在随机 10 位信息缺失情况下的 5 次实验故障信息测度的计算结果。

表 5.4　广域信息缺失时各组编码的故障信息测度

序号	故障信息测度/%								
	1	2	3	4	5	6	7	8	9
1	14	14	0	1	0	90	0	2	0
2	5	8	2	0	0	77	2	0	6

序号	故障信息测度/%								
	1	2	3	4	5	6	7	8	9
3	27	24	0	0	6	87	0	0	3
4	11	18	0	4	0	85	5	1	0
5	24	20	1	0	2	89	1	0	2

表 5.5 显示 L1 故障编码在随机 10 位信息错误情况下的 5 次实验故障信息测度的计算结果。

表 5.5 广域信息错误时各组编码的故障信息测度

序号	故障信息测度/%								
	1	2	3	4	5	6	7	8	9
1	8	5	1	2	0	58	0	1	0
2	1	1	2	1	2	61	0	0	3
3	2	0	1	3	0	56	1	0	0
4	5	1	0	2	1	37	0	2	0
5	3	2	1	0	2	42	2	0	1

从信息缺失状态的处理可知，实际 1 状态视 0，0 状态也视 0，相当于对故障元件视为保护拒动，对正常元件不产生影响，而当信息错误时，1 状态视 0，0 状态视 1，对正常元件视为保护误动，对故障元件视为拒动，所以信息错误较信息缺失影响更大，表 5.4 和表 5.5 也可说明这一点。

2. 故障判别方法及保护判据

1）直接比较法

在信息完全正确或较少信息错误时，故障元件对应的故障信息测度相对较大，通过直接比较（直接与一个固定门槛值比较），可以迅速检测故障元件。

2）排序比较法

受信息缺失或信息错误的影响，故障元件的故障信息测度减小，当其降低到一定程度时，采取直接比较法很难设定比较门槛值。

从式（5.6）适应度函数可以看出，由于适应度计算采用了近后备保护信息及远后备保护信息，故障元件的相邻元件在后备保护动作信息的影响下，其适应度值也会降低，故障信息测度相对也较大，而远离故障元件的故障信息测度相对较小。因此，可以通过比较不同元件故障信息测度的大小来检测故障元件。首先，通过排序比较保护区域内各元件的故障信息测度，最大信息测度对应的编码视为最可能发生故障的元件编码，次最大编码视为最大元件的相邻元件编码，再通过拓扑比较，当其与排序比较结果一致时，则可判断最大信息测度对应的元件为故障元件[18]。表 5.6 显示 L1 故障编码的信息完全正确、信息缺失、信息错误三种情况第一次的实验排序结果。

表 5.6　故障信息测度排序

序号		排序结果								
1	测度	100	40	14	0	0	0	0	0	0
	编码	1	6	2	3	4	5	7	8	9
2	测度	90	4	4	0	0	0	0	0	0
	编码	6	1	2	3	4	5	7	8	9
3	测度	58	0	0	0	0	0	0	0	0
	编码	6	1	2	3	4	5	7	8	9

从表 5.6 可以看出，前两组结果都能通过比较最大值和次最大值，结合拓扑关系检测故障元件。事实上基于拓扑比较难以实现，从继电保护工程的角度，可利用最大信息测度与次最大信息测度的测度差来判断故障元件。

3）保护判据

综合两种故障判别方法，保护判据可由式（5.14）表示：

第一式　　　　第二式

$$(IM_i > IM_{Set1}) \cup \left(\left(IM_i - \bigvee_{j=1, j \neq i}^{N} IM_j \right) > IM_{Set2} \right) \quad (5.14)$$

式中：IM_i 为各编码的故障信息测度；IM_{Set1}、IM_{Set2} 为保护定值，按照保护能够容错程度整定，IM_{Set1} 基于式（5.14）第一式在发生 M 个信息缺失时仍能够正确动作整定，IM_{Set2} 基于式（5.14）第二式在发生 N 个信息错误时仍能够正确动作整定。另外，M、N 均可以根据广域通信错误率统计结果得到，本节按照 $M=N=10$，推荐 IM_{Set1} 整定 70%，IM_{Set2} 整定 30%。

故障判别具体实现方法流程图如图 5.12 所示。

5.2.4　算例分析

基于多信息的距离保护和零序电流保护主要改变了传统距离保护和零序电流保护实现的逻辑，其保护原理并没有发生变化，本书不对其保护动作进行仿真分析。下面主要针对基于故障信息测度的容错算法进行仿真验证。首先利用电磁暂态仿真软件 PSCAD/EMTDC 搭建的 IEEE 10 机 39 节点电网系统模型进行仿真。仿真系统的单线图及其支路编号如图 5.13 所示。

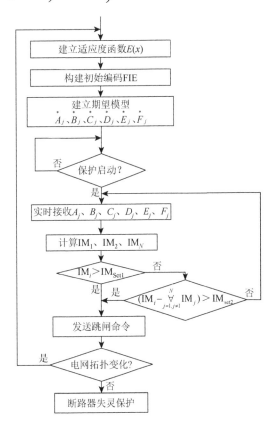

图 5.12　故障判别实现方法流程图

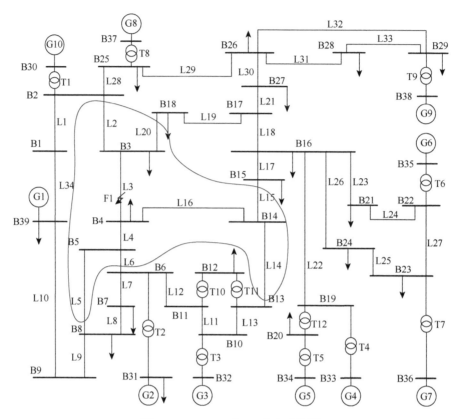

图 5.13   IEEE 10 机 39 节点系统图

按照大电网分区原则，本书未获取整个 39 节点信息，以图 5.13 所示 L3 的保护区域为仿真对象。在线路 L3 发生故障时，采集区域内各节点的常规保护动作信息，并就不同信息缺失或信息错误情况进行仿真。仿真时，随机改变 1、5、8、10 位动作信息模拟信息缺失或信息错误，通过适应度函数计算区域内各个保护对象元件的故障信息测度，每种仿真试验 100 次，统计试验结果的最大值（Max）、最小值（Min）及平均值（Mean）。

（1）当保护区域没有故障时，期望故障信息均置零，检测信息错误对故障信息测度的影响，如图 5.14 所示。

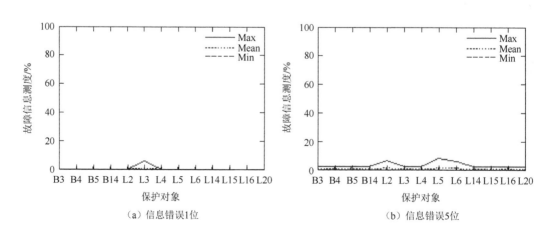

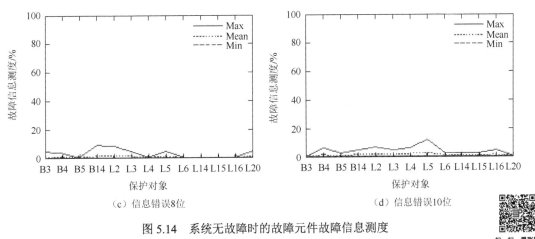

（c）信息错误8位　　　　　　　　　（d）信息错误10位

图 5.14　系统无故障时的故障元件故障信息测度

　　仿真结果显示，在没有故障的情况下，通过信息容错，即使在多位信息错误的情况下，也能避免保护误动作。

　　（2）当保护区域线路 L3 发生故障时，检测信息缺失或信息错误对被保护元件的故障信息测度的影响，如图 5.15 和图 5.16 所示。

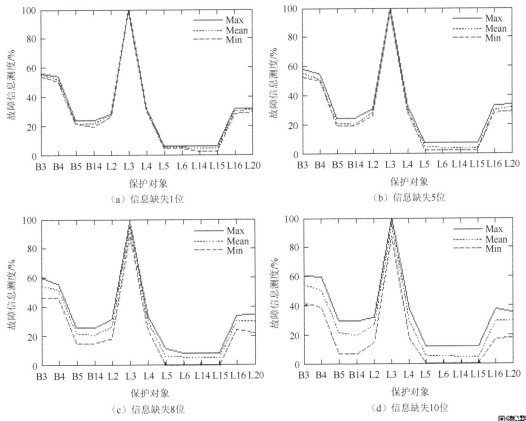

（a）信息缺失1位　　　　　　　　　（b）信息缺失5位

（c）信息缺失8位　　　　　　　　　（d）信息缺失10位

图 5.15　系统故障时的故障元件故障信息测度（信息缺失）

扫一扫　看彩图

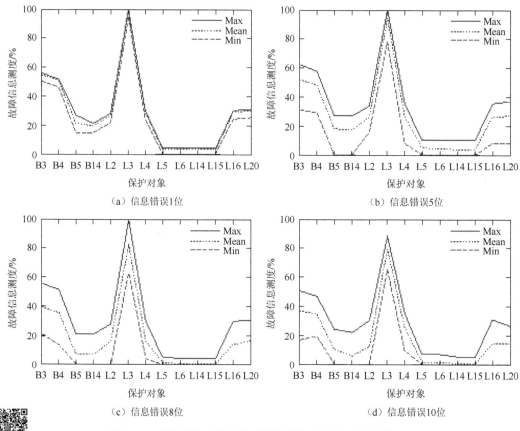

图 5.16　系统故障时的故障元件故障信息测度（信息错误）

由图 5.15 可知，当系统故障时，信息缺失导致故障元件的故障信息测度有所下降，但通过直接比较法均可以快速判别故障元件。由图 5.16 可知，当系统故障时，信息错误导致故障元件的故障信息测度明显下降，当错误信息较多时，通过直接比较法则不能判别故障元件，但通过排序比较法还是很可靠地识别故障元件。

通过比较图 5.15 和图 5.16 可知，信息错误较信息缺失对保护的信息容错能力带来的影响较大。因此，在实际应用中，通过通信容错判断一旦遇到信息不准确，对错误信息按照信息缺失状态处理，可以提高信息的容错能力。

5.3　应用复合阻抗比较原理的广域方向保护算法

广域差动保护和广域综合阻抗保护均能够利用广域多信息实现快速识别故障，具有耐过渡电阻、分布电容等影响较小的优点，但需要广域信息严格同步，特别是保护范围存在负荷电流时保护明显存在误判。以解决上述问题为出发点，提出基于复合阻抗比较原理的广域方向保护新算法。该算法依据常规纵联电流差动保护的同步信息，利用单端母线电压与线路差电流比值提出复合阻抗定义，进一步分析区内外故障下复合阻抗的动作特性，构建故障区域判断和故障支路判断方向信息，并应用广域多源方向信息提出广域方向保护新算法。该算法既保留了广域差动保护和广域综合阻抗保护的优点，又克服了广域严格的同步性、高阻接地、负载电流等的影响；从工程意义上讲保护系统通信量小，易于实现[19]。通过基于 IEEE 10 机 39 节点系统仿真结果验证该算法的有效性。

5.3.1　复合阻抗的定义

图 5.17 为一个典型的两端输电系统模型图，区别于基于双端电压的综合阻抗的定义，本节基于单端电压对地的测量阻抗，故取复合阻抗，定义为

$$Z_{cx} = \frac{\dot{U}_x}{\dot{I}_{cd}} = \frac{\dot{U}_x}{\dot{I}_m + \dot{I}_n} \tag{5.15}$$

式中：$\dot{U}_x$ 为线路 x 端母线电压，如 $\dot{U}_m$、$\dot{U}_n$；$\dot{I}_{cd}$ 为线路电流相量和，也可称为差电流。

图 5.17　两端输电系统模型

复合阻抗直接利用就地线路保护装置的信息量计算，不需要改动传统保护的系统构成。同时，基于就地复合阻抗比较形成状态量，利用多节点的状态量通信和信息比较易于构建广域继电保护系统。

5.3.2　复合阻抗特性分析

1. 系统正常运行状态

以图 5.17 两端输电系统为例，线路采用 Π 型等值电路模型，具体参数标如图 5.18 所示。在正常运行时，线路主要流过穿越性的负荷电流，线路两端的差电流主要是流过线路对地分布电容的电流。

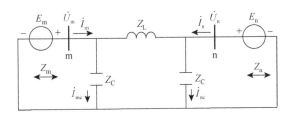

图 5.18　输电线路系统等值电路

众所周知，直接测量电容电流是不现实的，但对于高压输电线路，在现有光纤电流差动保护作为线路主保护被广泛采用的情况下，母线电压和线路的差电流是保护装置的已知测量值，因此，根据复合阻抗定义可知（分析以 m 端为例）：

$$Z_{cm} = \frac{\dot{U}_m}{\dot{I}_{cd}} = \frac{\dot{U}_m}{\dot{I}_m + \dot{I}_n} = \frac{\dot{U}_m / 2}{(\dot{I}_m + \dot{I}_n) / 2} = \frac{\dot{U}_m / 2}{\dot{I}_{mc}} = \frac{Z_C}{2} \tag{5.16}$$

正常运行时，复合阻抗值如图 5.18 所示，反映了线路的等值容抗。因为线路对地分布电

容较小，计算的容抗也就很大，一般都在千欧姆级别以上，同时由于 Z_{cd} 呈容性，其阻抗角在 $-90°$ 左右。线路 n 端复合阻抗参数基于相同计算。

2. 线路区外故障状态

当线路上发生区外故障时，尽管流过线路的电流可能会增大，但线路两端的差电流依然是线路对地分布电容电流，图 5.19 为系统区外故障时的等值模型。

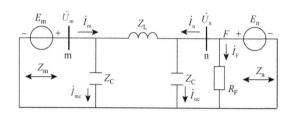

图 5.19 系统区外故障时的等值模型

尽管线路两端差电流依然由分布式电容电流组成，但区外故障可能导致线路电压分布差别较大，沿线的分布电容电流差别也就很大，严重情况是当区外出口金属性接地短路，如 $\dot{U}_{\mathrm{n}}=0$ 时，计算的复合阻抗 $Z_{\mathrm{cm}}=0$；若仍按照式（5.16）等价两端电容电流相等，则理论的复合阻抗与实际计算值差别较大。

这里可以依据线路两端复合阻抗计算，将之相加得到

$$Z_{\mathrm{cm}}+Z_{\mathrm{cn}}=\frac{\dot{U}_{\mathrm{m}}}{\dot{I}_{\mathrm{cd}}}+\frac{\dot{U}_{\mathrm{n}}}{\dot{I}_{\mathrm{cd}}}=\frac{\dot{U}_{\mathrm{m}}+\dot{U}_{\mathrm{n}}}{\dot{I}_{\mathrm{cd}}} \tag{5.17}$$

类似综合阻抗的分析可知：

$$Z_{\mathrm{cm}}+Z_{\mathrm{cn}}=Z_{\mathrm{C}} \tag{5.18}$$

由式（5.18）可知，两端的测量阻抗不可能同时趋于 0，它们的和值等于线路的容抗值，即至少一端测量阻抗值很大；根据电压分布特点，随着距离故障点越远，该相电压越高，测量阻抗也就快速增大。

3. 线路区内故障状态

当线路上发生区内故障时，两端线路流过的电流均会增大，此时线路的差电流主要成分变为故障电流。图 5.20 为系统区内故障时的等值模型。

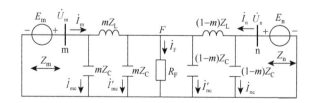

图 5.20 系统区内故障时等值模型

由图 5.20 可计算此时线路的差电流：

$$\dot{I}_{\mathrm{cd}}=\dot{I}_{\mathrm{mc}}+\dot{I}'_{\mathrm{mc}}+\dot{I}_{\mathrm{F}}+\dot{I}_{\mathrm{nc}}+\dot{I}'_{\mathrm{nc}} \tag{5.19}$$

此时，依据线路两端复合阻抗计算，将之相加可以得到

$$Z_{cm} + Z_{cn} = \frac{\dot{U}_m + \dot{U}_n}{\dot{I}_{mc} + \dot{I}'_{mc} + \dot{I}_F + \dot{I}_{nc} + \dot{I}'_{nc}} \tag{5.20}$$

式（5.20）的和也就是综合阻抗，根据综合阻抗的分析，式（5.20）等于

$$Z_{cm} + Z_{cn} = Z_C // [R_F + (mZ_L + Z_m)] // [(1-m)Z_L + Z_n)] = Z_{th} \tag{5.21}$$

依据线路两端复合阻抗计算，将之相除可以得到

$$\frac{Z_{cm}}{Z_{cn}} = \frac{\dot{U}_m}{\dot{U}_n} = \frac{U_m}{U_n} e^{j\delta} \tag{5.22}$$

式中：U_m、U_n 分别为线路两端电压有效值；δ 为线路两端电压相角差。

由式（5.21）和式（5.22）可以计算得到

$$Z_{cm} = \frac{Z_{th}}{1 + (U_n / U_m) \, e^{-j\delta}} \tag{5.23}$$

由式（5.23）可知：①当线路 m 端出口发生金属性接地故障时，U_m 等于 0，Z_{cm} 趋于 0；②当线路末端发生金属性接地故障时，U_n 等于 0，Z_{cm} 等于 Z_{th}；③其他情况故障时，式（5.23）分母的模值必大于 1，即 Z_{cm} 幅值小于 Z_{th} 的幅值，且分母的相位在$[\delta, 0]$，也就是说 $Z_{cm} < Z_{th} e^{j\delta}$。

类似分析也可以得到 n 端测量阻抗同样的结果。因此，可以得到区内故障时复合阻抗的范围为

$$Z_{cdm}, Z_{cdn} \subset [0, Z_{th} e^{j\delta}] \tag{5.24}$$

由式（5.21）可知，Z_{th} 虽受电源阻抗、线路阻抗、过渡电阻影响，但一般位于第一象限，表现为感抗，再受过渡电阻和计算误差的影响，Z_{cd} 有可能落入第二或第三象限，其虚部大小也远小于线路分布容抗。

5.3.3　广域复合阻抗保护方向保护原理

1. 复合阻抗保护就地判据

利用线路测量相电压和对应相的线路差电流之比计算复合阻抗，进一步基于复合阻抗的比较确立就地判据。归纳复合阻抗特性如下。

（1）系统正常运行时，复合阻抗等于线路等值分布容抗，其值较大，阻抗角在-90°左右，意味着复合阻抗的虚部很大。

（2）线路发生区外故障时，复合阻抗不再等于线路等值分布容抗，它与区外故障点位置有关，但两端测量阻抗中至少有一端测量阻抗很大，呈容性，虚部很大，其阻抗角在 90°左右。

（3）线路发生区内故障时，复合阻抗与线路阻抗、过渡点位置及过渡电阻和线路两端电压相差 δ 有关，从系统参数和运行特点可知，两端复合阻抗均小于一个定值 Z_{th}，考虑到过渡电阻和计算误差的影响，复合阻抗有可能呈容性，但其虚部也远小于线路实际容抗，相位角在 $-\varepsilon \sim 180°$。

基于以上特征，首先可以根据单端复合阻抗进行就地预判，然后根据线路两端判断结果或者区域多节点判断结果综合判断故障元件。基于单端复合阻抗就地判据如下：

$$\begin{cases} |\text{Imag}(Z_{cx})| < X_{set} \\ -\varepsilon < \text{Arg}(Z_{cx}) < 180° + \varepsilon \end{cases} \tag{5.25}$$

式中：X_{set} 为比较定值，可以由式（5.21）、式（5.24）来确定：

$$X_{set} = k_{rel} \mathrm{Imag}(Z_{th} \, e^{j\delta})_{max} \qquad (5.26)$$

式中：k_{rel} 为可靠系数，根据继电保护可靠系数原则推荐设定为 1.3～1.5；式（5.21）Z_{th} 中 Z_m、Z_n、Z_L 为已知系统参数；根据不同 m 值，根据电路理论计算最大值；考虑测量误差、计算误差及角的影响，ε 一般取 15°～30°。

基于以上分析，判据的动作特性如图 5.21 所示。

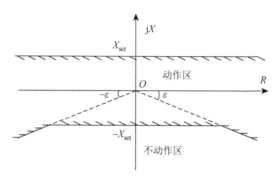

图 5.21　动作特性

由于线路区外故障时，可能存在单端测量复合阻抗满足上述动作特性，也就是说，仅利用单端信息判断线路故障存在误判可能。

2. 广域方向保护原理

1）方向元件

如图 5.22 所示，将区域电网的变电站划分为边界变电站（border substation，BS）和中心变电站（central substation，CS）。以中心变电站为中心，包含相连的线路构成区域；边界变电站直接构建支路方向。

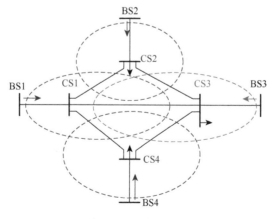

图 5.22　方向示意图

定义支路方向：

$$F_{J\_i} = \begin{cases} 1, & \text{满足式(5.25)} \\ 0, & \text{其他} \end{cases} \qquad (5.27)$$

式中：F_{J_i} 为支路方向；J 为母线编号；i 为与母线相连的支路编号。1 为区内故障，0 为区外故障。

定义区域方向：

$$F_{J\_A} = \begin{cases} 1, & \sum_{i=1}^{N} F_{J\_i} > 0 \\ 0, & \text{其他} \end{cases} \qquad (5.28)$$

式中：F_{J_A} 为区域方向；J 为母线编号。

2）故障识别判据

按照层级协同工作的继电保护方案，广域层保护在 Ⅰ 级控制中获取区域信息，定位故障区域，Ⅱ 级控制仅需故障区域内的信息，定位故障元件，对包含多种判据的广域保护实现具有降低通信量和提高可靠性的功能。

为更好地实现保护算法，利用图论基础，建立网络关联矩阵 C_{NM}，N 为 N 条支路，M 为 M 个节点。

$$c_{ij} = \begin{cases} 1, & L_i 与 B_j 相连接 \\ 0, & \text{其他} \end{cases} \qquad (5.29)$$

建立区域方向矩阵 $\boldsymbol{F}$：

$$\boldsymbol{F} = [F_{1\_A}, F_{2\_A}, \cdots, F_{M\_A}] \qquad (5.30)$$

令 $\boldsymbol{D} = \boldsymbol{F} \times \boldsymbol{C}$，$S_1 = \mathrm{sum}(\boldsymbol{F})$，$S_2 = \mathrm{sum}(\boldsymbol{D})$，分别取矩阵 $\boldsymbol{F}$、$\boldsymbol{D}$ 元素之和。

启动判据：

$$S_1 > 0 \,|\, S_2 > 0 \qquad (5.31)$$

S_1 或 S_2 大于零，表明至少存在一个节点满足式（5.28）方向判据，说明可能存在故障，启动保护进一步进行故障区域判断。

区域故障判据：

$$S_1 > 0 \,\&\, F(j) \neq 0 \qquad (5.32)$$

S_1 大于零，表明至少存在一个区域满足式（5.28）方向判据；j 表示第 j 个区域；$F(j) \neq 0$ 表示该区域节点满足式（5.28）方向判据。启动保护进一步进行故障支路判断。

故障支路判据：

$$S_2 > 1 \,\&\, D(i) \neq 0 \qquad (5.33)$$

S_2 大于零，表明至少存在一条线路两侧区域同时满足式（5.28）方向判据；i 表示第 i 条线路（即对应关联矩阵的支路）；$D(i) \neq 0$ 表示该线路两侧区域均为故障区域。

3）性能分析

保护动作的节点是相连通的电气节点，通过统计所有复合阻抗动作节点，基于矩阵 $\boldsymbol{D}$ 的运算构成判据（5.33），提高故障支路判断的可靠性和容错性。但在一些复杂故障的情况下，满足判据（5.32）但不满足判据（5.28）时，需要特殊处理：①非全相运行时，率先合闸的线路出现动作判据（5.27）动作时，可直接判定该线路故障或延时判据（5.28）动作；②变电站失电后相连线路故障，变电站失电后，在仅能够通信测量信息的情况下，一旦出现系统内仅一个与失电变电站相连的线路判据动作则可认定为故障元件，再次根据失电变电站动作情况隔离故障元件；③负荷出口短路故障，尽管监视到近故障点节点动作，但全线不会同时动作，则保护发出负荷侧故障信息。

综上所述，利用复合阻抗比较原理实现广域方向保护，具备以下特点。

（1）基于站域预处理判据的逻辑信息传输，信息量小，大大降低了广域继电保护通信要求。

（2）复合阻抗的计算利用现有纵联电流差动保护计算的差电流，不需要广域电流差动保护要求的全网精确同步，有利于广域继电保护的工程实现。

（3）该算法应用分相差流构建，具有分相判断功能，同时具有整定简单、灵敏度高的特点。

（4）基于复合阻抗虚部的比较，不受高阻接地的影响；分布电容存在反而增加了保护可靠性。

（5）相比广域综合阻抗保护方案，该保护不受负荷流出电流影响，改用方向信息的比较，具有很好的适应性。

4）测量误差对保护的影响分析

广域电流差动保护和广域综合阻抗保护原理是由广域电流或电压构成，存在较大的广域累积测量误差。但本节提出的广域方向元件是应用节点电压和常规纵联差电流构成的复合阻抗比较原理，不存在广域累积测量误差的问题。受测量误差影响保护特性主要体现在两个方面。

（1）测量回路误差的影响。电气量保护均存在测量回路误差的影响，常规方法采用可靠系数提高可靠性。同样地，本节提出的保护定值由式（5.25）采用可靠系数避免测量回路误差的影响。

（2）同步误差的影响。同步误差引起差流计算误差，实现广域的高精度同步性较困难，这也是广域电流差动保护的工程实现难点之一。但本节提出的保护算法应用常规纵联差电流，本身的同步性能够满足纵联电流差动保护，其同步误差对复合阻抗比较保护影响较小。

进一步，本保护算法在区内故障时与区外或正常运行时复合阻抗的幅值差别较大，通过合理的定值计算能够很好地避免测量误差的影响。

5.3.4 案例分析

为验证本节算法，利用电磁暂态仿真软件 PSCAD/EMTDC 搭建的 IEEE 10 机 39 节点电网系统模型进行仿真验证。仿真系统的单线图及其支路编号如图 5.23 所示。

设定线路 L17 在距母线 16 侧线路全长 0%（K_1）、50%（K_2）、80%（K_3）处发生各种短路故障和接地故障（过渡电阻取 0～300 Ω），计算时采用一点差分算法及全波傅里叶滤波算法。为了验证基于复合阻抗比较原理的广域继电保护区内故障、区外故障动作特性，考核线路取线路 L15、L17、L18、L22。设在仿真系统稳态运行 1 s 时发生故障，在 1.25 s 后故障返回。K_1、K_2、K_3 点故障时复合阻抗计算如表 5.7～表 5.9 所示。基于广域信息的综合判断结果如表 5.10 所示。

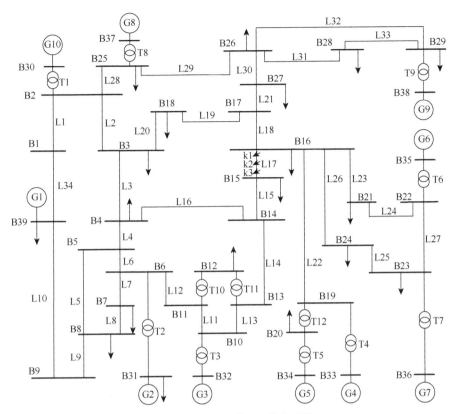

图 5.23　IEEE 10 机 39 节点系统

表 5.7　系统 K_1 点故障时各线路的复合阻抗仿真计算结果

故障类型			保护线路的复合阻抗											
			L15			L17			L18			L22		
			A 相	B 相	C 相	A 相	B 相	C 相	A 相	B 相	C 相	A 相	B 相	C 相
Ag ($R_F = 0\ \Omega$)	$\mathrm{Im}(Z_{cx})/\mathrm{k}\Omega$	m 侧	1.7	3.4	3.7	0	4.1	4.3	3.8	4.2	4.5	0	4.4	4.4
		n 侧	3.5	3.2	3.4	0	3.7	4.0	0	4.6	4.8	4.2	3.9	4.4
	$\mathrm{Arg}(Z_{cx})/(°)$	m 侧	−79	−78	−85	0	−76	−79	−72	−80	−88	−31	−77	−86
		n 侧	−81	−86	−89	60	−78	−86	−46	−75	−80	−60	−83	−86
Ag ($R_F = 300\ \Omega$)	$\mathrm{Im}(Z_{cx})/\mathrm{k}\Omega$	m 侧	3.2	3.3	3.3	0	3.7	3.6	4.0	4.1	4.0	3.8	3.9	3.9
		n 侧	3.2	3.3	3.3	0	3.6	3.5	4.0	4.0	4.1	3.9	4.0	4.0
	$\mathrm{Arg}(Z_{cx})/(°)$	m 侧	−89	−89	−89	−5	−88	−81	−89	−89	−90	−86	−87	−88
		n 侧	−90	−89	−89	−6	−89	−89	−90	−90	−88	−87	−89	−87
BC	$\mathrm{Im}(Z_{cx})/\mathrm{k}\Omega$	m 侧	3.2	2.8	2.8	3.5	0	0	4.1	4.5	4.4	3.9	3.7	3.3
		n 侧	3.3	3.6	3.7	3.5	0	0	4.0	3.6	3.6	3.9	4.0	4.5
	$\mathrm{Arg}(Z_{cx})/(°)$	m 侧	−89	−80	−77	−87	−14	14	−87	−78	−72	−86	−66	−77
		n 侧	−89	−82	−80	−88	3	43	−87	−73	−69	−85	−68	−81
BCg	$\mathrm{Im}(Z_{cx})/\mathrm{k}\Omega$	m 侧	3.5	1.9	1.7	4.2	0	0	4.5	4.9	4.1	4.4	0	0
		n 侧	3.4	4.0	3.8	4.0	0	0	4.7	0	0	4.2	5.0	4.1
	$\mathrm{Arg}(Z_{cx})/(°)$	m 侧	−88	−80	−83	−87	0	0	−86	−62	−64	−87	−33	60
		n 侧	−87	−81	−80	−87	49	89	−87	−64	23	−89	−60	−82

续表

故障类型			保护线路的复合阻抗											
			L15			L17			L18			L22		
			A相	B相	C相	A相	B相	C相	A相	B相	C相	A相	B相	C相
ABC	$\text{Im}(Z_{cx})/\text{k}\Omega$	m侧	2.2	2.0	2.0	0	0	0	6.0	6.0	6.0	0	0	0
		n侧	4.5	4.5	4.5	0	0	0	0	0	0	5.0	5.0	5.0
	$\text{Arg}(Z_{cx})/(°)$	m侧	−89	−90	−89	0	0	0	−89	−89	−89	14.3	14.6	14.6
		n侧	−90	−89	−90	56	57	56	−30	−30	−30	−89	−90	−89

表 5.8　系统 K_2 点故障时各线路的复合阻抗仿真计算结果

故障类型			保护线路的复合阻抗											
			L15			L17			L18			L22		
			A相	B相	C相	A相	B相	C相	A相	B相	C相	A相	B相	C相
Ag ($R_F = 0\,\Omega$)	$\text{Im}(Z_{cx})/\text{k}\Omega$	m侧	1.3	3.4	3.6	0	3.6	4.2	4.1	4.0	4.6	2.5	4.0	4.3
		n侧	3.8	3.3	3.4	0	3.7	4.0	2.4	4.1	4.7	4.4	3.7	4.3
	$\text{Arg}(Z_{cx})/(°)$	m侧	−82	−80	−84	86	−79	−83	−82	−80	−89	−78	−77	−89
		n侧	−82	−86	−89	67	−78	−85	−65	−77	−84	−77	−87	−87
Ag ($R_F = 300\,\Omega$)	$\text{Im}(Z_{cx})/\text{k}\Omega$	m侧	3.1	3.3	3.2	0	3.7	3.6	4.0	4.1	4.1	3.8	3.9	3.9
		n侧	3.2	3.3	3.3	0	3.6	3.5	4.0	4.1	4.2	3.9	4.0	4.0
	$\text{Arg}(Z_{cx})/(°)$	m侧	−88	−89	−89	−1.5	−89	−86	−89	−89	−90	−86	−87	−88
		n侧	−88	−89	−89	−5.2	−89	−89	−90	−90	−88	−87	−88	−87
BC	$\text{Im}(Z_{cx})/\text{k}\Omega$	m侧	3.2	2.8	2.7	3.5	0	0	4.1	4.6	4.3	3.8	3.3	3.4
		n侧	3.3	3.7	3.8	3.5	0	0	3.9	3.6	3.8	3.9	4.4	4.3
	$\text{Arg}(Z_{cx})/(°)$	m侧	−88	−77	−72	−85	26	34	−86	−88	−80	−85	−74	−87
		n侧	−88	−80	−77	−87	0	30	−86	−88	−79	−85	−77	−87
BCg	$\text{Im}(Z_{cx})/\text{k}\Omega$	m侧	3.6	1.5	1.2	4.0	0.1	0	4.4	5.0	4.0	4.3	3.0	2.2
		n侧	3.4	4.3	4.0	4.0	0	0	4.5	2.9	2.2	4.1	5.0	4.1
	$\text{Arg}(Z_{cx})/(°)$	m侧	−88	−81	−85	−89	87	61	−84	−85	−76	−83	−84	−86
		n侧	−87	−78	−79	−86	49	87	−89	−63	−79	−89	−80	−87
ABC	$\text{Im}(Z_{cx})/\text{k}\Omega$	m侧	1.5	1.5	1.5	0	0	0	5.0	5.0	5.1	2.6	2.6	2.6
		n侧	4.9	5.0	5.0	0	0	0	2.9	2.9	3.0	5.0	4.9	5.0
	$\text{Arg}(Z_{cx})/(°)$	m侧	−88	−89	−88	76	77	78	−77	−78	−77	−83	−83	−83
		n侧	−89	−89	−90	55	55	54	−70	−70	−71	−86	−87	−87

表 5.9　系统 K_3 点故障时各线路的复合阻抗仿真计算结果

故障类型			保护线路的复合阻抗											
			L15			L17			L18			L22		
			A相	B相	C相	A相	B相	C相	A相	B相	C相	A相	B相	C相
Ag ($R_F = 0\,\Omega$)	$\text{Im}(Z_{cx})/\text{k}\Omega$	m侧	1.0	3.5	3.7	0	3.8	4.3	4.1	4.0	4.4	2.6	4.0	4.3
		n侧	3.8	3.2	3.4	0	4.0	4.3	2.5	4.1	4.6	4.3	3.8	4.3
	$\text{Arg}(Z_{cx})/(°)$	m侧	−74	−78	−84	83	−81	−84	−83	−82	−90	−83	−78	−89
		n侧	−82	−87	−89	76	−75	−83	−73	−79	−85	−78	−87	−87

续表

故障类型			保护线路的复合阻抗												
			L15			L17			L18			L22			
			A 相	B 相	C 相	A 相	B 相	C 相	A 相	B 相	C 相	A 相	B 相	C 相	
Ag ($R_F = 300\ \Omega$)	$\mathrm{Im}(Z_{cx})/\mathrm{k\Omega}$	m 侧	3.2	3.3	3.2	0	3.8	3.8	4.0	4.1	4.1	3.8	3.9	3.9
		n 侧	3.2	3.2	3.3	0	3.7	3.6	4.0	4.1	4.0	3.9	4.0	4.0
	$\mathrm{Arg}(Z_{cx})/(°)$	m 侧	−88	−89	−89	−1	−88	−86	−89	−89	−90	−87	−87	−88
		n 侧	−89	−90	−89	−5	−89	−89	−90	−90	−88	−86	−88	−87
BC	$\mathrm{Im}(Z_{cx})/\mathrm{k\Omega}$	m 侧	3.2	2.8	2.8	3.7	0	0	4.1	4.5	4.4	3.9	3.4	3.4
		n 侧	3.3	3.7	3.7	3.7	0	0	4.0	3.5	3.7	3.9	4.3	4.3
	$\mathrm{Arg}(Z_{cx})/(°)$	m 侧	−89	−75	−74	−87	24	38	−87	−87	−81	−86	−76	−86
		n 侧	−89	−79	−78	−88	0	29	−88	−85	−80	−87	−79	−87
BCg	$\mathrm{Im}(Z_{cx})/\mathrm{k\Omega}$	m 侧	3.7	1.3	1.1	4.2	0	0	4.4	4.9	4.0	4.2	3.0	2.4
		n 侧	3.4	4.5	4.0	4.3	0	0	4.5	3.0	2.4	4.1	5.0	4.1
	$\mathrm{Arg}(Z_{cx})/(°)$	m 侧	−90	−72	−81	−89	76	67	−86	−83	−80	−85	−86	−86
		n 侧	−88	−77	−80	−88	65	86	−89	−71	−85	−89	−79	−89
ABC	$\mathrm{Im}(Z_{cx})/\mathrm{k\Omega}$	m 侧	1.4	1.4	1.5	0	0	0	5.0	5.7	5.1	2.8	2.8	2.8
		n 侧	5.0	5.0	5.0	0	0	0	3.0	3.0	3.0	4.9	4.9	4.9
	$\mathrm{Arg}(Z_{cx})/(°)$	m 侧	−89	−89	−89	87	87	86	−83	−83	−83	−85	−85	−83
		n 侧	−90	−90	−90	71	71	72	−80	−80	−80	−87	−87	−87

表 5.10　综合判断结果

故障点		中间变量	区域	支路
K_1 AG	A	$\boldsymbol{F} = [0, 1, 1, 0, 0, 0, 0]$；$\boldsymbol{D} = [0, 2, 1, 1, 0, 0]$；$S_1 = 2$；$S_2 = 4$	B15, B16	L17
	B	$\boldsymbol{F} = [0, 0, 0, 0, 0, 0, 0]$；$\boldsymbol{D} = [0, 0, 0, 0, 0, 0]$；$S_1 = 0$；$S_2 = 0$	无	无
	C	$\boldsymbol{F} = [0, 0, 0, 0, 0, 0, 0]$；$\boldsymbol{D} = [0, 0, 0, 0, 0, 0]$；$S_1 = 0$；$S_2 = 0$	无	无
K_2 BC	A	$\boldsymbol{F} = [0, 0, 0, 0, 0, 0, 0]$；$\boldsymbol{D} = [0, 0, 0, 0, 0, 0]$；$S_1 = 0$；$S_2 = 0$	无	无
	B	$\boldsymbol{F} = [0, 1, 1, 0, 0, 0, 0]$；$\boldsymbol{D} = [0, 2, 0, 0, 0, 0]$；$S_1 = 2$；$S_2 = 2$	B15, B16	L17
	C	$\boldsymbol{F} = [0, 1, 1, 0, 0, 0, 0]$；$\boldsymbol{D} = [0, 2, 0, 0, 0, 0]$；$S_1 = 2$；$S_2 = 2$	B15, B16	L17
K_2 ABC	A	$\boldsymbol{F} = [0, 1, 1, 0, 0, 0, 0]$；$\boldsymbol{D} = [0, 2, 1, 1, 0, 0]$；$S_1 = 2$；$S_2 = 4$	B15, B16	L17
	B	$\boldsymbol{F} = [0, 1, 1, 0, 0, 0, 0]$；$\boldsymbol{D} = [0, 2, 1, 1, 0, 0]$；$S_1 = 2$；$S_2 = 4$	B15, B16	L17
	C	$\boldsymbol{F} = [0, 1, 1, 0, 0, 0, 0]$；$\boldsymbol{D} = [0, 2, 1, 1, 0, 0]$；$S_1 = 2$；$S_2 = 4$	B15, B16	L17

　　为便于分析，矩阵 $\boldsymbol{F} = [F_{B14}, F_{B15}, F_{B16}, F_{B17}, F_{B19}, F_{B21}, F_{B24}]$；矩阵 $\boldsymbol{D} = [F_{L15}, F_{L17}, F_{L18}, F_{L22}, F_{L23}, F_{L26}]$。由仿真结果可知，当线路 L17 发生不同类型故障时，保护区域 L17 反映为内部故障，故障相 Z_{cx} 的虚部数值最大仅为 0.1 kΩ，远低于定值 0.58 kΩ，阻抗角为 5.2°～87°；非故障相 Z_{cx} 的虚部数值最小为 3.5 kΩ，远高于定值，阻抗角基本在 90° 左右。保护区域 L15、L18、L22 反映为外部故障，Z_{cx} 的数值最小为 1.3 kΩ，远高于定值，阻抗角基本都在 90° 左右。判据式（5.25）均能够可靠动作。仿真结果表明：该算法容易整定，具有自然选相功能，且不受分布电容电流和过渡电阻影响。

参 考 文 献

[1] 李振兴. 智能电网层次化保护构建模式及关键技术研究[D]. 武汉：华中科技大学，2013.

[2] 李振兴，尹项根，张哲，等. 基于分区域的广域继电保护系统结构和故障识别[J]. 中国电机工程学报，2011，31（28）：95-103.

[3] LI Z, YIN X, ZHANG Z, et al. Study on power grid partition method for wide-area relaying protection[J]. Electronics and Electrical Engineering, 2013, 19（3）: 17-22.

[4] LI Z, YIN X, ZHANG Z, et al. A novel adaptive partitioning method for wide area protection[C]. 2011 Asia-Pacific Power and Energy Engineering Conference, Wuhan, 2011: 1-4.

[5] 白加林，高昌培，王宇恩，等. 基于数据源共享的广域智能保护及控制系统研究与应用[J]. 电力系统保护与控制，2016，44（18）：157-162.

[6] 李振兴，尹项根，张哲，等. 有限广域继电保护系统的分区原则与实现方法[J]. 电力系统自动化，2010，34（19）：48-52.

[7] 陈梦骁. 输电线路距离后备保护的整定优化及区域后备保护方案研究[D]. 杭州：浙江大学，2017.

[8] 和敬涵，王紫琪，张大海. 基于图论及模糊评价的广域后备保护分区方法[J]. 电力自动化设备，2017，37（2）：75-82.

[9] 李振兴，尹项根，张哲，等. 基于多信息融合的广域继电保护故障识别[J]. 电力系统自动化，2011，35（9）：14-18.

[10] LI Z, YIN X, ZHANG Z, et al. Wide-area protection fault identification algorithm based on multi-information fusion[J]. IEEE Transactions on Power Delivery, 2013, 28（3）: 1348-1355.

[11] 王紫琪. 输电断面识别及多源信息保护控制协调策略研究[D]. 北京：北京交通大学，2019.

[12] 刘宝，尹项根，李振兴，等. 基于WSN重构广域保护紧急通信通道的研究[J]. 电力系统保护与控制，2012，40（21）：90-95.

[13] 李振兴，尹项根，张哲，等. 基于序电流相位比较和幅值比较的广域后备保护方法[J]. 电工技术学报，2013，28（1）：242-250.

[14] 李振兴，尹项根，张哲，等. 广域继电保护故障区域的自适应识别方法[J]. 电力系统自动化，2011，35（16）：15-20.

[15] 吴浩. 基于广域信息的电网故障诊断方法研究[D]. 成都：西南交通大学，2016.

[16] LI Z X, YIN X G, ZHANG Z, et al. Architecture and fault identification of wide-area protection system[J]. Telkomnika（Telecommunication Computing Electronics and Control），2012，10（3）：442-450.

[17] 王艳，金晶，焦彦军. 广域后备保护故障识别方案[J]. 电力自动化设备，2014，34（12）：70-75，99.

[18] 尹项根，李振兴，刘颖彤，等. 广域继电保护及其故障元件判别问题的探讨[J]. 电力系统保护与控制，2012，40（5）：1-8.

[19] 李振兴，尹项根，张哲，等. 基于综合阻抗比较原理的广域继电保护算法研究[J]. 电工技术学报，2012，27（8）：179-186.

第6章 紧急功率支援下的重合闸附加稳定控制策略

能源分布和负荷需求逆向分布特征决定了大规模电力在交流通道与直流通道协同承担外送的任务,集中外送是我国目前的主要输电方式。多次电力会议上专家呼吁,当前交流线路承担外送功率接近自身极限,在非预期大扰动下,原有 $N-1$ 校验系统存在首摆失稳风险,即使配置了自适应重合闸的系统在重合于瞬时性故障时仍可能难以使系统恢复稳定,而没有配置自适应重合闸的系统按传统重合闸会盲目重合于永久性故障,造成系统失稳,发生上述情况时将造成大规模停电等灾难后果[1]。

自适应重合闸从辨识故障性质的解决思路出发,能够在永久性故障的情形下闭锁重合闸,解决了传统重合闸盲目重合的不利影响。当前研究成果较丰富,包括基于输电线路带并联电抗器[2],利用电压内积完成故障性质判别、基于 UPFC(unified power flow controller,统一潮流控制器)控制注入特征电压[3]提出了可适应高阻故障的自适应重合闸方案,这些成果均从暂态稳定视角分别提出一系列关于最佳重合闸时间的整定判据与实用计算方法,使得永久性故障场景下的重合闸效果得到了较大改善[4-7]。但在大规模电能外送场景下,联络线路较长、阻抗较大,当发生故障的重载线路切除后,在系统首摆失稳的情形下一方面上述成果判据难以满足,另一方面重合线路仍会令系统遭遇严重冲击,无法达到改善系统稳定的效果。

由于在首摆失稳后投入即时的控制策略已经难以发挥作用,利用功角曲线的稳定超前预测能够为控制系统争取宝贵时间。基于发电机功角在扰动后不会短时突变的特点,利用函数拟合或者方程预测为实现功角超实时预测提供了多种思路。研究成果包含龙格-库塔法、三角函数拟合法[8]、多项式拟合法[9]、自回归预测法[10]等,这类经验性预测或者由于缺乏动力学微分方程基础,或者预测精度和预测时长存在较明显的缺陷。而为了提高预测精度提出的二阶自记忆功角预测法在时长上难以满足自适应重合闸长时间的需求[11]。

在安全稳定控制手段上,可以利用切机控制增强系统稳定性[12,13],而采用柔性的直流功率支援相比切机控制减小了系统损失,能够在系统结构层面实现送端不平衡能量的消纳[14,15]。但是当首摆失稳时采用即时的直流功率支援仍难以挽回系统稳定性。

综上所述，随着互联电网规模的日益扩大，目前的重合闸技术缺陷使系统存在一定的重大安全隐患，一旦发生大扰动，系统安全的风险将被急剧放大，甚至危及整个互联电力系统的安全稳定运行。因此，研究以保障系统安全稳定运行为目的的附加稳定控制策略具有极其重要的理论意义和现实意义，也是现有安全防线的良好补充。在避免发生发电机大面积离网的灾难性事故、增强系统故障后的暂态稳定性方面与原有的重合闸策略相比有不小的提升，从而为大规模电力外送系统的安全稳定运行提供坚实的后备技术手段。

本章剖析了大规模电力外送系统的内部特性，从外送线路所承担输送功率较大、交流通道大扰动下可能出现系统首摆失稳出发，给出首摆稳定判断的依据。基于大规模电力外送系统可能出现的首摆失稳情况，首先进行功角超实时预测，再结合首摆稳定性判据完成稳定性预判，根据预判结果是否失稳给出不同的附加稳定控制策略与时序流程，最大限度地减小了功角摇摆，使送端系统功角恢复稳定，完善了自适应重合闸首摆失稳情况下重合于瞬时性故障策略的缺失，补充和提升了传统重合闸盲目重合于永久性故障的策略，提高了供电可靠性。

6.1　系统故障后首摆稳定性分析

6.1.1　大规模电力外送系统

大规模电力外送系统与传统意义上的大型电厂之间存在着本质区别。传统大型电厂的装机数量很少达到十台以上，且机组的类型和容量基本相同，其总体外送功率相对有限。从功率外送的角度而言，可被视为一个单独的电源节点。无论是机组数量还是装机容量，大规模电力外送系统均远远超过传统单个常规电厂的规模。现阶段主要以风电、光伏、火电等多种能源形态在大规模电力外送系统内部并存的格局，随着新能源的迅速发展，大规模电力外送系统的外送功率会越来越大。另外，考虑到电能大规模、高效率、远距离安全输送实施的可行性，多采用交直流并存的电能输送方式，在送端系统和受端系统之间不但有交流输电通道，而且存在直流输电通道，可以实现优缺点互补，同时在交流输电通道出现故障切除时可以快速调节直流通道承担输送功率[16]。交直流互联输电作为一种常见的大规模电力外送系统电能送出模式，其示意图如图 6.1 所示。

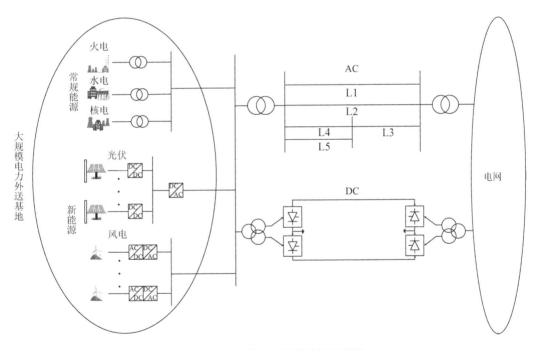

图 6.1　大规模电力外送系统示意图

对于越来越多的高压电力外送通道来说，兼顾送端和受端系统的需求，持续高效完成跨区送电任务十分重要。尽管电网目前采用 $N-1$ 准则来保证系统稳定性，在故障切除一条输电线路的情况下仍然不会失稳，但随着新能源接入规模增大，送端需要进行电力外送的容量越来越大，出现运行方式校核之外的故障后发生首摆失稳的可能性仍然不容忽视。由于受到故障线路切除、故障切除时间是否过长、故障类型等因素的影响，系统在首摆就可能出现失稳，在此情况下进行重合闸难以挽回系统的后续失稳，导致系统发生大规模停电等严重后果，所以如何准确地判断首摆失稳十分关键。

6.1.2　首摆稳定性分析

以故障后主干电力外送线路切除、故障切除时间过长导致首摆失稳的两种典型情况为例，在系统暂态稳定性的基础上进行首摆失稳分析。

场景 1：主干电力外送线路切除可能会导致首摆失稳。在如图 6.1 所示的大规模电力外送系统中交流线路并联，由式（6.1）可知，相比切除双回电力外送线路中单回线路 L5，切除主干电力外送线路 L1 系统等效电抗 X 变大，电磁功率变小，减速面积 A_2 变小（减小为 A_2'），可能会造成系统首摆失稳，示意图如图 6.2 所示。图中 δ_0、δ_1、$\delta_{\max}$、P_m 分别为初始功角、切除功角、最大摇摆功角、系统机械功率。系统的电磁功率 P_e 可表示为

$$P_e = \frac{EU}{X}\sin\delta \tag{6.1}$$

式中：E、U 分别为送受两端电压；X 为系统等值电抗；$\sin\delta$ 为系统功角对应的正弦值。

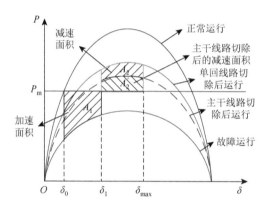

图 6.2　主干电力外送线路切除致首摆失稳示意图

图中四条弧形曲线代表不同状态下的电磁功率曲线，直线代表系统机械功率（下同）

场景 2：故障切除时间过长可能导致首摆失稳。当故障切除时间从 δ_1 对应的时间增大到 δ_2 对应的时间时，会使加速面积增大、减速面积减小，在首摆内会出现加速面积 A_1 大于减速面积 A_2 的情况，系统会出现首摆失稳，示意图如图 6.3 所示。

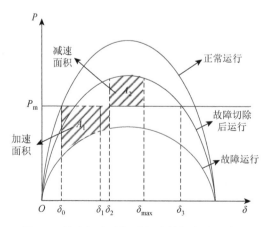

图 6.3　故障切除时间过长致首摆失稳示意图

上述两种典型情况会导致首摆失稳，随着大规模电力外送系统越来越复杂，可能还会有其他的因素导致首摆失稳，而当首摆失稳后系统后续稳定性很难有效恢复，因此准确地进行首摆稳定性判断十分关键。

6.1.3　首摆稳定性判断

传统暂态稳定性分析在 $P\text{-}\delta$ 曲线基础上进行等面积定则计算，由已有的功角曲线直接得到 $P\text{-}\delta$ 曲线较为不便，因此将 $P\text{-}\delta$ 暂态稳定性分析转化为 $P\text{-}t$ 暂态稳定性分析更有利于进行首摆稳定性判断计算，如图 6.4 和图 6.5 所示。P_I、P_II、P_III 表示故障前、故障期间、故障切除后的功率-功角特性曲线，其中 t_0、t_1、t_max 分别为初始功角、切除功角、第一次出现最大摇摆功角对应的时刻。因此，将 $P\text{-}\delta$ 曲线转化 $P\text{-}t$ 曲线后利用实测的功率-时间曲线可以直接进行首摆稳定性判断。

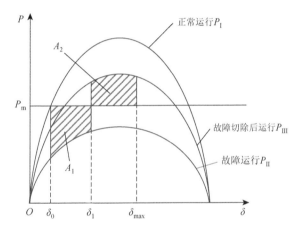

图 6.4　$P\text{-}\delta$ 暂态稳定性分析示意图

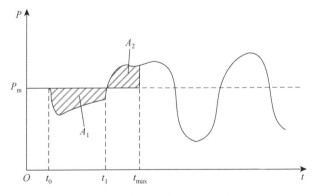

图 6.5　$P\text{-}t$ 暂态稳定性分析示意图

通过电磁功率的变化曲线结合通用等面积定则可以进行首摆稳定性判断，当系统判定首摆失稳时即加速面积 A_1 大于减速面积 A_2，当首摆稳定时，有加速面积 A_1 小于减速面积 A_2。由实测的电磁功率-时间曲线通过式（6.2）完成首摆稳定性判断。

$$A = A_1 + A_2 = \int_{t_0}^{t_{\max}} (P_{\mathrm{m}} - P_{\mathrm{e}}(t))\mathrm{d}t = \begin{cases} > 0, & \text{失稳} \\ \leq 0, & \text{稳定} \end{cases} \tag{6.2}$$

式中：A 为首摆中的剩余能量；P_{m}、$P_{\mathrm{e}}(t)$ 分别为实测机械功率和电磁功率曲线。

由于得到的电磁功率曲线为离散型数据，将电磁功率曲线形成的面积分成 n 个长度为 Δt 梯形 $S_{\Delta} = \dfrac{P_{\mathrm{e}}(t_a) + P_{\mathrm{e}}(t_b)}{2} \Delta t$，如图 6.6 所示。将所有的小梯形面积相加可以得出电磁功率曲线与 t 轴间的面积，通过 $A = \sum\limits_{i=1}^{n} S_{\Delta i}$ 可以完成式（6.2）所示的定积分求解。

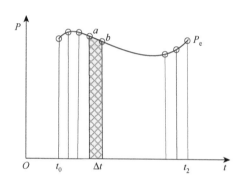

图 6.6　梯形法求解离散型曲线定积分示意图

6.1.4　首摆稳定性验证

基于 PSCAD/EMTDC 仿真软件，依据图 6.1 搭建大规模电力外送系统模型，以交直流混联的形式进行电能输送，受端系统设置为无穷大系统。设置 1.5 s 在单回电力外送线路 L5 发生单相故障，1.6 s 切除故障线路 L5，由实测的功角-时间曲线可得 2.18 s 为第一次出现最大摇摆功角对应的时刻 $t_{\max}$。结合送端系统实测电磁功率-时间曲线由式（6.1）计算可得 $A = -7.42 < 0$，判断系统为首摆稳定。单回电力外送线路切除后实测电磁功率-时间曲线如图 6.7 所示，结果表明故障后切除单回电力外送线路送端系统首摆稳定。

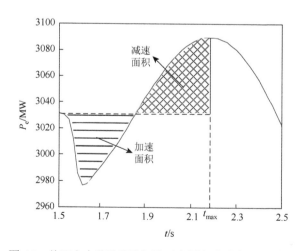

图 6.7　单回电力外送线路切除后实测电磁功率-时间曲线

场景 1：设置 1.5 s 在主干电力外送线路 L1 上发生单相故障，1.6 s 切除故障线路 L1，由实测的功角-时间曲线可得 2.3 s 为第一次出现最大摇摆功角对应的时刻 t_{max}。结合送端系统实测电磁功率-时间曲线由式（6.1）计算可得 $A = 50.26 > 0$，判断系统首摆为失稳。主干电力外送线路切除后实测电磁功率-时间曲线如图 6.8 所示，结果表明故障后切除主干电力外送线路将会导致送端系统首摆失稳。

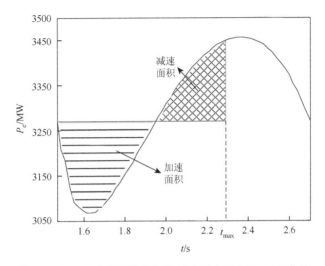

图 6.8　主干电力外送线路切除后实测电磁功率-时间曲线

场景 2：设置 1.5 s 在单回电力外送线路 L5 上发生单相故障，推迟故障线路 L5 切除时间至 1.68 s，由实测的功角-时间曲线可得 2.15 s 为第一次出现最大摇摆功角对应的时刻 t_{max}。结合送端系统实测电磁功率-时间曲线计算可得 $A = 41.34 > 0$，判断系统为首摆失稳。单回电力外送线路切除时间过长情况下首摆失稳结果如图 6.9 所示，结果表明故障后切除时间过长会导致送端系统首摆失稳。

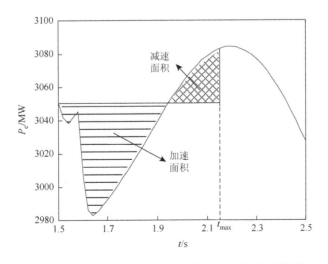

图 6.9　单回电力外送线路切除时间过长首摆失稳结果

上述仿真说明了故障后主干电力外送线路切除、故障切除时间过长等因素会造成系统首摆失稳，与仿真设置工况相符，验证了所提出的首摆稳定性判断依据的正确性。

本节从大规模电力外送系统出发，介绍了大规模电力外送系统的特点，针对大规模电力外送系统中可能会出现的首摆失稳情况进行分析，给出基于能量再平衡的系统稳定性改善思路，所得结论如下。

（1）大规模电力外送系统中输电线路承担的外送功率比传统发电厂外送大很多，交流线路发生故障后更容易出现首摆失稳的问题。

（2）分析得出故障后切除主干电力外送线路、故障切除时间过长等因素会导致系统首摆失稳并给出了判断首摆是否失稳的依据。

（3）大规模电力外送系统中既有交流线路又有直流线路，基于 PSCAD 仿真软件构建大规模电力外送系统模型，给出模型中的元件构成及具体参数。通过仿真验证了可能会造成系统首摆失稳的原因，证明了首摆失稳判断依据的有效性。

6.2　系统功角超实时预测与阶数优化

当系统受到扰动时，发电机的功率平衡状态会被打破，使发电机功角轨迹开始摇摆，因为发电机功角在扰动后不能短时突变，给功角超实时预测提供可能性。通过发电机功角差轨迹曲线可以在一定程度直接反映暂态稳定性。已提出的功角预测方法包括三角函数拟合法、多项式拟合法、自回归预测法，但是这些经验性预测没有建立在动力学微分方程上，三角函数拟合法在失稳工况下的功角预测误差较大，自回归预测法没有考虑发电机高阶参数对预测的影响，上述方法缺乏预测精度或预测时长不够，难以满足目前功角超实时预测的要求。

6.2.1　龙格–库塔法功角预测

龙格–库塔法是一种求解常微分方程组的方法，从发电机功率特性方程出发，构建对故障切除后及假设重合时的发电机功率特性方程，利用龙格–库塔法对其求解，可以得出假设重合时间下系统重合后的稳定性。

大规模电力外送系统的等效单机无穷大系统图如图 6.10 所示，其序网及短路时的等值电路图如图 6.11～图 6.13 所示。如图 6.1 所示的大规模电力外送系统模型，直流线路电抗为 0，不计入计算，其中多条交流线路可以并联等效为单机无穷大系统中的一条线路，再进行系统电抗的等效计算，可以得到系统正常时、故障时、故障切除后的系统等效电抗。

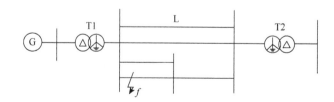

图 6.10　大规模电力外送系统的等效单机无穷大系统图

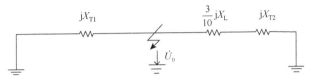

图 6.11　系统负序网络

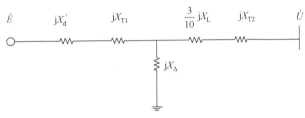

图 6.12　系统零序网络

图 6.13　短路时系统等值电路

系统发生单相短路故障时短路附加电抗为 $X_{\Delta} = X_{\Sigma 0} + X_{\Sigma 2}$，其中

$$X_{\Sigma 2} = \frac{(X_2 + X_{T1})\left(\dfrac{3}{10}X_L + X_{T2}\right)}{X_2 + X_{T1} + \dfrac{3}{10}X_L + X_{T2}} \tag{6.3}$$

$$X_{\Sigma 0} = \frac{X_{T1}\left(\dfrac{3}{10}X_L + X_{T2}\right)}{X_{T1} + \dfrac{3}{10}X_L + X_{T2}} \tag{6.4}$$

正常运行时系统等效电抗为 $X_{\mathrm{I}} = X_d' + X_{T1} + \dfrac{3}{10}X_L + X_{T2}$，故障时系统等效电抗为

$X_{\mathrm{II}} = X_d' + X_{T1} + \dfrac{3}{10}X_L + X_{T2}' + \dfrac{(X_d' + X_{T1})\left(\dfrac{3}{10}X_L + X_{T2}\right)}{X_{\Delta}}$，故障切除后系统等效电抗为

$X_{\mathrm{III}} = X_d' + X_{T1} + \dfrac{3}{10}X_L + X_{T2}$。

故障切除后的发电机功率特性由式（6.5）表示：

$$\begin{cases} \dfrac{\mathrm{d}\delta}{\mathrm{d}t} = (\omega - 1)\omega_0 \\[2mm] M\dfrac{\mathrm{d}\omega}{\mathrm{d}t} = P_m - \dfrac{EU}{X_{\mathrm{II}}}\sin\delta \end{cases} \tag{6.5}$$

式中：E、U 分别为送受两端电压；X_{I} 为正常工作时系统等值电抗；ω 为系统转子角速度；ω_0 为同步角速度；P_m 为系统机械功率；$\sin\delta$ 为系统功角对应的正弦值；δ 为发电机与无穷大母线的功角差。

假设进行重合时，断路器闭合会导致系统等效电抗参数 X 发生改变，致使发电机功率特性发生改变，对于瞬时性故障下的重合，系统等效电抗参数从 X_{III} 变为 X_{I}，此时必须求解式（6.6）所示的微分方程：

$$\begin{cases} \dfrac{\mathrm{d}\delta}{\mathrm{d}t} = (\omega - 1)\omega_0 \\ M\dfrac{\mathrm{d}\omega}{\mathrm{d}t} = P_{\text{m}} - \dfrac{EU}{X_{\text{I}}}\sin\delta \end{cases} \tag{6.6}$$

当已知重合闸时间时，通过龙格-库塔法求解式（6.5）和式（6.6）的两个非线性一阶微分方程可以得到假设重合后的 δ-t 摇摆曲线，进而判断重合后系统的稳定性，将第一次预测下重合时间对应的功角和加速度作为初值，起始条件为 $t = t_{\text{rec}}$，$\delta = \delta_{\text{rec}}$，$\omega = \omega_{\text{rec}}$。

由于这种预测方法在长时间预测时仍然难以保持足够精度辅助后续的首摆稳定性预判并且当大系统构成复杂时难以对系统等效阻抗进行准确计算，进而满足首摆稳定性预判的要求。为克服上述龙格-库塔法进行功角预测的缺点，引入自记忆功角滚动预测法，6.2.2 小节将详细叙述多阶自记忆功角超实时预测方法相对于龙格-库塔法在精确性和加速性上的优势。

6.2.2 多阶自记忆功角超实时预测方法及阶数优化

1）多阶自记忆功角超实时预测

基于自记忆功角滚动预测法，从发电机动力学方程出发，将角速度等高阶参数考虑进去，将历史信息反映到微分方程中，进行功角预测时具有良好的精度和稳定性。从精确性来看，通过功角超实时预测可以准确地得到首摆稳定性预判结果；从快速性来看，快速完成首摆稳定性预判可以给后续的附加控制策略提供时间上的操作可行性。

系统稳定性分析是研究系统在受到如短路故障、切机切线路、负荷冲击等大扰动情况下保持同步稳态运行的能力。想要提前知道系统是否失稳并设置附加控制策略必须先进行功角的超实时预测。下面将对图 6.14 所示的单机无穷大系统进行功角超实时预测分析。

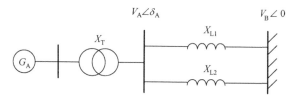

图 6.14 单机无穷大系统

对于如图 6.14 所示的单机无穷大系统，转子运动方程为

$$\begin{cases} \dfrac{\mathrm{d}\delta}{\mathrm{d}t} = \omega_0\Delta\omega \\ M\dfrac{\mathrm{d}\Delta\omega}{\mathrm{d}t} = P_{\text{m}} - P_{\text{e}} \end{cases} \tag{6.7}$$

式中：δ 为发电机与无穷大母线的功角差；ω_0 为同步角速度；$\Delta\omega$ 为发电机的转子角速度；M 为惯性时间常数；P_{m} 为机械输入功率；P_{e} 为电磁输出功率。上述方程中不平衡功率、转子功角、角速度可以由发电机出口测量装置进行实时测量。

对微分动力系统有方程：

$$\frac{\mathrm{d}x}{\mathrm{d}t} = F(x, \lambda, t), \quad x \in \mathbf{R}^n \tag{6.8}$$

设有时间集合 $T = \{t_{-p}, t_{-p+1}, \cdots, t_{-1}, t_0, t\}$，$t_{-p}, t_{-p+1}, \cdots, t_{-1}, t_0$ 为历史时刻，t（$t = 1, 2, 3, \cdots$）为预测时刻，时间间隔为 Δt。

在时间集合 T 上将记忆函数 $\alpha(t)$ 引入式（6.8）并进行积分：

$$\int_{t_{-p}}^{t} \alpha(\tau)\frac{\mathrm{d}x}{\mathrm{d}t}\mathrm{d}\tau = \int_{t_{-p}}^{t} \alpha(\tau)F(x, \lambda, t)\mathrm{d}\tau \tag{6.9}$$

对式（6.9）进行分部积分法结合中值定理可得

$$\int_{t_{-p}}^{t} \alpha(\tau)\frac{\mathrm{d}x}{\mathrm{d}t}\mathrm{d}\tau = \alpha(t)x(t) - \alpha(t_{-p})x(t_{-p}) - \sum_{i=-p}^{0} x_i^m[\alpha(t_{i+1}) - \alpha(t_i)] \tag{6.10}$$

式中：$x_i^m = x(\varepsilon)$，$\varepsilon \in [t_i, t_{i+1}]$。

取中值进行如式（6.11）的近似处理有

$$x_i^m \approx \frac{x(t_i) + x(t_{i+1})}{2} \tag{6.11}$$

将式（6.11）、式（6.10）与式（6.9）结合得到：

$$\begin{aligned}
x(t) = &\frac{\alpha(t_{-p})}{\alpha(t)}x(t_{-p}) - \frac{1}{\alpha(t)}\sum_{i=-p}^{0}\alpha(t_i)F(x, \lambda, t_i)\Delta t \\
&+ \frac{1}{\alpha(t)}\sum_{i=-p}^{0}\frac{1}{2}[x(t_{i+1}) + x(t_i)][\alpha(t_{i+1}) - \alpha(t_i)]
\end{aligned} \tag{6.12}$$

将式（6.12）分为不同时刻的贡献值相加：

$$x(t) = G_1 + G_2 + G_3 \tag{6.13}$$

式中：G_1 表示初始时刻对预测值的贡献；G_2 表示高阶因素对预测值的贡献；G_3 表示初始时刻到开始预测时刻的累计贡献。

令 $x_1 = x(t), x_i = x(t_i), \alpha_1 = \alpha(t), \alpha_i = \alpha(t_i), F_i = F(x, \lambda, t_i)$，则式（6.12）可以写为 p 阶自记忆预测方程：

$$\begin{aligned}
x_1 = &\beta_{-p}(x_{-p} - x_{-p+1} + 2F_{-p}\Delta t) \\
&+ \sum_{i=-p+1}^{-1}\beta_i(x_{i-1} - x_{i+1} + 2F_i\Delta t) \\
&+ \beta_0(x_{-1} + 2F_0\Delta t) + x_0\beta_1
\end{aligned} \tag{6.14}$$

式中：$\beta_i = \dfrac{\alpha_i}{\alpha_1 + \alpha_0}$，$i = -p, \cdots, 0, 1$。

将自记忆法适用的微分运动方程与发电机运动方程进行对比可知 $F_i = \omega_i$，$x_i = \delta_i$。

自记忆法多阶功角预测公式如下：

$$\begin{aligned}
\delta_1 = &\beta_{-p}(\delta_{-p} - \delta_{-p+1} + 2\omega_{-p}\Delta t) \\
&+ \sum_{i=-p+1}^{-1}\beta_i(\delta_{i-1} - \delta_{i+1} + 2\omega_i\Delta t) \\
&+ \beta_0(\delta_{-1} + 2\omega_0\Delta t) + \delta_0\beta_1
\end{aligned} \tag{6.15}$$

式中：$\beta_i(i = -p, \cdots, 0, 1)$ 为自记忆系数；Δt 为采样间隔时间；$\delta_i(i = -p, \cdots, 0)$ 为历史时刻的功角值；p 为预测阶数；i 为采样点数；δ_1 为第一个预测点的功角，β_{-p}、δ_{-p}、ω_{-p} 分别为 $-p$ 历史

时刻对应的自记忆系数、功角、角速度；δ_{-p+1}、δ_{i-1}、δ_{i+1} 分别为采样点数为 $-p+1$、$i-1$、$i+1$ 时的历史功角；δ_{-1}、β_0 分别为倒数第二个历史时刻的功角和自记忆系数；δ_0、β_1 分别为最后一个历史时刻的功角和自记忆系数。

在初始时刻的功角值已知的情况下，由于电力系统中发电机角速度（ω_i）只能获取当前时刻和之前时刻的值，会导致 δ_2 开始就无法预测，此时需要先对 $\Delta\omega$ 进行预测。将式（6.7）的第二式化为差分方程：

$$\Delta\omega(t+\Delta t) = \Delta\omega(t) + \frac{1}{2M}[\Delta P(t) + \Delta P(t+\Delta t)]\Delta t \tag{6.16}$$

式中：ΔP 为不平衡功率；t 为预测时间；Δt 为采样时间间隔；$\Delta\omega(t)$、$\Delta\omega(t+\Delta t)$ 分别为下一时刻和当前时刻的转子角速度；$\Delta P(t)$、$\Delta P(t+\Delta t)$ 分别为当前时刻和下一时刻的不平衡功率。

要实现对 $\Delta\omega$ 的预测需要对 ΔP 进行预测，考虑到电力系统的实际运行状况 ΔP 曲线具有低频拟周期特性，一段时间内轨迹的不平衡功率可以用关于角度的三角函数进行拟合，可知：

$$\Delta P = P_c(t) + \lambda_{1t}(t)\sin\delta + \lambda_{2t}(t)\cos\delta \tag{6.17}$$

式中：$P_c(t)$、$\lambda_{1t}(t)$、$\lambda_{2t}(t)$ 为时变拟合参数，在不发生大扰动工况下认为短时恒定，利用最小二乘法对参数进行计算后，完成对 ΔP 的预测，进而进行角速度预测。$\sin\delta$、$\cos\delta$ 分别表示功角为 δ 时所对应的正弦值和余弦值。

电力系统在不发生大扰动的某一特定运行状态下，时变参数 $P_c(t)$、$\lambda_{1t}(t)$、$\lambda_{2t}(t)$ 短时间内可以视为恒定，可由历史时刻的不平衡功率通过式（6.18）进行参数辨识，然后在预测时间内实现对 ΔP 的预测。

$$\begin{bmatrix} P_c \\ \lambda_1 \\ \lambda_2 \end{bmatrix} = (\boldsymbol{B}^{\mathrm{T}}\boldsymbol{B})^{-1}\boldsymbol{B}^{\mathrm{T}}\boldsymbol{C} \tag{6.18}$$

$$\boldsymbol{B} = \begin{bmatrix} 1 & \cos t & \sin t \\ 1 & \cos(t+\Delta t) & \sin(t+\Delta t) \\ \vdots & \vdots & \vdots \\ 1 & \cos(t+n\Delta t) & \sin(t+n\Delta t) \end{bmatrix}, \quad \boldsymbol{C} = \boldsymbol{M}\begin{bmatrix} \Delta P(t) \\ \Delta P(t+\Delta t) \\ \vdots \\ \Delta P(t+n\Delta t) \end{bmatrix} \tag{6.19}$$

在实现对不平衡功率的预测后可以完成角速度预测，在此基础上对自记忆系数 β_{-2}、β_{-1}、β_0、β_1 进行最小二乘法计算，结合实测功角值进行功角实时预测。将自记忆多阶预测公式表示为线性方程组的形式，设历史功角矩阵 $\boldsymbol{\delta} = [\delta_1, \delta_2, \delta_3, \cdots, \delta_n]^{\mathrm{T}}$，记忆系数矩阵为 $\boldsymbol{\beta} = [\beta_{-p}, \cdots, \beta_0, \beta_1]^{\mathrm{T}}$，则式（6.15）可以表示为

$$\boldsymbol{\delta} = \boldsymbol{M}\boldsymbol{\beta} \tag{6.20}$$

式中：$\boldsymbol{\beta}$ 为记忆系数矩阵；$\boldsymbol{\delta}$ 为历史功角矩阵；$\boldsymbol{M}$ 为功角贡献矩阵，即

$$\boldsymbol{M} = [\boldsymbol{M}_1 \ \boldsymbol{M}_2 \ \boldsymbol{M}_3 \ \cdots \boldsymbol{M}_n]^{\mathrm{T}} \tag{6.21}$$

式中，$\boldsymbol{M}_1, \boldsymbol{M}_2, \cdots, \boldsymbol{M}_n$ 表示对应的功角贡献子矩阵。

$$\boldsymbol{M}_i = \begin{bmatrix} \delta_{-p} - \delta_{-p+1} + 2\omega_{-p}\Delta t \\ \delta_{-p} - \delta_{-p+2} + 2\omega_{-p+1}\Delta t \\ \vdots \\ \delta_{-1} + 2\omega_0\Delta t \\ \delta_0 \end{bmatrix}^{\mathrm{T}} \tag{6.22}$$

式中：$i = 1, 2, \cdots, n$；δ_{-p}、ω_{-p}、δ_{-p+1}、δ_{-1}、δ_0 与式（6.15）中含义相同；ω_{-p+1} 表示$-p+1$ 历史时刻对应的角速度；δ_{-p+2} 表示$-p+2$ 历史时刻对应的功角。

记忆系数矩阵最小二乘解为

$$\boldsymbol{\beta} = (\boldsymbol{M}^{\mathrm{T}}\boldsymbol{M})^{-1}\boldsymbol{M}^{\mathrm{T}}\boldsymbol{\delta} \qquad (6.23)$$

式中：$\boldsymbol{M}^{\mathrm{T}}$ 为功角贡献矩阵的转置矩阵。

预测方案：设有 $n+3$ 组功角、角速度、不平衡功率历史数据，取 $p+2$ 个功角和角速度为一组求 M_i，每向后滚动一个时刻构成一组新的数据，得到 n 个 M_i 构成 M 矩阵，通过最小二乘计算求得的记忆系数矩阵 A 与之前几个时刻的 δ_i 和 $\Delta\omega_i$ 由式（6.15）预测下一时刻 δ_{i+1}，再根据式（6.17）可预测下一时刻的 ΔP_{i+1}，根据 ΔP_i 和 ΔP_{i+1} 由式（6.16）得出下一时刻 $\Delta\omega_{i+1}$，通过 δ_{i+1} 和 $\Delta\omega_{i+1}$ 预测第二个时刻的 δ_{i+2}，用 δ_{i+2} 替代前面历史时刻的第一个数据进行记忆系数矩阵 A 的重新计算，然后进行滚动预测功角至目的时刻。

功角超实时预测流程图如图 6.15 所示。

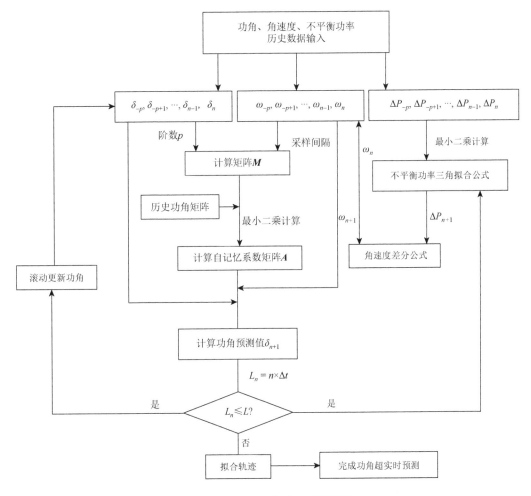

图 6.15 功角超实时预测流程图

2）功角预测阶数优化

（1）阶数影响分析。

随着自记忆阶数的改变，对预测的精度和计算时间都会有不同程度的影响，此时选择一个既满足约束又能提高预测精度的最优预测阶数十分重要。在式（6.15）中代入 $P = 2, 4, 6$ 三个情况举例进行分析。

当 $P = 2$ 时，有

$$\delta_1 = \beta_{-2}\left(\delta_{-2} - \delta_{-1} + 2\omega_{-2}\Delta t\right) + \beta_{-1}\left(\delta_{-2} - \delta_0 + 2\omega_{-1}\Delta t\right) + \beta_0\left(\delta_{-1} + 2\omega_0\Delta t\right) + \delta_0\beta_1 \tag{6.24}$$

当 $P = 4$ 时，有

$$
\begin{aligned}
\delta_1 = &\beta_{-4}\left(\delta_{-4} - \delta_{-3} + 2\omega_{-4}\Delta t\right) + \beta_{-3}\left(\delta_{-4} - \delta_{-2} + 2\omega_{-3}\Delta t\right) \\
&+ \beta_{-2}\left(\delta_{-3} - \delta_{-1} + 2\omega_{-2}\Delta t\right) + \beta_{-1}\left(\delta_{-2} - \delta_0 + 2\omega_{-1}\Delta t\right) \\
&+ \beta_0\left(\delta_{-1} + 2\omega_0\Delta t\right) + \delta_0\beta_1
\end{aligned}
\tag{6.25}
$$

当 $P = 6$ 时，有

$$
\begin{aligned}
\delta_1 = &\beta_{-6}\left(\delta_{-6} - \delta_{-5} + 2\omega_{-6}\Delta t\right) + \beta_{-5}\left(\delta_{-6} - \delta_{-4} + 2\omega_{-5}\Delta t\right) \\
&+ \beta_{-4}\left(\delta_{-5} - \delta_{-3} + 2\omega_{-4}\Delta t\right) + \beta_{-3}\left(\delta_{-4} - \delta_{-2} + 2\omega_{-3}\Delta t\right) \\
&+ \beta_{-2}\left(\delta_{-3} - \delta_{-1} + 2\omega_{-2}\Delta t\right) + \beta_{-1}\left(\delta_{-2} - \delta_0 + 2\omega_{-1}\Delta t\right) \\
&+ \beta_0\left(\delta_{-1} + 2\omega_0\Delta t\right) + \delta_0\beta_1
\end{aligned}
\tag{6.26}
$$

由本节所提出的多阶自记忆功角超实时预测方法可知，当预测阶数改变时，由式（6.16）和式（6.17）可以看出对于角速度和不平衡功率的预测过程，只是有对下一时刻的角速度和不平衡功率的迭代计算，其计算量和预测精度不会随着预测阶数的改变而改变。因此，对于预测的精度影响主要由自记忆预测公式本身和求解自记忆系数矩阵两方面构成。

从自记忆预测公式本身出发，由式（6.24）～式（6.26）可以比较看出，当预测阶数 P 变大时自记忆功角预测公式中最后两项不变，主要变化在于累计环节 $\beta_i\left(\delta_{i-1} - \delta_{i+1} + 2\omega_i\Delta t\right)$ 的增多，表现为增加了历史数据对下一个预测功角的累计贡献，也会使预测的功角值更接近真实值，预测误差变小，预测精度提高。

从求解自记忆系数矩阵出发，预测阶数主要影响在于求记忆系数矩阵最小二乘解时，将式（6.7）表示为式（6.20）的矩阵形式，在式（6.23）给出记忆系数矩阵 $\boldsymbol{\beta}$ 的最小二乘解计算公式，可以看出阶数变高会导致 $\boldsymbol{M}_i$ 矩阵维数变大，由于引入了更多项的历史数据进行记忆系数矩阵的求解使系数矩阵 $\boldsymbol{A}$ 的最小二乘解更加精确，预测误差更小。但同时在矩阵求逆和矩阵相乘等运算中计算量会随着预测阶数的增大而增大，完成整个预测流程的计算时间也会变长。

对于计算自记忆系数矩阵的最小二乘法拟合过程，随着预测阶数增加，数据量增大，整个拟合过程会出现饱和现象，随着采集的数据量越来越大，新数据所提供的信息被历史信息淹没，预测精度提高的效果会逐渐减小。

综上，阶数对功角预测的影响表现为阶数小、时间短、精度低，阶数大、时间长、精度高但有饱和现象，结合计算时间和预测精度可以选择最优预测阶数。

（2）对比分析。

设置采样数据窗长度为 0.1 s，采样间隔 Δt 为 0.01 s。以 PSCAD/EMTDC 中搭建的 IEEE 39 节点仿真中得到的数据作为实时测量数据，以预测功角和实际功角差达到 5° 为界限初步衡量预测是否失效，功角差大于 5° 的时刻即为最大精确预测时间。

在线路 16-17 上设置故障，在 1 s 时发生单相短路故障，以发电机 39 功角轨迹作为参考。在故障线路于 1.16 s 切除时，以 1.3～1.4 s 为采样时间得到发电机 38 的历史功角、角速度、不平衡功率数据，作出不同阶数（$P = 2, 3, \cdots, 8$）下从 1.4 s 开始预测至各个时刻的预测误差，在 MATLAB R2014a 的环境下进行仿真（处理器 i5-8265U@1.60 GHz，内存 8 GB），得到不同阶数下的预测过程计算时间。由于 MATLAB 程序计算时间会随着计算机运行状态的不同发生变化，为了提高结果的可靠性，取十次运算的时间平均值为最后的计算时间结果，如表 6.1 所示。

表 6.1　不同自记忆预测阶数下的误差大小与计算时间

预测阶数 P	预测误差/(°)					计算时间/ms
	1.4 s	1.5 s	1.6 s	1.7 s	1.8 s	
2	0.85	4.47	6.34	9.22	14.52	2.347
3	0.60	3.86	5.08	7.90	12.38	3.293
4	0.46	2.47	4.38	6.16	10.31	4.471
5	0.38	1.89	3.05	4.57	7.86	6.604
6	0.35	1.21	2.93	4.32	6.24	11.335
7	0.33	1.16	2.82	4.16	4.85	16.825
8	0.32	1.13	2.76	4.05	4.43	39.058

形成不同预测阶数下预测至 1.8 s 处的预测误差与计算时间曲线如图 6.16 所示。

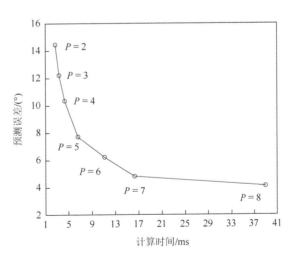

图 6.16　不同预测阶数下的预测误差及计算时间示意图

由图 6.16 可以看出，随着预测阶数的提高，预测误差逐渐减小，但是当 $P = 7$ 时折线图来到拐点，出现数据饱和现象，当预测阶数 $P = 8$ 时预测误差提升并不是很明显，而计算时间显著增大。在尽可能提高预测精度且尽快完成预测过程的前提下，留有一定的时间裕度，$P = 7$ 在计算时间要求上比更高阶数要符合工程实际，而在预测精度上又比 $P = 2$、$P = 3$、$P = 4$、$P = 5$ 时有不少提高。因此，综合预测精度和计算时间限制来看，选择 $P = 7$ 为多阶自记忆预测的最优阶数。

当使用性能更好的处理器时，其计算速度会变快，计算时间也会缩短。对于不同的仿真模型，尽管采样数据有一定区别，但由于单次采样数不变并且对于多阶自记忆公式来说仍然符合上述阶数与预测精度、计算时长的规律。

当后续的操作对功角预测的要求不同时，会选择不同的最优预测阶数，在较为宽裕的预测时间下可以选择更高的预测阶数来达到更小的预测误差，提高控制策略等操作的精确性。

6.2.3 基于功角预测的首摆稳定性预判

基于最优阶数进行功角超实时预测，通过预测功角轨迹是否有持续增大至超过 180° 的趋势可初步知道功角是否失稳，当初步功角失稳时自动判定为首摆失稳，此时不存在第一次最大摇摆功角所对应时间 t_{max}。当初步功角不失稳时，将 t_{max} 在首摆稳定性预判中定义为预测失稳时间 t_2，结合功角预测过程中得到的不平衡功率预测曲线与功角预测曲线中对应的预测失稳时间 t_2 进行首摆稳定性预判。

通过预测不平衡功率曲线和 t_2 代入式（6.27）可以进行首摆稳定性预判计算。当系统判定首摆失稳时，加速面积 A_1 大于减速面积 A_2；当首摆稳定时，加速面积 A_1 小于减速面积 A_2。

$$A = A_1 + A_2 = \int_{t_0}^{t_2} (p_m - p_{eyc}(t))\mathrm{d}t = \int_{t_0}^{t_2} \Delta p(t)\mathrm{d}t = \begin{cases} > 0, & 失稳 \\ \leq 0, & 稳定 \end{cases} \quad (6.27)$$

式中：A 为首摆预测中的剩余能量；p_m、$p_{eyc}(t)$ 分别为系统的机械功率和预测电磁功率曲线；$\Delta p(t)$ 为功角预测过程中得到的预测不平衡功率曲线。

预测失稳时间 t_2 一般为 500～600 ms，而对于重合闸时间，不仅要大于故障点熄弧时间与介质去游离过程的时间，而且要大于断路器和操作机构复原至再次动作的时间。对于双侧电源线路还要考虑两侧保护装置不同时切除故障等影响，综合来看输电线路重合闸时间一般大于 0.6 s，因此无论是传统重合闸还是自适应重合闸都会在预测失稳时间 t_2 以后进行重合。

6.2.4 仿真验证

IEEE 10 机 39 节点模型对于验证出现故障时的功角稳定问题与进一步分析系统的暂态稳定性十分有效。对 IEEE 39 节点系统进行实时功角预测仿真验证，39 号母线上对应的发电机为参考机组。

1. 功角预测

采用 $P = 7$ 进行超实时功角预测，故障切除时间过长会导致出现失稳工况，仿真作出 1.16 s 切除故障的稳定工况与 1.28 s 切除故障的失稳工况下的功角预测结果，为了方便同步时间进行误差比较，两种工况都在 1.3～1.4 s 对发电机 38 的功角、角速度、不平衡功率等数据进行采样测量，作为历史数据进行后续功角预测。

当故障线路在 1.16 s 切除时，发电机 38 功角保持稳定，得到实际功角轨迹、自回归预测法轨迹与七阶自记忆预测法轨迹，如图 6.17 所示。当故障线路在 1.28 s 切除时，发电机 38 功角发生失稳，得到实际功角轨迹、自回归预测法轨迹与七阶自记忆预测法轨迹，如图 6.18 所示。

由图 6.17、图 6.18 可以看出自回归预测法随着预测时间的增加预测误差越来越大，难以满足实际需求，而七阶自记忆预测法在一定时间内可以良好地反映轨迹的发展趋势。

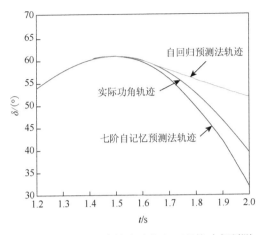

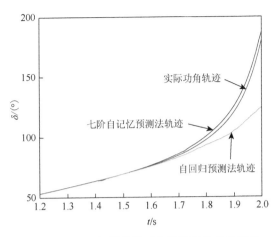

图 6.17 1.16 s 切除故障时稳定工况的功角预测　　　图 6.18 1.28 s 切除故障时失稳工况的功角预测

表 6.2 给出了不同预测时刻的误差大小，角度差控制在 5°以内为精确预测时长，由误差计算可以得出两种工况下的发电机功角精确预测时长均可以达到 0.5 s，满足首摆稳定性初步判别的条件。

表 6.2　不同预测时刻的误差大小

预测方法	不同预测时刻的误差(稳定工况)/(°)				不同预测时刻的误差(失稳工况)/(°)			
	1.6 s	1.7 s	1.8 s	1.9 s	1.6 s	1.7 s	1.8 s	1.9 s
自回归预测法	3.16	4.53	7.42	10.60	2.3	5.48	7.24	15.75
七阶自记忆预测法	2.82	4.16	4.85	5.57	2.45	3.33	3.86	4.79

2. 首摆稳定性预判

设置与功角预测仿真相同的工况，作出 1.16 s 切除故障的稳定工况与 1.28 s 切除故障的失稳工况下首摆稳定性预判结果，由计算得出的结果与设置的仿真工况相符合。

设置 1.28 s 切除故障，电磁功率预测曲线如图 6.19 所示，通过预测功角轨迹初步可知功角出现失稳，由预测功角曲线可得预测失稳时间 t_2 为 1.50 s，经式（6.27）计算得到 $A>0$，由首摆稳定性预判可知系统首摆失稳。

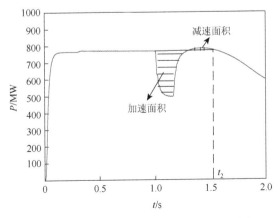

图 6.19 1.28 s 切除故障时电磁功率预测曲线

设置 1.16 s 切除故障，通过预测功角轨迹初步可知功角不出现失稳，由预测功角曲线可得预测失稳时间 t_2 为 1.72 s，电磁功率预测曲线如图 6.20 所示，由式（6.27）计算可知，此时 $A<0$，由首摆稳定性预判可知系统首摆稳定。

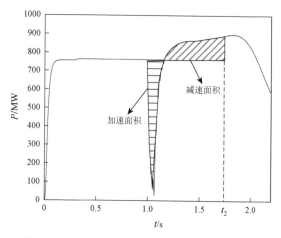

图 6.20　1.16 s 切除故障时电磁功率预测曲线

综上，基于不平衡功率预测曲线，结合功角预测曲线中预测失稳时间 t_2 可以进行首摆稳定性预判。仿真证明了在完成功角超实时预测后进行首摆稳定性预判的正确性，首摆预判的稳定结果与功角超实时预测的系统初步稳定结果也是一致的。

6.3　系统稳定性控制策略分析

6.3.1　切机与紧急功率支援策略

切机作为改善系统暂态稳定性的常用措施，对于多机系统来说会减少发电机的机械功率以及一部分惯量，发电机的暂态电抗也会稍有增大，使发电机电磁功率稍微变小，图 6.21 为切机能量示意图。切机操作增加了减速面积，可以消除系统中的不平衡能量。作为一种刚性的安稳运行控制，切机在使系统维持稳定运行的过程中会造成较大的电网损失，降低系统的可靠性。在系统稳定性失去控制时才会采用切机来保护系统，属于晚期的系统安稳控制方法。

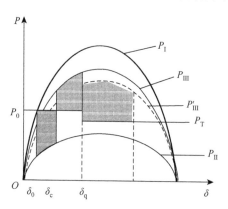

图 6.21　切机能量示意图

考虑到一般大规模电力外送系统中存在直流输电通道，直流输电系统输送功率大且可以快速调节功率，在不损失电源下根据网架特点进行分析，通过直流线路来进行功率支援。与切机相比紧急功率支援策略作为一种柔性的控制策略，在不切除发电机的情况下可以消纳送端系统的不平衡能量，提高系统暂态稳定性。

在运用紧急功率支援策略进行不平衡能量消纳分析时，紧急功率支援调节效果在 P-δ 曲线中表示为非线性特征，不利于直接计算，如图 6.22（a）所示。在 P-t 坐标下进行分析便于后续的紧急功率支援方案的制订，因此将直流功率支援的影响经过非线性映射折算用如图 6.22（b）所示紧急功率支援示意图进行表示。在进行紧急功率支援以后，对于等值单机无穷大系统，将直流功率合并作为等值的发电机机械功率看待，直流线路功率改变时系统等值机械功率随之变化调整。当直流线路功率降低 ΔP 时，可使等值机械功率增大 ΔP，当直流线路功率提高 ΔP 时，可使等值机械功率减小 ΔP，减速面积从 A_2 变为 $A_2 + A_3$，使系统暂态稳定性提高。根据计算的不平衡能量大小可以制定功率紧急支援的时间以及大小。

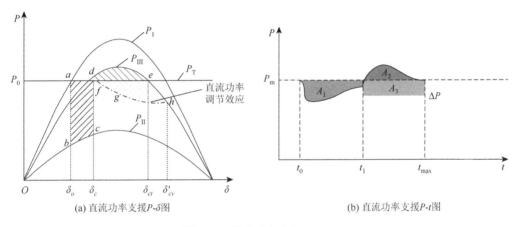

(a) 直流功率支援 P-δ 图　　　　　　　　　(b) 直流功率支援 P-t 图

图 6.22　紧急功率支援示意图

紧急功率支援利用其短时过负荷能力来提高电力系统的暂态稳定性，因此直流输电线路的过负荷能力是一个重要的性能指标，通常的直流系统长期最大过负荷电流为额定电流的 1.1 倍；而暂时过负荷能力及持续时间由具体工程情况决定，晶闸管过载能力是限制快速提高电能输送的因素，在备用冷却设备投入的情况下，直流系统的电流在 3 s 内过负荷能力可以达到 1.5 倍额定电流。

6.3.2　紧急功率支援策略实施

直流系统紧急功率支援主要通过改变直流功率的给定值实现。通常由运行人员根据实际运行情况，设置双极功率给定值以及功率提升速率来改变直流输送功率。然而，直流功率的提升会增加换流站消耗的无功功率，不恰当的功率提升量可能引起系统的电压稳定性问题；另外，交流系统强度对于直流系统输电能力的限制，有可能使直流功率无法提升至指定值。因此，如何确定紧急功率支援参数，使得在充分利用直流系统输电能力的同时，避免对系统电压稳定性造成的负面影响，已成为亟待解决的关键技术问题。目前已有斜坡调制、大方式调制、阶梯式调制等紧急功率支援调制方式[17, 18]。

1. 斜坡调制

斜坡调制方式是在故障后按照人为设定的方式通过提升或回降策略来变化直流功率整定值，如式（6.28）所示：

$$P_{dc} = P_{ref} + K(t_e - t_s) \tag{6.28}$$

式中：t_s 为功率提升或回降的起始时间；t_e 为功率提升或回降的结束时间；K 为提升或回降的速率。斜坡调制示意图如图 6.23 所示。

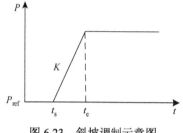

图 6.23　斜坡调制示意图

2. 大方式调制

有功功率大方式调制以所监测线路的功率变化率为输入信号，经过测量、滤波、放大以及一系列超前-滞后环节加以合成，再经限幅器输出附加功率控制信号。该信号与功率控制指令信号相叠加，经主控制器改变触发角指令后送到各阀组控制单元，从而控制直流输出功率，以提高系统稳定性。大方式调制原理图如图 6.24 所示。图中 P_{LINE} 为线路中需要升高或降低的功率；s 为复频率；T_{mes} 和 T_w 为功率测量时间常数；K_p 为功率调制增益；T_1、T_3 为超前时间常数，T_2、T_4 为滞后时间常数；P_{DMIN} 和 P_{DMAX} 为直流功率调制量的下限和上限。

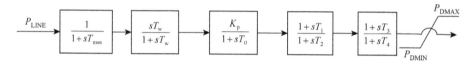

图 6.24　大方式调制原理图

3. 阶梯式调制

考虑到直流提升影响因素，提出一种较好的基于不平衡功率动态估计的直流幅值阶梯递增紧急功率支援方法，阶梯式调制示意图如图 6.25 所示。

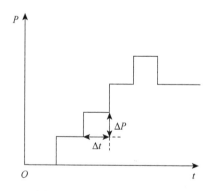

图 6.25　阶梯式调制示意图

在阶梯式调制中如何控制每一个阶梯的 Δt 和 ΔP 来达到最好的紧急功率支援效果是关键。ΔP 的大小与系统内部不平衡功率具有至关重要的关系，不平衡功率由于系统自身调节作用以及负荷响应等，其大小是实时动态变化的，可以通过实时在线估计系统不平衡功率的大小制定合理的功率支援量。因此，介绍一种基于系统不平衡功率的扩张状态观测器，并对观测器参数进行设置，实现不平衡功率的实时准确估计，然后考虑功率支援限制因素对功率支援量进行优化，以阶梯递增原则来实现功率支援。

建立如图 6.26 所示的不平衡功率估计器，fal 为非光滑函数，扩张状态观测器 ESO 的一种计算公式。对不平衡功率 ΔP 进行实时估算，用 $\Delta \hat{P}$ 来表示：

$$\Delta \hat{P} = \frac{-Z_2 M_{\mathrm{JT}}}{f_0} \tag{6.29}$$

式中：f_0 为系统稳态频率 50 Hz；Z_2 为系统扩张状态估计量；M_{JT} 为系统中所有发电机的惯性时间常数总和。

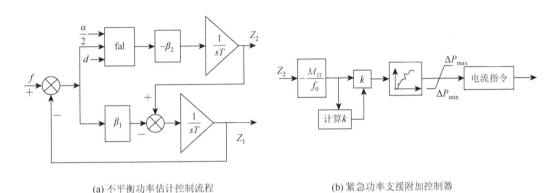

(a) 不平衡功率估计控制流程　　　　　　　　(b) 紧急功率支援附加控制器

图 6.26　阶梯式功率支援实施

当考虑到直流提升影响因素时，定义电压敏感因子指标 F_{VSF} 来评估交流系统母线电压水平对功率提升量的限制：

$$F_{\mathrm{VSF}} = \frac{\Delta U}{U_{\mathrm{N}}} \tag{6.30}$$

式中：ΔU 为单位直流功率提升量导致的交流母线电压跌落量；U_{N} 为交流系统母线电压额定值，则有以下关系：

$$k\Delta \hat{P} F_{\mathrm{VSF}} = \frac{k\Delta \hat{P} \Delta U}{U_{\mathrm{N}}} \tag{6.31}$$

当 $k\Delta \hat{P} F_{\mathrm{VSF}}$ 的大小在电压允许范围内时取 $k=1$，功率提升量等于观测器估计的不平衡功率；反之，则按照电压允许波动的最大值计算此时的 k 值。考虑直流有功功率提升会导致换流母线电压跌落，因此需配置无功补偿，补偿容量按照直流满载运行时的 50% 来配备。对于直流系统输电能力的限制可以通过限幅环节来实现。

6.3.3　大规模电力外送系统中紧急功率支援实施方案

从直流系统的功率控制性能角度入手，根据不平衡能量值进行直流线路功率调节来增大减速面积，消散不平衡能量，阻尼系统功角过大摆动，上述能量再平衡思路如图 6.27 所示。

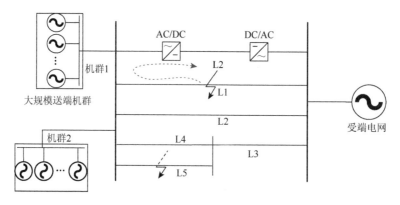

图 6.27 大规模电力外送系统中能量再平衡示意图

对于用 P-t 图来进行暂态稳定性分析的不平衡能量可以表示为

$$S_{\text{inb}} = \int_{t_0}^{t_2} (P_{\text{T}} - P_{\text{e}}) \mathrm{d}t \tag{6.32}$$

式中：S_{inb} 为不平衡能量大小；P_{T}、P_{e} 分别为系统机械功率和电磁功率；t_0、t_2 分别为初始功角、预测失稳对应的时刻。

$$\Delta P = \frac{S_{\text{inb}}}{t_{\text{调制}}} \tag{6.33}$$

式中：ΔP 为提升或者降低直流功率大小值；$t_{\text{调制}}$ 为进行直流功率调制所用时间。

图 6.28 为紧急功率支援调制方式。根据需要快速改变的直流功率值 ΔP 除以直流线路额定电压进行期望电流值的计算，再以该电流进行定电流运行方式，完成紧急功率支援方案的实施。考虑到直流系统调制的平滑性，可以采取限制范围内的阶梯式调制方式。

图 6.28 紧急功率支援调制方式

采用直流功率支援作为附加控制策略可以很好地消纳不平衡能量并减小电网切机损失，当系统出现首摆失稳情况时，即使进行直流功率支援也难以改变系统失稳的发展趋势，因此先对系统功角进行超实时预测，提前进行系统的首摆稳定性预判再计算需要改变的直流功率大小，制定直流功率支援方案，使系统恢复稳定。

6.4 紧急功率支援下自适应重合闸附加稳定控制策略

自适应重合闸在完成故障性质辨识后对永久性故障闭锁，对瞬时性故障进行重合，当首摆失稳时重合于瞬时性故障系统仍然可能后续失稳。基于此，本章从直流线路功率可以快速调节的特点出发提出紧急功率支援实施的方案，通过自适应重合闸时序与问题分析得出相应的附加稳定控制策略和时序分析。在进行首摆稳定性预判后从消纳送端不平衡能量的角度出发，通过改变定电流控制整定值来改变直流输电走廊容量，进而转移由于故障后交流走廊切除产生的多余能量，同时结合功角预测进行瞬时性故障最佳重合闸时间选择，达到使系统后续稳定运行的目的，解决自适应重合闸在首摆失稳情况下难以使系统恢复稳定的问题，最后通过仿真验证所提出策略的正确性。

6.4.1　自适应重合闸时序与问题分析

自适应重合闸的基本思路为：首先进行故障性质判别，判别为永久故障后对重合闸进行闭锁，判别为瞬时性故障后选择瞬时性故障最佳重合闸时间进行重合。

常见的故障性质判别的方法有基于电压内积的带并联电抗器故障性质判别方法。其实现步骤如下。

（1）当线路发生单相接地故障时，在故障相跳闸后等待两个周波，以 2 kHz 的频率对三相电压进行采样得到 $U_a(k)$、$U_b(k)$、$U_c(k)$。

（2）求得故障相端电压一阶导数的电压，以 A 相故障为例：$U'_a(k) = \dfrac{U_a(k+1) - U_a(k-1)}{2\omega T_a}$，其中 k 为当前的采样点，T_a 为两个采样点之间的时间间隔。

（3）选取数据窗长度为 1 个周波，逐次滑动一个采样点获得最新采样数据，分别计算健全相电压与故障相电压 A 相及其一阶导数电压的内积，如式（6.34）和式（6.35）所示：

$$P_1(k) = \left| \frac{1}{N} \sum_{i=k-N+1}^{i=N} [U_b(i) + U_c(i)] U_a(i) \right| \tag{6.34}$$

$$P_2(k) = \left| \frac{1}{N} \sum_{i=k-N+1}^{i=N} [U_b(i) + U_c(i)] U'_a(i) \right| \tag{6.35}$$

式中：N 为一个工频周期内的采样点数，取 $N = 40$。

（4）若连续 5 次检测到 $P_1(k) > P_2(k)$，则判定故障为瞬时性，继续检测到当 $P_1(k) < P_2(k)$ 时，则判定进入恢复电压阶段，即故障电弧已熄灭，在预留一定时间裕度的基础上等待绝缘恢复就可以在后续发出重合闸命令。

（5）如果在传统重合闸固有的整定重合时间内一直检测到 $P_1(k) < P_2(k)$，则判定故障为永久性故障，发出命令闭锁重合闸。

这种故障性质判别方法不需要整定，可以在永久性故障下正确可靠地闭锁重合闸，在故障熄弧后约半个拍频周期内可以准确判断熄弧，具有计算量小、不受熄弧时间影响、便于现场应用等优点。

故障性质判别过程为：t_0 时刻发生故障，$t_0 \sim t_1$ 为一次电弧阶段，t_1 时刻故障切除，$t_1 \sim t_e$ 为二次电弧阶段，t_e 时刻电弧熄灭。基于上述方法从故障切除开始 200 ms 内可以完成故障性质判别。图 6.29 为自适应重合闸的时间序列。

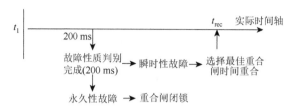

图 6.29　自适应重合闸的时间序列

对于瞬时性故障，当系统出现首摆失稳情况时，重合于最佳时间也难以改善系统稳定性；当系统首摆稳定时，不合适的重合闸时间会不利于系统稳定性，而常规的瞬时性故障最佳重合闸时间选择从发现最佳重合闸时间到发出指令给重合闸并开始动作有一定的时间间隔，因此根据实测数据进行最佳重合闸时间选择并不准确，瞬时性重合于不恰当时间会恶化系统稳定性。根据功角预测曲线可以避开上述时间间隔，准确地选出最佳重合闸时间。基于上述自适应重合闸存在的问题，需要对首摆稳定性进行预判并制定相应的附加稳定控制策略。

6.4.2　自适应重合闸附加稳定控制策略

功角预测在非连续扰动下，基于故障切除后的测量值作为初始值，可以得到较为精确的结果。因此，本节提出的自适应重合闸附加稳定控制策略在故障跳闸后同时启动功角预测与故障性质辨识同步工作，图 6.30 为自适应重合闸附加稳定控制策略流程图。具体步骤如下。

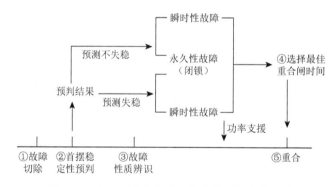

图 6.30　自适应重合闸附加稳定控制策略流程图

（1）将故障切除后的 1～2 个周波将测量值（尽量采用稳态量）作为初始值，启动首摆稳定性预判，同时自适应重合闸启动故障性质辨识判别。

（2）若故障性质为永久性故障则闭锁重合闸。此时如果同步预测系统不失稳，则结束后续策略；如果同步预测系统失稳，则直接采取功率支援策略，并通知安稳系统。

（3）若故障性质为瞬时性故障，此时如果同步预测系统不失稳，则系统不启动功率支援。如果同步预测系统首摆失稳，则选择功率支援策略，下发直流功率支援指令给直流线路，开始紧急功率支援，在短时间内改变直流线路功率完成支援。

（4）系统将通过功角预测曲线结合重合闸选择最佳重合时间并等待重合；但针对功率支援

改变了系统运行过程，为了保证基于功角预测准确选择最佳重合闸时间，在结束功率支援后立即开始第二次功角预测，并基于新的功角预测实现最佳重合时间选择。

通过策略步骤分析可知，首摆不失稳下判断为瞬时性故障时采取的操作基本与自适应重合闸操作一致。本节主要研究首摆失稳情况下的附加稳定控制策略。基于功角预测、首摆稳定性预判、紧急功率支援等手段，完善自适应重合闸在控制上的不足。考虑到永久性故障下的功率支援策略相对简单，后面主要分析瞬时性故障伴随系统首摆失稳的自适应重合闸附加稳定控制策略关键问题，完善自适应重合闸在首摆失稳情况下重合于瞬时性故障难以使系统恢复稳定的问题。

6.4.3　自适应重合闸附加稳定控制时序分析

如图 6.31 所示的时延分析示意图，t_s 为数据采集时间，t_{cal} 为保护装置数据处理时间，具体包括以下时间：功角滚动预测计算时间、首摆稳定性预判、选择最佳重合闸时间等，t_{down} 为指令下发所需要的通信时间，t_e 为指令执行时间。下面给出本章所提出的自适应重合闸附加稳定控制在多个工况中的时序。

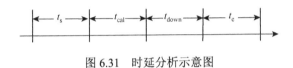

图 6.31　时延分析示意图

（1）t_1 为切除故障线路时刻，t_2 为预测失稳时刻，t_{rec} 为重合闸时刻。功角预测采样时间为 100 ms，以 $P=7$ 进行功角预测及首摆稳定性预判计算时间为 6 ms，故障切除到开始采样时间间隔 30 ms，加上一定裕度时间，在故障切除后 150 ms 可以完成功角超实时预测和首摆稳定性预判，而一般的故障性质辨识完成时间为 200 ms，从完成功角预测和首摆稳定性预判到故障性质辨识完成中间的时间裕度较为充足，因此可以提高功角预测阶数。当选择 $P=8$ 进行功角预测时可知在完成功角预测及首摆稳定性预判约为 190 ms，到故障性质辨识完成间隔时间较短，考虑到不同设备计算时间不同需要留下一定的时间间隔，因此不选择 $P=8$ 而选择 $P=7$ 进行功角预测可以满足精度和时间上的需求，在此阶数下完成功角预测及首摆稳定性预判时间约为 170 ms，图 6.32 为永久性故障时序图，在完成首摆稳定性预判、故障性质辨识后直接闭锁重合闸。

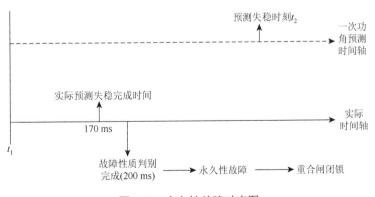

图 6.32　永久性故障时序图

（2）图 6.33 为瞬时性故障首摆不失稳的时序图，在故障切除后 170 ms 完成首摆稳定性预判，结果为首摆不失稳。在 200 ms 时故障性质辨识为瞬时性故障，选择最佳重合闸时间进行重合，选择方法如前文分析，以第一次出现最小摇摆角的时间为瞬时性故障最佳重合闸时间。首摆不失稳下重合于瞬时性故障的方案在完成首摆稳定性预判后与已有的自适应重合闸重合方案基本相同。

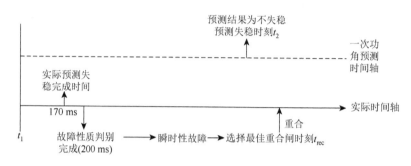

图 6.33　瞬时性故障首摆不失稳的时序图

（3）图 6.34 为瞬时性故障首摆失稳的时序图，在故障切除后 170 ms 完成首摆稳定性预判，结果为首摆失稳。在 200 ms 时故障性质辨识为瞬时性故障，下发紧急功率支援指令，考虑指令从送端系统下发至直流线路整流侧所需通信时延 10 ms，阀组控制级触发角指令变化相应时间 5 ms，加上一定的时间裕度，在发出指令 20 ms 后可以将直流线路提升到需求功率值。故障切除后功率支援时间一般为 300～400 ms，考虑到功率支援导致系统功角变化，会使第一次预测功角不够准确，因此在结束功率支援后进行二次功角预测，立即开始采样，时间为 100 ms。此时在保证基础精度要求上以快速性为主来进行二次功角预测并选取最佳重合闸时间，选择预测阶数 $P=7$，考虑指令下发至重合闸所需通信时延，在 20 ms 后可以将选择出的最佳重合闸时间发给重合闸，在后续进行重合。

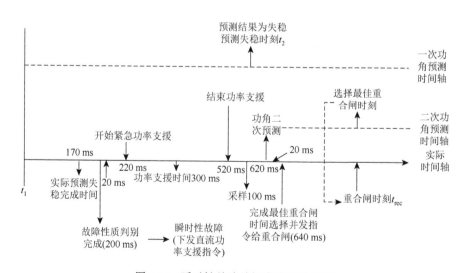

图 6.34　瞬时性故障首摆失稳的时序图

本节主要考虑的系统后续功角稳定问题在时间上拥有一定的容错性，因此本节所提出的紧急功率支援下自适应重合闸附加稳定控制策略应用到工程实际中时可以根据需求对各操作所用时长以及裕度进行适当调整。

6.4.4　瞬时性故障最佳重合时间选择

分析可知，当瞬时性故障后重合于最大摇摆角附近时局部支路能量过大可能造成系统失稳，如图 6.35 所示重合于最大摇摆角附近后局部能量从 A_1 变为 $A_1 + A_2$。

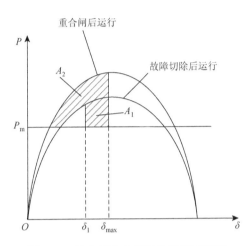

图 6.35　重合于最大摇摆角附近示意图

重合于第一次出现的最小摇摆角可以使系统逐渐恢复稳定。如图 6.36 所示重合于第一次出现的最小摇摆角后局部能量从 $A_2 + A_3$ 变成了 A_3，局部能量最小，可以有效改善系统稳定性，因此选择第一次出现最小摇摆角的时间为瞬时性故障最佳重合闸时间。

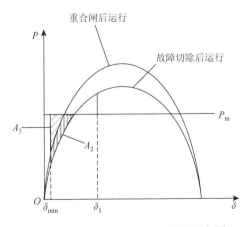

图 6.36　重合于最小摇摆角附近示意图

6.4.5　流程图

如图 6.37 所示为紧急功率支援下的自适应重合闸附加稳定控制策略流程图。

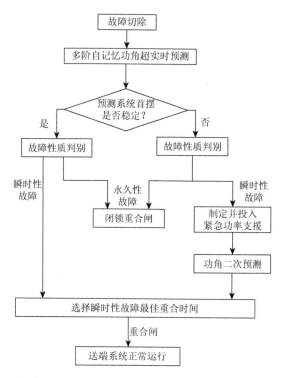

图 6.37 紧急功率支援下的自适应重合闸附加稳定控制策略流程图

6.4.6 仿真验证

通过接入带宽比较器在一段时间内改变电流额定值可以控制整个直流线路的传输功率,用来进行首摆失稳下的直流功率支援策略的实施。基于所建立的大规模电力外送系统,设置 1.5 s 在主干电力外送线路 L1 上发生单相故障,持续 10 s 作为永久性故障,1.6 s 切除故障,1.63~1.73 s 进行采样,预测阶数 $P=7$。进行超实时功角预测,由首摆预判公式(6.27)可知系统会出现首摆失稳。1.8 s 完成故障性质辨识,结果为永久性故障,此时闭锁重合闸,系统后续会出现失稳,送端系统功角仿真结果如图 6.38 所示,可见首摆失稳给原有自适应重合闸对永久性故障闭锁后的系统稳定性带来影响,同理对重合于瞬时性故障也会影响后续稳定性。

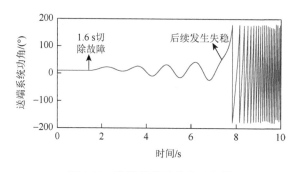

图 6.38 送端系统不重合功角图

由控制策略及时序分析可知,本节主要提出自适应重合闸附加稳定控制策略来解决首摆失稳情况下重合于瞬时性故障难以恢复系统稳定的问题,因此对此种情况进行仿真验证。设置

1.5 s 发生单相故障，持续 0.4 s 作为瞬时性故障。基于主干电力外送线路切除与故障切除时间过长两种首摆失稳情况来验证本节所提策略。

场景 1：主干电力外送线路切除导致首摆失稳情况。1.6 s 切除故障线路 L1，1.63～1.73 s 进行采样，预测阶数 $P = 7$。进行超实时功角预测，由首摆预判公式（6.27）计算可知 $A = 52.77 > 0$，系统会出现首摆失稳，1.77 s 完成首摆稳定性预判。1.8 s 完成故障性质辨识，结果为瞬时性故障，此时若不发出紧急功率支援指令，直接整定最佳重合闸时间，在 2.94 s 进行重合闸，送端系统功角仿真结果如图 6.39 所示，由结果可以看出，在首摆失稳的情况下重合于瞬时性故障仍可能使送端系统失稳。

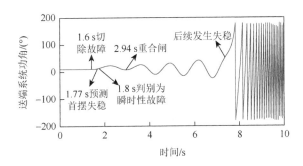

图 6.39　无紧急功率支援送端系统功角图

时序分析与计算得到首摆预判过程中的不平衡能量，考虑预测误差制定紧急功率支援方案为 1.82～2.12 s 内将直流线路功率提升 0.11 pu，在完成功率支援后于 2.12～2.22 s 采样进行功角二次预测，根据功角二次预测曲线整定最佳重合闸时间为 3.73 s，在 3.73 s 进行重合后送端系统功角仿真结果如图 6.40 所示，由结果可以看出在首摆失稳的情况下进行紧急功率支援再于最佳重合闸时间重合于瞬时性故障可以使送端系统恢复稳定。

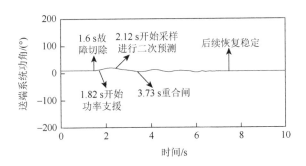

图 6.40　提前加入紧急功率支援送端系统功角图

场景 2：故障切除时间过长导致首摆失稳情况。1.68 s 切除故障线路 L5，1.71～1.81 s 进行采样，预测阶数 $P = 7$。进行超实时功角预测，由首摆预判公式（6.27）可知 $A = 43.41 > 0$，系统会出现首摆失稳，1.85 s 完成首摆稳定性预判。1.88 s 完成故障性质辨识，结果为瞬时性故障，此时若不发出紧急功率支援指令，直接整定最佳重合闸时间，在 2.87 s 进行重合闸，送端系统功角仿真结果如图 6.41 所示，由结果可以看出在首摆失稳的情况下重合于瞬时性故障仍可能使送端系统失稳。

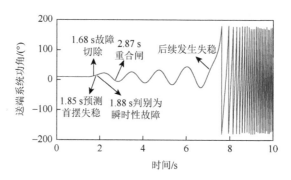

图 6.41　无附加控制送端系统功角图

结合时序分析与计算得到首摆预判过程中的不平衡能量，考虑预测误差制定紧急功率支援方案为 1.90～2.20 s 将直流线路功率提升 0.09 pu，在 2.20～2.30 s 采样进行功角二次预测，根据功角二次曲线整定最佳重合闸时间，在 3.16 s 进行重合闸，送端系统功角仿真结果如图 6.42 所示，由结果可以看出，在首摆失稳的情况下进行紧急功率支援再于最佳重合闸时间重合于瞬时性故障可以使送端系统恢复稳定。

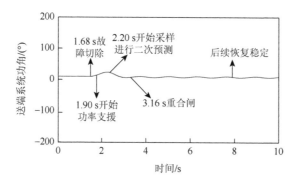

图 6.42　提前加入直流功率支援送端系统功角图

综上，在首摆失稳的情况下重合于瞬时性故障系统仍会逐渐失稳，而执行本节所提出的紧急功率支援下的自适应重合闸附加稳定控制策略可以减小功角摇摆，改善系统的暂态稳定性。

表 6.3 为自适应重合闸附加稳定控制策略与功角稳定结果，分析比较了自适应重合于瞬时性故障下不采用附加稳定控制策略与采用本节所提的附加稳定控制策略的后续系统功角稳定结果。

表 6.3　自适应重合闸附加稳定控制策略与功角稳定结果

重合闸类型	首摆失稳类型	首摆稳定预判结果	附加稳定控制策略	重合闸动作时间/s	后续稳定结果
自适应重合闸	主干电力外送线路切除	失稳	无	2.94	失稳
	主干电力外送线路切除	失稳	1.82～2.12 s 直流提升 0.11 pu	3.73	稳定
	故障切除时间过长	失稳	无	2.87	失稳
	故障切除时间过长	失稳	1.90～2.20 s 直流提升 0.09 pu	3.16	稳定

　　由于直流功率支援存在支援极限，一般认为设备的长期过载能力为 20%，若直流功率支援达到极限值，则应该考虑刚性稳定控制策略，如切机切负荷。且瞬时性故障下，重合闸快速恢复，对应的直流侧功率需要同期恢复到正常情况，以防止直流设备过载而降低使用寿命。

6.5　紧急功率支援下传统重合闸附加稳定控制策略

　　自适应重合闸在完成故障性质辨识后对永久性故障闭锁，对瞬时性故障进行重合，但是自适应重合闸有一定概率判别失误，因此对传统重合闸策略的研究也十分重要。传统重合闸会盲目重合于永久性故障给系统带来能量冲击导致系统失稳，本节提出紧急功率支援下的传统重合闸附加稳定控制策略来解决此问题。当重合于瞬时性故障时传统重合闸附加稳定控制策略与6.4 节所提出的自适应重合闸基本相似，只是没有故障性质辨识环节。当重合于永久性故障时，首先对首摆进行失稳预判，根据失稳结果选择是否制定紧急功率支援方案，通过功角二次预测选择最佳重合闸时间并重合，发生加速跳闸后对跳闸后系统首摆稳定性进行预测并选择二次功率支援方案来消纳冲击能量。通过传统重合闸时序与问题分析得出相应的附加稳定控制策略和时序，达到了即使重合于永久性故障并加速跳闸后系统也能在一段时间内稳定运行的目的，解决了传统重合闸在盲目重合于永久性故障的情况下难以使系统恢复稳定的问题，仿真验证了所提出策略的正确性。

6.5.1　传统重合闸时序与问题分析

　　传统重合闸的基本思路为：在故障切除后结合功角曲线选择瞬时性故障最佳重合闸时间，根据重合后是否出现加速跳闸判别故障性质，若发生加速跳闸说明是永久性故障后，对重合闸后续闭锁；若没有发生加速跳闸说明是瞬时性故障，系统继续运行。图 6.43 为传统重合闸的时间序列。

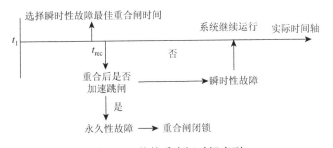

图 6.43　传统重合闸时间序列

　　对于传统重合闸重合于瞬时性故障，当系统出现首摆失稳情况时重合于最佳时间也难以改善系统稳定性；当系统首摆稳定时不合适的重合闸时间会不利于系统稳定性；对于传统重合闸盲目重合于永久性故障时会出现加速跳闸情况，此时对重合闸进行闭锁，但是重合于永久性故障会给系统带来冲击能量，可能导致原本稳定的系统失稳，也会使首摆失稳的系统进一步失去稳定。

基于上述传统重合闸存在的问题，需要对首摆稳定性进行预判并制定相应的附加稳定控制策略来解决上述问题。

6.5.2 传统重合闸附加稳定控制策略

本节提出的自适应重合闸附加稳定控制策略与传统重合闸附加稳定控制策略不同在于没有故障性质辨识环节，不需要等待故障性质确定后再进行功率支援。如图 6.44 所示为传统重合闸附加稳定控制策略图。具体步骤如下。

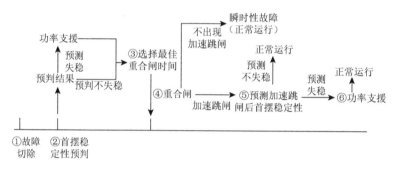

图 6.44　传统重合闸附加稳定控制策略图

（1）根据首摆稳定性预判公式得出首摆是否失稳的结果，若系统首摆失稳则立即进行功率支援使首摆恢复稳定，对功率支援后的功角进行二次预测并选择瞬时性故障最佳重合闸时间；若系统首摆稳定则直接选择最佳重合闸时间。

（2）首摆失稳下重合于步骤（1）的最佳重合闸时间发生加速跳闸，说明重合于永久性故障，此时对跳闸后的首摆稳定性进行预判并计算跳闸后不平衡能量，而后制定二次紧急功率支援方案。若没有发生加速跳闸说明重合于瞬时性故障，系统继续运行。

（3）首摆稳定下重合于步骤（1）的最佳重合闸时间发生加速跳闸，说明重合于永久性故障，此时系统可能会由于冲击能量而失稳。对跳闸后的系统进行功角预测及首摆稳定性预判，若预测跳闸后首摆失稳则由计算的不平衡能量制定二次紧急功率支援方案，若预测跳闸后不失稳则不进行操作。

（4）通过上述附加稳定控制策略可以使送端系统正常运行。

由上述四个步骤可以实现本节所提出的传统重合闸附加稳定控制策略，通过功角预测、首摆稳定性预判、紧急功率支援等手段改善了传统重合闸盲目重合于永久性故障造成系统失稳以及其他严重影响的问题，使传统重合闸即使盲目重合于永久性故障并加速跳闸后系统仍然能稳定运行。

6.5.3 传统重合闸附加稳定控制时序分析

下面给出各个情况下本节所提出的传统重合闸附加稳定控制时序。

（1）传统重合闸基于瞬时性故障整定最佳重合闸时间。t_1 为切除故障线路时刻，t_2 为预测失稳时刻，t_{rec} 为重合闸时刻。考虑在时序上传统重合闸不需要考虑故障性质辨识时间，功角预测主要以快速性为主，可以为后续操作提供足够的时间裕度，故以 $P = 7$ 进行功角预测及首摆稳定性预判，在故障切除后 150 ms 可以完成功角超实时预测和首摆稳定性预判，在预判首摆失稳后发出紧急功率支援指令，由 6.4.6 小节可知在发出指令 20 ms 后可以将直流线路提升到需求功率值，消纳首摆中存在的不平衡能量。在结束功率支援后立即开始采样 100 ms 进行二次功角预测，根据二次预测功角曲线选择最佳重合闸时间，需考虑预测和选取的时间、发送指令的通信时间以及一定的时间裕度，共计整定为 20 ms。在此最佳时间重合后不出现加速跳闸，说明重合于瞬时性故障，系统后续可以正常运行。如图 6.45 所示为基于首摆稳定判别的传统重合闸重合于瞬时性故障的时序图。

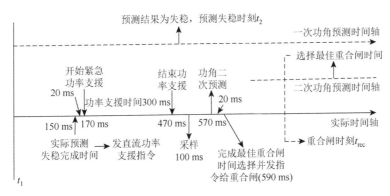

图 6.45　首摆失稳下重合于瞬时性故障时序

（2）如图 6.46 所示为首摆稳定下传统重合闸盲目重合于永久性故障的时序图，在故障切除后 150 ms 完成首摆稳定性预判，结果为首摆稳定。考虑到断路器动作固定时间为 30 ms，在最佳时间重合并且出现无延时加速跳闸说明重合于永久性故障，并间隔 30 ms 等系统功角趋于稳定，然后采样 100 ms，再进行首摆稳定性预判，10 ms 计算完成后得到跳闸后系统首摆失稳预判结果，若预测结果为首摆失稳则发出紧急功率支援指令，20 ms 后开始进行紧急功率支援，加速跳闸后的功率支援时间设置为 100 ms，消纳冲击能量使系统恢复稳定。

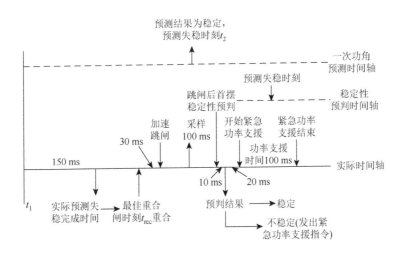

图 6.46　首摆稳定下重合于永久性故障时序

（3）如图 6.47 所示为首摆失稳下传统重合闸盲目重合于永久性故障的时序图，在故障切除后 150 ms 完成首摆稳定性预判,结果为首摆失稳。发出紧急功率支援指令,在发出指令 20 ms 后可以将直流线路功率提升到需求值,功率支援时间为 300 ms,来消纳首摆中存在的不平衡能量。在结束功率支援后立即开始采样 100 ms 进行二次功角预测,20 ms 后可以将选择出的最佳重合闸时间指令发给重合闸,考虑到断路器动作固定时间为 30 ms,在最佳时间重合并且出现无延时加速跳闸说明重合于永久性故障,并间隔 30 ms 等系统功角趋于稳定后开始采样 100 ms 进行跳闸后系统首摆稳定性预测,10 ms 后得到跳闸后系统首摆失稳预判结果,若预测结果为首摆失稳则发出二次功率支援指令,20 ms 后开始进行二次功率支援,加速跳闸后的二次功率支援时间设置为 100 ms,消纳冲击能量使送端系统恢复稳定。

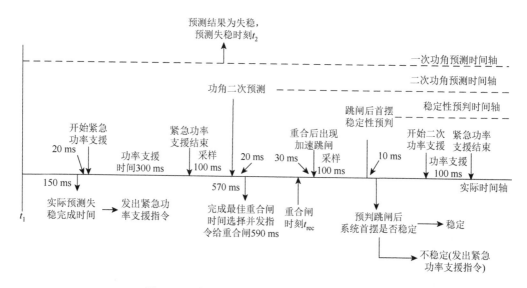

图 6.47　系统首摆失稳下重合于永久性故障时序

6.5.4　传统重合闸重合于永久性故障后稳定性预测

1. 重合于永久性故障的冲击能量分析

当传统重合闸重合于永久性故障时继电保护设备会无延时跳开断路器,在这个过程会产生一定的冲击能量,而能量大小会影响重合于永久性故障后的系统稳定性,图 6.48 是在系统两端相角差第一次增大的过程中重合于永久性故障的冲击能量示意图,此时系统运行点从 $P_1(\delta)$ 中的 O 点跳跃至 $P_3(\delta)$ 中 a 点,而后加速至 c 点时切除此故障,经过此操作从 c 点跳跃至 $P_2(\delta)$ 中 d 点并保持减速。若没有后续操作影响下一步的系统稳定性,在系统运行点运行至两端相角差最大的 e 点后进行往复运动,相对稳定在直线 P_0 上的稳定点 O' 点处。若从 d 点至 e 点运动的过程中某一点 f 进行重合,而后在 $P_2(\delta)$ 上的 g 点处再次切除故障,此时计算冲击能量为 $\int_{\delta_f}^{\delta_g}[P_0 - P_2(\delta)]$,加剧了对故障割集的冲击,导致系统功角后续失稳。

对于本节所提出的传统重合闸附加稳定控制策略,整定重合闸时间以瞬时性故障最佳重合闸时间进行整定,在第一次出现的最小摇摆角对应的时间进行重合,此时重合于永久性故障的暂态冲击能量如图 6.49 所示。当 δ 运行至第一次最小摇摆角 h 时,重合于永久性故障,于 i

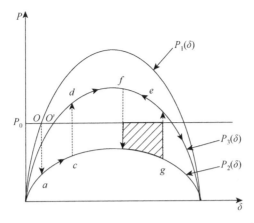

图 6.48　第一摆①重合于永久性故障暂态冲击能量示意图

点处加速切除，此时计算冲击能量为 $\int_{\delta_h}^{\delta_i}[P_0-P_2(\delta)]$，可以看出，在第一摆功角增大过程中进行重合，其能量可能超过不重合的冲击能量，最终会导致系统后续失稳。

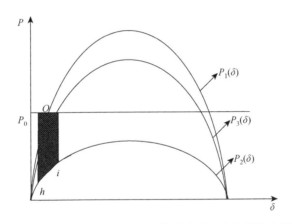

图 6.49　传统重合闸重合于永久性故障暂态冲击能量示意图

2. 跳闸后稳定性预测

由时序分析可知，在加速跳闸后 150 ms 完成功角预测及首摆稳定性预判，由于重合于永久性故障并加速跳闸过程时间比较短，只有断路器固有动作时间 30 ms，而再次跳闸后的系统首摆预测失稳时间较长，所以对考虑冲击能量的跳闸后首摆不平衡能量进行计算，根据不平衡功率预测曲线，计算重合于永久性故障时系统首摆过程中所产生的不平衡能量，并制定相应的功率支援方案。选择 $P=7$ 作为最优阶数可以满足预测的准确性和预测完成的快速性，与故障切除后的功角预测及首摆稳定性预判保持方法上的一致性。

6.5.5　流程图

如图 6.50 所示为紧急功率支援下的传统重合闸附加稳定控制策略流程图，通过对故障切

---

① 第一摆是系统暂态稳定分析的常用名词，表示功角曲线中发电机转子角度随时间变化的第一个周期。

除后的首摆稳定性及重合于永久性故障跳闸后的首摆稳定性进行预判,并进行相应的紧急功率支援策略来维持送端系统功角稳定。

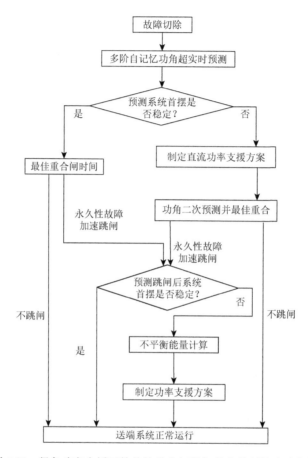

图 6.50　紧急功率支援下的传统重合闸附加稳定控制策略流程图

6.5.6　仿真验证

如图 6.51 所示,通过将两个带宽比较器接入加法器实现在两段时间内改变电流额定值来控制整个直流线路的传输功率,一次功率支援用来平衡首摆过程中的不平衡能量,二次紧急功率支援用来消纳重合于永久性故障产生的冲击能量。

由上述控制策略及时序分析可知,本节主要提出传统重合闸附加稳定控制策略来解决传统重合闸盲目重合于永久性故障难以恢复系统稳定的问题,其中根据首摆稳定性预判结果分为首摆预判不失稳和首摆预判失稳两种情况,因此对这两种情况进行仿真验证。

(1)首摆预判不失稳。设置 1.5 s 在单回电力外送线路 L5 发生单相故障,持续 10 s 作为永久性故障,1.6 s 切除故障,1.63～1.73 s 进行采样,预测阶数 $P=7$。进行超实时功角预测,由首摆预判公式(6.27)计算可知 $A=-7.79<0$,系统首摆不失稳。1.75 s 完成首摆稳定性预判,整定最佳重合闸时间为 2.86 s 进行重合闸,在 2.89 s 重合后发生加速跳闸,在 2.92～3.02 s 采样对加速跳闸后的系统功角进行预测,可得预测失稳时间 t_2 为 3.17 s,得到预测电磁功率曲线如图 6.52 所示,计算得 $A=7.31>0$ 可知加速跳闸后系统首摆失稳,3.03 s 可得跳闸后首摆稳定性

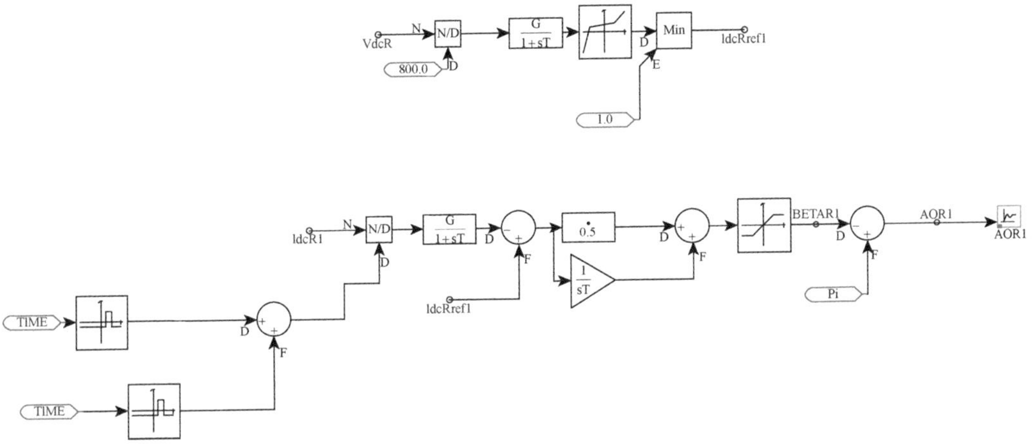

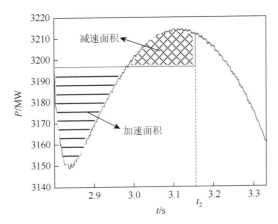

图 6.51 二次紧急功率支援实施图

预判结果。若不发出紧急功率支援指令，送端系统功角仿真结果如图 6.53 所示，可知送端系统后续功角持续增大，系统不稳定。

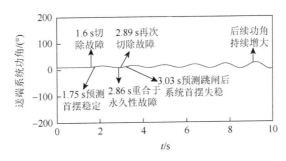

图 6.52 重合于永久性故障并跳闸后功率曲线预测结果

图 6.53 无功率支援送端系统功角仿真结果图

根据跳闸后系统首摆不平衡能量并考虑预测误差，制定的紧急功率支援方案为 3.05～3.15 s 将直流线路功率提升 0.05 pu。投入紧急功率支援后的送端系统功角结果如图 6.54 所示，可以看出送端系统在后续一段时间内维持稳定。

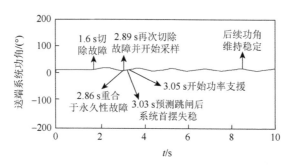

图 6.54 投入紧急功率支援送端系统功角仿真结果图

（2）首摆预判失稳。设置 1.5 s 在主干电力外送线路 L1 发生单相接地故障，持续 10 s 作为永久性故障，1.6 s 切除故障，1.63～1.73 s 进行采样，预测阶数 $P = 7$。进行超实时功角预测，由首摆预判计算可知系统出现首摆失稳，1.75 s 完成首摆稳定性预判。制定紧急功率支援策略为 1.77～2.07 s 将直流线路功率提升 0.11 pu 来消纳系统首摆不平衡能量。在完成功率支援后于 2.07～2.17 s 采样进行功角二次预测，根据功角二次预测曲线整定最佳重合闸时间为 2.83 s，在此时重合后出现加速跳闸，通过 2.89～2.99 s 采样对跳闸后系统的首摆稳定性进行预测，可得预测失稳时间 t_2 为 3.58 s，得到预测电磁功率曲线如图 6.55 所示，计算得 $A = 19.94 > 0$ 可知加速跳闸后系统首摆失稳，3.0 s 可得跳闸后首摆稳定性预判结果。由预测结果可以看出后续功角持续增大至失稳。若不发出二次功率支援指令，送端系统功角仿真结果如图 6.56 所示，可以看出后续功角逐渐失稳。

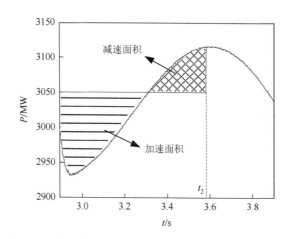

图 6.55 重合于永久性故障并跳闸后功率曲线预测结果

计算重合并加速跳闸过程的冲击能量并考虑预测误差，制定二次紧急功率支援方案：3.02～3.12 s 将直流功率再次提升 0.13 pu 来消纳重合于永久性故障带来的冲击能量。投入紧急功率支援后送端系统功角仿真结果如图 6.57 所示，可得送端系统在后续一段时间内维持稳定。

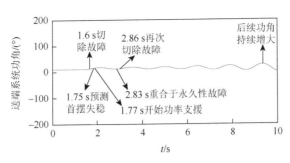

图 6.56　无二次功率支援送端系统功角仿真结果图

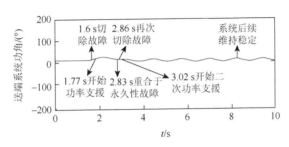

图 6.57　进行二次功率支援送端系统功角图

综上,传统重合闸盲目重合于永久性故障给系统带来冲击能量,可能导致故障切除后首摆会失稳的系统中不平衡能量进一步放大,系统提前走向失步。首摆不失稳系统在受到冲击能量后也可能会出现失稳。因此,执行本章所提出的紧急功率支援下的传统重合闸附加稳定控制策略可以减小功角摇摆,改善系统的暂态稳定性,保证即使重合于永久性故障并且再次被继电保护加速跳开故障线路后送端系统也能够在一段时间内不失步,等待后续操作。

表 6.4 为传统重合闸附加稳定控制策略与功角稳定结果,分析比较了传统重合闸重合于永久性故障下不采用附加控制策略与采用附加控制策略的功角稳定结果。

表 6.4　传统重合闸附加稳定控制策略与功角稳定结果

重合闸类型	首摆失稳类型	首摆稳定预判结果	首摆稳定控制策略	重合闸动作时间	重合后稳定控制策略	后续稳定结果
传统重合闸	单回电力外送线路切除	稳定	无	2.86 s 重合、2.89 s 加速跳闸	无	失稳
	单回电力外送线路切除	稳定	无	2.86 s 重合、2.89 s 加速跳闸	3.05~3.15 s 直流提升 0.05 pu	稳定
	主干电力外送线路切除	失稳	1.77~2.07 s 直流提升 0.11 pu	2.83 s 重合、2.86 s 加速跳闸	无	失稳
	主干电力外送线路切除	失稳	1.77~2.07 s 直流提升 0.11 pu	2.83 s 重合、2.86 s 加速跳闸	3.02~3.12 s 直流再次提升 0.13 pu	稳定

参 考 文 献

[1]　于群,郝晴晴. 计及重合闸作用的大停电模型与停电风险分析[J]. 电力系统及其自动化学报,2020,32(11):65-72.

[2]　周伟绩,李凤婷,解超. 带并联电抗器同杆双回输电线路跨线接地故障自适应重合闸策略[J]. 电力系统保护与控制,2022,50(1):33-41.

[3] 郑涛, 王赟鹏, 马家骢, 等. 基于特征电压注入的 UPFC 接入线路三相自适应重合闸方案[J]. 电力系统自动化, 2021, 45 (5): 152-158.

[4] 王月林, 李凤婷, 辛超山, 等. 含风电的孤网送出线重合策略研究[J]. 电网技术, 2016, 40 (3): 958-963.

[5] 刘怀东, 王锦桥, 冯志强, 等. 重合闸时刻对动态安全域的影响及最优重合时刻实用算法[J]. 电工技术学报, 2018, 33 (8): 1854-1862.

[6] 李兆伟, 贺静波, 方勇杰, 等. 计及暂态稳定约束的电厂送出系统重合闸时间整定方法研究[J]. 电力系统保护与控制, 2014, 42 (2): 116-120.

[7] 王羽佳, 李华强, 黄燕, 等. 暂态稳定视角下的最佳重合闸时间及其在线整定[J]. 电力自动化设备, 2016, 36 (2): 129-135.

[8] 宋方方, 毕天姝, 杨奇逊. 基于 WAMS 的电力系统受扰轨迹预测[J]. 电力系统自动化, 2006, 30 (23): 27-32.

[9] 楼伯良, 邓晖, 华文, 等. 基于多项式模型的受扰电压轨迹快速预测方法[J]. 智慧电力, 2017, 45 (11): 85-90.

[10] 滕林. 电力系统暂态稳定在线决策算法的研究[D]. 北京: 华北电力大学 (北京), 2003.

[11] 胡雪凯, 梁纪峰, 张乾, 等. 发电机运动轨迹预测理论的研究[J]. 电力系统保护与控制, 2016, 44 (9): 97-101.

[12] 柴宇. 基于网络局部能量的切机/切负荷策略研究[D]. 长春: 东北电力大学, 2008.

[13] 朱劭璇, 王彤, 王增平, 等. 考虑主导不稳定平衡点变化的电力系统暂态稳定切机控制策略[J]. 电力系统保护与控制, 2021, 49 (5): 20-28.

[14] 李从善, 和萍, 金楠, 等. 基于不平衡功率动态估计的直流幅值阶梯递增紧急功率支援[J]. 电力自动化设备, 2018, 38 (12): 31-36.

[15] 刘崇茹, 魏佛送, 陈作伟, 等. 幅值自适应的阶梯式紧急功率支援控制技术[J]. 电力系统自动化, 2013, 37 (21): 123-128.

[16] 曹虹, 夏秋, 俞斌, 等. 特高压直流近区交流输电线路智能重合闸策略[J]. 电力系统保护与控制, 2022, 50 (3): 156-163.

[17] 束洪春, 董俊, 孙士云, 等. 重合时序对交直流混输电系统暂态稳定裕度的影响[J]. 电力系统自动化, 2006, 30 (19): 73-76.

[18] 周鑫, 孙海顺, 赵兵, 等. 一种采用直流紧急控制的特高压联络线功率摇摆峰值抑制策略[J]. 中国电机工程学报, 2015 (10): 28-35.

第7章　区域保护通信迂回技术

通信系统是构建区域保护的基础，近年来计算机技术和通信技术的飞速发展为区域保护实现提供了技术支撑。越来越多的研究人员将计算机和通信领域的新技术应用于电力通信系统中，为电力系统通信互联作出了重大贡献。此外，电力系统也在加速建设光纤通信网络，如新建的变电站内均借助光纤以太网组建了站内局域网，各变电站间也铺设了光纤环网，将各站内局域网连接起来构成电力系统的区域通信网[1,2]。在国家鼓励电网数字化转型的背景下，电力行业越来越重视电力通信研究工作。传统就地保护仅依靠就地信息实现保护功能，保护可靠性低，易受运行方式影响。区域保护系统是在计算机和通信技术不断发展完善的基础上，为解决传统后备保护的不足而提出的。区域保护系统需借助通信网络来获取电力系统多源信息，因此区域保护通信系统性能是影响区域保护系统实际应用的关键因素[3-5]。区域保护通信系统的研究与完善，对于工程实践具有较大的指导意义及实践意义。本章主要研究区域保护通信系统故障及其应对措施。国内外学者在电网通信网络仿真、基于智能电网的电力系统分布集中式保护控制、极端条件下基于有线/无线传感器应急通信网络等方面的研究已经取得了阶段性成果，但是，目前该领域所取得的理论与实践成果还不能直接应用于解决区域保护通信系统需要突破的核心问题。本章针对这种保护控制新形态的通信系统所面临的关键科学与技术问题开展研究，以保障保护控制功能的实时性和可靠性为出发点，研究提出其通信系统信息传输的新原理及新方法。

7.1 区域保护通信实时性与均衡性

7.1.1 实时性

区域保护算法需要依据系统多源信息进行判断，下达相应的操作指令，该过程所占用的时间需尽可能小于后备保护动作时间。为了对电力系统进行实时控制，系统必须在 30～50 ms 完成数据的测量、传输与处理，以保证系统获得完整的暂态状态信息，并在失稳之前采取反事故措施[6, 7]。对于一个 50 节点、子站距离中调 1 000 km 范围的省级电网，调度中心主站要在 20 ms 内获得全部子站的测量信息，而主站的控制命令也可以在 20 ms 内下达到各子站。因此，通信网上的时延小于 20 ms 才能满足区域保护对通信的要求。

1. 通信时延构成与信道指标

区域保护所需的多源信息，由分布在各个变电站内的 IED 采集，借助光纤通信网络进行传输、转发和处理，上述各个环节中都会产生通信时延[8]。多源信息从 IED 收集到决策中心接收这一过程中的通信时延主要由四部分组成，即发送时延、传播时延、排队时延和处理时延，通信时延的计算如式（7.1）所示：

$$t_{all} = t_a + t_b + t_c + t_d \tag{7.1}$$

式中：t_{all} 为多源信息从 IED 收集到决策中心接收这一过程中的通信时延大小；t_a、t_b、t_c 和 t_d 分别为发送时延、传播时延、排队时延和处理时延。

发送时延 t_a 是指发送数据时，数据流从变电站进入传输介质所需的时间，取决于数据包大小和链路带宽，计算方法如式（7.2）所示：

$$t_a = l / b \tag{7.2}$$

式中：l 为数据流的大小；b 为带宽。

传播时延 t_b 为数据流从信道一端传输至另一端的时延大小。该时延大小取决于信道长度及传输媒介，计算方法如式（7.3）所示：

$$t_b = d / v \tag{7.3}$$

式中：d 为信道长度，为数据流的传播速度；v 为光在光纤中的传播速度，即 3×10^8 m/s。

排队时延 t_c 主要受信道利用率的影响，当信道利用率较小时，排队时延较小，当信道利用率增大时，对应的排队时延呈指数趋势增大。

在设备配置完成后，经过每一个变电站中路由转发而产生的处理时延 t_d 是固定的。因此，处理时延主要与数据传输过程中经过路由转发的次数相关，即与传输路径的跳数相关。传输过程中经过的跳数越少，总的处理时延越短，反之亦然。

针对现有区域保护通信系统存在的问题以及一些关键技术进行研究时，可基于上述各参数定性分析采取相应的措施，并对应于其相应的影响因素，设计出有效减小通信时延并确保系统均衡性的传输策略。

排队时延 t_c 指分组在路由器输入和输出队列里排队等待的时间，t_c 随信道利用率 μ 的增大而增大。

信道利用率 μ 的计算如式（7.4）所示：

$$\mu = T_i / B \tag{7.4}$$

式中：T_i 为信道 i 当前吞吐量；B 为信道带宽。

当区域网络信道中断并且中断信道上的数据转移到备选信道 i 上时，承载转移数据的信道 i 的利用率变为 μ'，如式（7.5）所示：

$$\mu' = (\Delta T + T_i) / B \tag{7.5}$$

式中：ΔT 为中断信道上需转移的数据流量；T_i 为备选信道 i 原有吞吐量。

由式（7.5）可知，随着需转移的数据量 ΔT 的增加，承载转移数据的备选信道利用率线性增加。依据排队论，当某一信道的利用率增大时，该信道引起的排队时延会迅速增加。因此，需转移的数据流入备选信道后，对备选信道排队时延的影响不可忽略。

当考虑排队时延 t_c 时，计算流入转移数据后备选信道的信道利用率，用该信道利用率反映流入转移数据后的备选信道排队时延。考虑流入转移数据后的排队时延 t_c 可使得所选最优迁回路径在流入转移数据后不拥塞。

由以上分析可知：

（1）信道带宽倒数 $1/B$ 减小，t_a 减小；

（2）信道长度 d 减小，t_b 减小；

（3）信道利用率 μ 减小，t_c 减小。

4）对于固定路由器，t_d 为定值。

为了寻找最优迁回路径，着重考虑 t_a、t_b 和 t_c。

基于区域信道的时延特性分析，可以用信道带宽倒数 $1/B$ 反映发送时延 t_a，用信道长度 d 反映传播时延 t_b，用流入转移数据后备选信道的信道利用率 μ 反映排队时延 t_c。

本节定义 $1/B$、d、μ 的加权和作为信道权重指标 Φ，为备选信道的权重值。

由于 $1/B$、d 和 μ 三者量纲不同，必须对 $1/B$ 和 d 进行归一化处理。$1/B$ 和 d 归一化公式如式（7.6）和式（7.7）所示。μ 已在（0,1）范围内，故不用对 μ 归一化处理。

$$1/B_i^1 = \frac{(1/B_i) - (1/B)_{\min}}{(1/B)_{\max} - (1/B)_{\min}} \tag{7.6}$$

式中：$1/B_i$ 为第 i 条信道的带宽倒数；$1/B_i^1$ 为第 i 条信道带宽倒数归一化后的值；$(1/B)_{\max}$ 为通信网中信道带宽倒数最大值；$(1/B)_{\min}$ 为通信网中信道带宽倒数最小值。

$$d_i^1 = \frac{d_i - d_{\min}}{d_{\max} - d_{\min}} \tag{7.7}$$

式中：d_i 为第 i 条信道的长度；d_i^1 为第 i 条信道长度归一化后的值；$d_{\max}$ 为通信网中信道长度最大值；$d_{\min}$ 为通信网中信道长度最小值。

信道 i 权重指标 Φ_i 如式（7.8）所示：

$$\Phi_i = \omega_1 / B_i^1 + \omega_2 \times d_i^1 + \omega_3 \times \mu_i \tag{7.8}$$

式中：ω_1 为归一化后信道带宽倒数 $1/B_i^1$ 的系数；ω_2 为归一化后信道长度 d_i^1 的系数；ω_3 为加入转移数据后信道利用率 μ_i 的系数。ω_1、ω_2 和 ω_3 为相对值，在不同的目标下，ω_1、ω_2 和 ω_3 的相对大小会发生变化。

2. 实时性优化措施

信息传输的时延主要包括发送时延、传播时延和交换时延。针对这几种时延组成成分，可以通过以下措施尽可能减小通信时延从而保证通信实时性[9, 10]。

发送时延：发送时延与数据帧大小成正比，与带宽成反比。因此，可以通过减小数据帧大小和选择带宽较大的信道减小发送时延。

传播时延：传播时延只与两站之间的物理距离和链路传输媒介有关。对已知系统而言，传输媒介是确定且统一的，因此该时延主要受物理距离即传输信道的长度影响。这意味着在利用 MPLS 技术人为规划数据流传输路径时，需要尽量选择路径较短的信道进行传输。但是，如果仅考虑距离最短进行路径选择，那么较短的几条信道将会被多个数据流同时选作其传输通道，会大大增加某些信道的载荷量，极易造成信道堵塞，从而出现时延急剧增加或丢包的情况。

排队时延：排队时延主要与信道利用率相关，在对通信系统进行载荷规划时，应保证所有信道上的信道利用率均不过高。这一限定原则除能减少排队时延外，还在一定程度上能够保证整体的均衡性。

处理时延：处理时延和传输路径的跳数相关。在进行载荷规划时，在满足均衡性的前提下（每条信道上的载荷量不会过大），需尽可能为每一条数据流寻找跳数较少的数据流。

针对时延构成，采取相应措施尽可能减小通信时延，从而保证多源信息的实时性。区域保护通信系统实时性研究导图如图 7.1 所示。

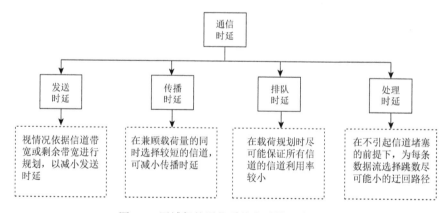

图 7.1　区域保护通信系统实时性研究导图

综上分析，需综合考虑时延影响因素，制定系统时延最佳方案，才能保证各信道时延较短，系统通信时延最优。

7.1.2　均衡性

通信系统的均衡性一方面极大地影响着通信实时性，另一方面保证通信系统具有一定带宽裕量，以应对突发状况引起的通信量增大。将所有变电站、站间通信信道看成一个大区域时，需要考虑的是这个大区域内每条信道上的信道利用率。本节将综合考虑时延和网络均衡因素，确定区域保护通信系统均衡性原则，提出均衡性校验方法，为均衡性判断提供理论依据[11]。

1. 均衡原则

区域保护通信系统的均衡性最终优化目的为"最小化网络中最大信道利用率"，即

$$\text{Min}(\text{Max}(\mu_1\ \mu_2\cdots\mu_n)) \tag{7.9}$$

式中：$\mu_1,\mu_2,\cdots,\mu_n$ 分别为系统中所有信道的信道利用率；$\text{Max}(\mu_1\ \mu_2\cdots\mu_n)$ 为其中的最大值，优化均衡性的最终目标就是通过优化方法使 $\text{Max}(\mu_1\ \mu_2\cdots\mu_n)$ 的值最小。

为实现均衡性目标，须遵守相应的载荷均衡原则，优化区域保护通信系统的均衡性原则如下：整个系统需传输的数据流记为 $F=\{f_1,f_2,\cdots,f_n\}$，为每一条数据流 f_i 寻找满足时延要求的备选路径集 $R_i=\{r_1,r_2,\cdots,r_n\}$ 及其中时延最短的路径 $r_{\min}$，使所有数据流选择其对应的路径 $r_{\min}$ 进行传输。若存在信道利用率 μ 大于 75% 的情况，则使该信道上的数据流 f_i 更换为备选路径集 R_i 中的次优路径 $r'_{\min}$ 进行传输，以保证最大利用率最低。在保证各数据流始终满足时延要求的前提下，将所有信道利用率 μ 大于 75% 的路径按上述原则进行更换，直至最大信道利用率无法变小。按此原则，可将通信网络最优化。

2. 均衡性评判

载荷均衡向量 $\prod(e)$ 可以描述区域保护通信系统信道之间的载荷差异情况，本节采用载荷均衡因子 $\Omega(e)$ 来刻画整个区域保护通信系统的负载均衡情况，为 7.3 节和 7.4 节均衡性能评判提供参考依据。载荷均衡因子 $\Omega(e)$ 的计算如式（7.10）所示：

$$\Omega(e)=\left\|\prod(e)\right\|_e=\left\|[\mu_1\ \mu_2\cdots\mu_e]\right\|_e \tag{7.10}$$

式中：$\mu_1,\mu_2,\cdots,\mu_e$ 分别为 e 条信道上的信道利用率，载荷均衡因子 $\Omega(e)=\left\|\prod(e)\right\|$ 描述的是整个通信系统所有信道利用率的倾斜程度，可反映系统通信均衡性并作为均衡性优劣评判指标。

当系统较大或数据流较大，信道堵塞或信道均衡情况不满足要求时，就需要采用分布集中式结构，分区域进行分布集中控制。分区后，假设分区个数为 c，为方便计算其均衡性，可改用区域间的载荷均衡因子 $\Omega(c)'$ 进行均衡性评判，利用区域间载荷均衡向量 $\prod(c)'$ 求取载荷均衡因子 $\Omega(c)'$ 的方法如式（7.11）所示：

$$\Omega(c)'=\left\|\prod(c)'\right\|_c=\left\|[\text{Max}(\mu_1)\ \text{Max}(\mu_2)\cdots\text{Max}(\mu_c)]\right\|_c \tag{7.11}$$

式中：$\mu_1,\mu_2,\cdots,\mu_c$ 分别为区域 1 至区域 c 的信道利用率集合；$\text{Max}(\mu_1),\text{Max}(\mu_2),\cdots,\text{Max}(\mu_c)$ 分别为各个区域内信道利用率的最大值。

7.2　区域保护通信迁回技术概述

7.2.1　区域保护通信迁回概念

光纤受自然灾害影响或在检修、改造时，会造成包括区域保护业务在内的电力系统通信业务中断，基于剩余完好网络快速构建迁回路径可保证区域网通信业务正常进行。迁回路径往往有多条，从多条迁回路径中如何选择最优迁回路径是研究的关键。通信网络故障下迁回路径重构的原理框图如图 7.2 所示。

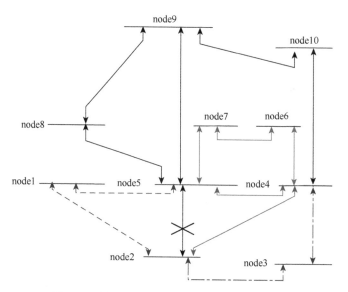

图 7.2 通信网络故障下迂回路径重构原理框图

图 7.2 中，当 node2～node5 信道中断时，为了使中断信道上的数据不间断传输，可以将 node2 内的数据沿多条迂回路径进行传输。迂回路径可以为 node2—node1—node5、node2—node4—node5、node2—node3—node4—node5 等。迂回路径通常有多条，最优迂回路径重构算法的目标是在多条可选择的迂回路径中，选择时延最短且流量较为均衡的迂回路径。

研究人员通常以时延最短、可靠性或者安全性最高作为寻优目标设计迂回路径重构方法，该研究思路通常存在以下问题。

（1）仅考虑通信正常情况下的时延，未考虑需转移的数据流入备选信道后对备选信道内数据排队时延的影响。

（2）影响被转移数据在迂回路径中时延的因素有多个，时延影响因素考虑不全面。

针对以上问题，本节以通信总时延最短并兼顾流量均衡为最优目标，寻找最优迂回路径。着重考虑需转移的数据流入备选信道后，对备选信道内数据排队时延的影响。将信道带宽倒数、信道长度和信道利用率三者的加权和作为信道权重指标。在可用预迂回路径表下，以路径总权重最小为寻优目标，执行改进 Dijkstra 寻优算法选择最优迂回路径。考虑转移数据对排队时延的影响，使所考虑的时延指标更符合通信中断的实际情况，考虑信道带宽倒数、信道长度和信道利用率三个影响时延的因素，可以全面、准确地反映迂回路径的时延。

7.2.2 网络轻负载与重负载概念

已经建成的电力通信系统中，部分早期的通信网络受技术、成本限制以及对未来通信业务发展估计不足，通信带宽设置相对较小。在现今智能电网发展的背景下，海量信息的采集、传输、整理分析极为重要，电力通信专网上传输的通信业务也越来越多。这些业务主要包括调度生产通信业务和生产管理通信业务两大类。调度生产通信业务主要包括各类继电保护通信业务、调度自动化、安全自动装置通信、调度电话等；生产管理通信业务主要包括行政电话、电视电话会议、综合数据网等。更多待监测的电力新型设备、新型业务也不断涌现。上述原因使得现有部分通信线路或整个通信系统出现负载过重的情况。

网络利用率是全网络信道利用率的加权平均值，用以反映网络负载状况。当网络利用率小于 0.5 时属于轻负载；当网络利用率超过 0.5 时属于重负载。当网络利用率达到其容量的 1/2 时，通信时延就会增加一倍。网络利用率和通信时延的关系如图 7.3 所示。

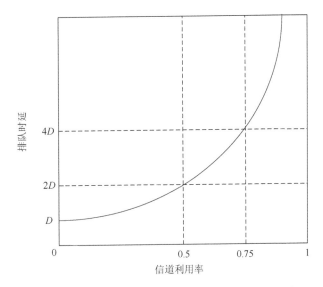

图 7.3　通信时延随网络利用率变化情况（D 表示排队时延）

由图 7.3 可知，通信时延在网络轻负载与重负载下存在很大不同。

（1）重负载时的网络时延明显大于轻负载时的时延，主要是因为重负载时通信量大，在各个路由器处的排队时延增加。

（2）随着网络利用率的增长，重负载时通信时延的增长速度快于轻负载时的情况。

因为重负载与轻负载情况下网络通信时延不同，当发生通信中断，采用迁回路径实现信息的不间断传输时，中断信道上迁回的同样数量数据，在重负载网络上产生的时延将远大于轻负载网络情况。因此，对于重负载下通信中断的情况，应该根据信息特点和网络负载特点，制定适合于信息迁回的迁回路径重构策略。

7.3　轻负载通信网络信道中断时的最优迁回路径重构算法

7.3.1　考虑时延与流量均衡性的最优迁回路径重构算法

1. 基于 Dijkstra 算法的迁回路径寻优思路

本节将 Dijkstra 算法的选路依据设定为信道权重指标 Φ，以信道流量均衡下所选迁回路径总时延最短作为 Dijkstra 算法的最优目标。因为 Φ 综合了影响信道时延的三个因素，可以全面地反映信道时延特性，而且路径 Φ 的总和越小信道越优，这与原 Dijkstra 算法信道总长越短，信道越优的思路一致。

为了减少 Dijkstra 算法的工作量，加快算法的执行速度，在执行该算法之前先剔除不能容纳转移数据的信道和流入转移数据后最堵塞的信道。

剔除不能容纳转移流量的信道的做法是：判断 $T_{it} + T_{i0} > B_i$ 是否成立，若成立则剔除第 i 条信道，否则第 i 条信道可容纳转移流量。T_{it} 为流入第 i 条信道的转移流量，T_{i0} 为第 i 条信道原有的最大吞吐量，B_i 为第 i 条信道的带宽。

由于在网络轻负载情况下迂回，信道带宽可用裕度均较大，即便是转移数据流入大部分信道也不易发生堵塞和丢包等情况。因此，只剔除一条最可能堵塞的信道，保留尽可能多的可用于迂回的信道。具体是根据式（7.8），以信道利用率权重剔除加入转移数据后最可能堵塞的信道。信道利用率权重指的是式（7.8）中 μ_i 的系数 ω_3 大于 ω_1 和 ω_2，因为信道利用率过大是导致信道堵塞的主因，以信道利用率权重计算的权重值可以反映信道的堵塞情况。推荐取 $\omega_1 = 1$，$\omega_2 = 1$，$\omega_3 = 5$，筛选出最大的 Φ，该值对应的信道是流入转移数据后最可能堵塞的信道，在预迂回路径表中剔除包含该信道的路径。

在计算用于改进 Dijkstra 算法的信道权重指标时，需根据实际信道总时延中发送时延、传播时延和排队时延的比例，利用式（7.8）重新获得 Φ 值。推荐取 $\omega_1 = 1$，$\omega_2 = 4$，$\omega_3 = 1.6$，这三个系数值是在 IEEE 14 节点区域通信网络仿真模型中，对不同信道三种时延统计、计算得到的。

2. 最优迂回路径重构算法模型

综合上述分析，轻负载下通信中断时的最优迂回路径重构算法模型如式（7.12）～（7.14）所示：

目标函数

$$\min Q_{sl} = \min \sum_{k=1}^{m} \Phi_k = \min \sum_{k=1}^{m} (\omega_1 / B_k^1 + \omega_2 \times d_k^1 + \omega_3 \times \mu_k), \omega_1 = 1, \omega_2 = 4, \omega_3 = 1.6 \quad (7.12)$$

带宽约束

$$T_{i0} + \Delta T < B_i \quad (7.13)$$

时延约束

$$\text{Delete channel } i \text{ , if } \max \Phi = \Phi_i \text{, when } \omega_1 = 1 \text{, } \omega_2 = 1 \text{, } \omega_3 = 5 \quad (7.14)$$

式（7.12）中，Q_{sl} 是假设转移数据流入了第 l 条迂回路径时，路径 l 从起点到终点的单端时延总和的反应指标，Q_{sl} 是构成该路径所有信道的信道权重值之和；$\min Q_{sl}$ 代表所有可选择的迂回路径中总时延最小的路径，即最优路径；Φ_k 为信道权重指标，代表一段信道的 $1/B^1$、d^1 和 μ 的加权和；$\sum_{k=1}^{m} \Phi_k$ 指的是一条迂回路径中，从第 1 段信道到第 m 段信道的总权重值；ω_1、ω_2 和 ω_3 的值可根据实际网络运行经验，统计发送时延、传播时延、排队时延的比例关系得到。

式（7.13）中，T_{i0} 指备选信道 i 在通信正常时的吞吐量，ΔT 指中断信道上需转移数据的吞吐量，该公式表示转移数据流入备选信道后不能超过备选信道的带宽。

式（7.14）中，当 $\omega_1 = 1$，$\omega_2 = 1$，$\omega_3 = 5$ 时，若信道 i 的权重值 Φ_i 在所有信道中最大，则将该信道剔除出备选迂回信道。除了带宽约束条件外，还应有信道利用率约束，当信道利用率增大时，信道的排队时延就会快速增加，可能使得迂回路径的通信总时延大大增加。但是，为了使可选择的非故障信道数较多，本节只通过式（7.14）剔除最可能堵塞的信道。

3. 最优迂回路径算法的实现

考虑时延与流量均衡性的最优迂回路径重构的流程如图 7.4 所示，$\Phi(i)$ 为节点 i 与起点 s 之间信道的权值。$l(i, j)$ 为节点 i 与 j 之间信道的权值。$\Phi(j)$ 为节点 j 与起点 s 之间信道的权值。节点 i 与 j 是除起点外通信网络中的任意节点。

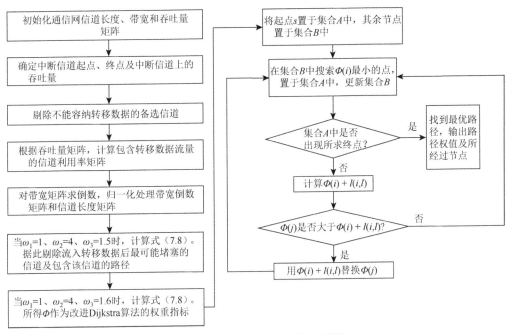

图 7.4 最优迂回路径重构流程图

7.3.2 IEEE 14 节点通信模型构建与仿真

本节在 IEEE 14 节点上构建通信仿真平台，假设核心路由器 LSR2-LSR1 间信道中断，中断信道上原有 Sub2 内数据流动，基于本节提出的最优迂回路径重构算法选择 Sub2 内数据的最优迂回路径。由 OPNET 搭建的 IEEE 14 节点通信仿真模型如图 7.5 所示。

图 7.5 为集中式结构的区域通信网络。通常，区域保护系统由站域层、广域电网层、区域电网层三层构成。在 IEEE 14 节点系统仿真中，周围 10 个子站向调度中心（dispatch center）上传五类信息，分别是 IED 发送的 GOOSE 报文、PMU 发送的 SMV 报文、远动终端装置发送的 RTUM 报文、故障录波装置发送的 CM 报文以及电能计量终端发送的 PM 报文[11, 12]。

图 7.5 中，四个核心路由器（LSR）之间采用的线路模型是 PPP_SONET_OC3，其带宽为 148.61 Mbit/s；10 个子站（Sub）之间，子站与核心路由器之间，子站与边缘路由器（LER）之间采用的线路模型是 PPP_SONET_OC1，其带宽为 49.36 Mbit/s；核心路由器 LSR1 与调度中心之间采用的线路模型是 PPP_SONET_OC12，其带宽为 594.43 Mbit/s。本次各个子站内的结构设置、IED、PMU 等模块发送数据的参数设置与前文区域保护通信系统结构仿真中的设置一致。

整个仿真验证总共分为四个步骤，分别如下。

（1）"通信正常情况下"仿真。建立并运行正常情况下 IEEE 14 节点通信仿真模型，获得 IEEE 14 节点网络信道带宽矩阵、信道长度矩阵和信道吞吐量矩阵。经过仿真测量，得带宽矩阵 D 如式（7.15）所示，单位为 Mbit/s；信道长度矩阵 J 如式（7.16）所示，单位为 km；信道吞吐量矩阵 T 如式（7.17）所示，单位为 Mbit/s。

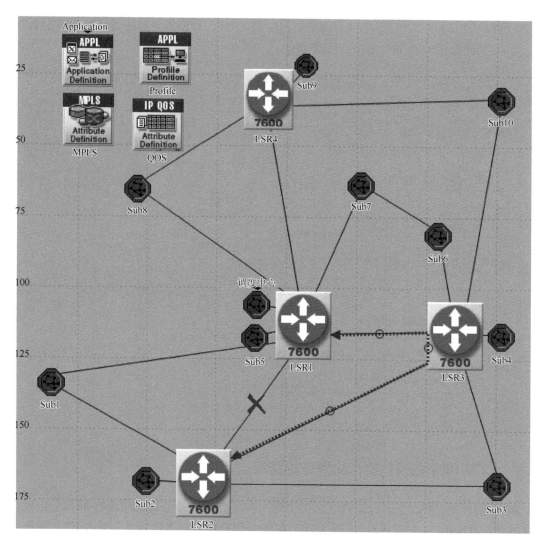

图 7.5　IEEE 14 节点通信网络简化模型

$$\boldsymbol{D} = \begin{bmatrix} 0 & 49.36 & 0 & 0 & 49.36 & 0 & 0 & 0 & 0 & 0 \\ 49.36 & 0 & 49.36 & 148.61 & 49.36 & 0 & 0 & 0 & 0 & 0 \\ 0 & 49.36 & 0 & 49.36 & 0 & 0 & 0 & 0 & 0 & 0 \\ 0 & 148.61 & 49.36 & 0 & 148.61 & 49.36 & 0 & 0 & 0 & 49.36 \\ 49.36 & 148.61 & 0 & 148.61 & 0 & 0 & 49.36 & 49.36 & 148.61 & 0 \\ 0 & 0 & 0 & 49.36 & 0 & 0 & 49.36 & 0 & 0 & 0 \\ 0 & 0 & 0 & 0 & 49.36 & 49.36 & 0 & 0 & 0 & 0 \\ 0 & 0 & 0 & 0 & 49.36 & 0 & 0 & 0 & 2.0 & 0 \\ 0 & 0 & 0 & 0 & 148.61 & 0 & 0 & 2.0 & 0 & 49.36 \\ 0 & 0 & 0 & 49.36 & 0 & 0 & 0 & 0 & 49.36 & 0 \end{bmatrix} \quad (7.15)$$

$$
\boldsymbol{J} =
\begin{bmatrix}
0 & 60.1 & 0 & 0 & 86.7 & 0 & 0 & 0 & 0 & 0 \\
60.1 & 0 & 104.8 & 103.8 & 66.0 & 0 & 0 & 0 & 0 & 0 \\
0 & 104.8 & 0 & 55.0 & 0 & 0 & 0 & 0 & 0 & 0 \\
0 & 103.8 & 55.0 & 0 & 54.2 & 35.7 & 0 & 0 & 0 & 69.8 \\
86.7 & 66.0 & 0 & 54.2 & 0 & 0 & 54.3 & 76.5 & 80.7 & 0 \\
0 & 0 & 0 & 35.7 & 0 & 0 & 32.7 & 0 & 0 & 0 \\
0 & 0 & 0 & 0 & 54.3 & 32.7 & 0 & 0 & 0 & 0 \\
0 & 0 & 0 & 0 & 76.5 & 0 & 0 & 0 & 56.4 & 0 \\
0 & 0 & 0 & 0 & 80.7 & 0 & 0 & 56.4 & 0 & 65.0 \\
0 & 0 & 0 & 69.8 & 0 & 0 & 0 & 0 & 65.0 & 0
\end{bmatrix}
\tag{7.16}
$$

$$
\boldsymbol{T} =
\begin{bmatrix}
0 & 0 & 0 & 0 & 17.38 & 0 & 0 & 0 & 0 & 0 \\
0 & 0 & 0.058 & 0 & 17.39 & 0 & 0 & 0 & 0 & 0 \\
0 & 0 & 0 & 23 & 0 & 0 & 0 & 0 & 0 & 0 \\
0 & 0 & 0 & 0 & 86.93 & 0.056 & 0 & 0 & 0 & 0 \\
0.06 & 0.12 & 0 & 0 & 0 & 0 & 0.057 & 0.11 & 0 & 0 \\
0 & 0 & 0 & 17.39 & 0 & 0 & 0 & 0 & 0 & 0 \\
0 & 0 & 0 & 0 & 17.39 & 0 & 0 & 0 & 0 & 0 \\
0 & 0 & 0 & 0 & 17.38 & 0 & 0 & 0 & 0 & 0 \\
0 & 0 & 0 & 0 & 17.39 & 0 & 0 & 0 & 0 & 0.059 \\
0 & 0 & 0 & 17.39 & 0 & 0 & 0 & 0 & 0 & 0
\end{bmatrix}
\tag{7.17}
$$

（2）根据上述统计数据式（7.15）～式（7.17），执行本节提出的考虑时延与流量均衡性的区域保护通信迂回路径重构算法。

信道 LSR4-Sub8 间带宽仅为 2 Mbit/s，无法容纳需转移的流量 17.39 Mbit/s，剔除包含该信道的备选路径。

根据式（7.8），以信道利用率权重计算每条信道的权重值，剔除最可能堵塞的信道。因为信道利用率过大是导致信道堵塞的主因，以信道利用率权重计算的权重值可以反映信道的堵塞情况。即当 $\omega_1 = 1$，$\omega_2 = 1$，$\omega_3 = 5$ 时，计算 Φ 值。Φ 值最大的信道即为最可能堵塞的信道，剔除包含该信道的迂回路径。经计算，每条信道权重值 Φ_i 见表 7.1。

表 7.1　每条信道的权重值

信道	Φ_i	信道	Φ_i
LSR2-Sub1	3.141 5	Sub6-Sub7	2.761 5
Sub1-LSR1	5.211 0	Sub7-LSR1	4.822 6
LSR2-Sub3	3.767 0	LSR3-Sub10	3.276 1
Sub3-LSR3	5.409 2	Sub10-Sub9	3.209 5
LSR3-LSR1	3.808 2	Sub9-LSR1	1.835 7
LSR3-Sub6	2.808 6	LSR2-LSR3	1.637 6

由表 7.1 可知，信道 Sub3-LSR3 的权重值最大，为 5.4092，因此该信道是流入转移数据后，最可能堵塞的信道，须提前剔除包含该信道的迂回路径。假设转移数据流入信道 Sub3-LSR3，

经计算其信道利用率可达到 81.83%，即该信道吞吐量过大。若此时路由器转发速率不能满足数据到达速率，缓存队列溢出，极易出现严重堵塞、丢包。其他信道的信道利用率在假设流入转移数据后，基本在 75% 以下，可满足迂回传输要求。

在剔除了不能容纳转移数据的信道以及最可能堵塞的信道之后，根据实际信道总时延中发送时延、传播时延和排队时延之间的比例关系，利用式（7.8）重新计算可用信道的 Φ 值。执行改进 Dijkstra 算法，选择最优迂回路径。表 7.2 罗列了所有可用迂回路径总权值。

表 7.2　可用迂回路径总权值

可用迂回路径	路径总权重值
LSR2-Sub1-LSR1	8.206 7
LSR2-LSR3-LSR1	6.468 9
LSR2-LSR3-Sub6-Sub7-LSR1	10.773 8
LSR2-LSR3-Sub10-Sub9-LSR1	14.167 9

由表 7.2 可知，在可用迂回路径中，总权重最小的路径为 LSR2-LSR3-LSR1，其总权重值为 6.4689，即该路径是本算法选择出的最优迂回路径。

因为提前剔除了无法容纳转移数据的信道和最堵塞的信道，减少了改进 Dijkstra 寻优算法的搜寻工作量，加快了最优路径重构算法的执行速度。

（3）"中断数据沿最优迂回路径传输"仿真。使图 7.5 中 LSR2-LSR1 间信道中断，运用 MPLS 流量工程技术，控制 Sub2 的数据沿着本节算法所选择出的最优迂回路径 LSR2-LSR3-LSR1 流动，统计 Sub2 和 Sub4 内数据的通信时延。

（4）"中断数据自由迂回传输"仿真。使图 7.5 中 LSR2-LSR1 间信道中断，不采取任何措施，使 Sub2 的数据自由迂回，分析 Sub2 内数据流动方向，收集 Sub2 内数据通信时延。

统计"中断数据自由迂回传输"仿真中 Sub2 三条出线上的流量，发现 Sub2 内的数据沿着 LSR2-Sub1-LSR1 迂回传输，该路径不是本算法所选择出的最优路径。因此需要寻找最优的迂回路径来确保时延最短且流量具有均衡性。

（1）最优迂回路径时延分析。

收集"中断数据沿最优迂回路径传输"仿真及"中断数据自由迂回传输"仿真这两次仿真中 Sub2 内数据的单端时延平均值和最大值，以及时延抖动平均值和最大值，如表 7.3 和表 7.4 所示。

表 7.3　GOOSE 和 SV 的单端时延和时延抖动　　　　　　（单位：ms）

仿真顺序	参数	GOOSE	SV
中断数据沿最优迂回路径传输	时延最大值	0.969	0.984
	时延平均值	0.96	0.98
	时延抖动最大值	9.78×10^{-3}	3.96×10^{-3}
	时延抖动平均值	9.76×10^{-3}	3.91×10^{-3}
中断数据自由迂回传输	时延最大值	1.13	1.14
	时延平均值	1.09	1.12
	时延抖动最大值	2.81×10^{-2}	1.95×10^{-2}
	时延抖动平均值	2.77×10^{-2}	1.91×10^{-2}

表 7.4　RTUM、CM 和 PM 的单端时延和时延抖动　（单位：ms）

序号	参数	RTUM	CM	PM
中断数据沿最优迁回路径传输	时延最大值	1.01	1.02	0.99
	时延平均值	0.94	0.95	0.93
	时延抖动最大值	6.94×10^{-2}	6.94×10^{-2}	6.52×10^{-2}
	时延抖动平均值	6.42×10^{-2}	6.42×10^{-2}	6.4×10^{-2}
中断数据自由迁回传输	时延最大值	1.14	1.15	1.17
	时延平均值	1.05	1.06	1.09
	时延抖动最大值	9.46×10^{-2}	9.46×10^{-2}	7.87×10^{-2}
	时延抖动平均值	9.43×10^{-2}	9.42×10^{-2}	7.68×10^{-2}

单端时延是指数据从子站内发出到调度中心接收到数据经历的时间。时延抖动指的是某类数据在传输过程中单端时延的变化。

由表 7.3 和表 7.4 可知，在"中断数据沿最优迁回路径传输"仿真中，五类数据的四个时延值均小于"中断数据自由迁回传输"仿真。说明依据本算法选择出的最优路径实时性优于 LSR2-Sub1-LSR1。

路径 LSR2-Sub1-LSR1 是路由器依据路由信息协议（routing information protocol，RIP）或者开放最短通路优先协议（open shortest path first，OSPF）选择的迁回路径。RIP 和 OSPF 仅以路由器跳数作为选择路径的代价，而本节将信道带宽倒数、信道长度和信道利用率三者的加权和作为选择路径的代价，考虑因素更加全面；信道利用率是备选信道流入转移数据后预算的，能实际、准确地反映流入转移数据后的排队时延[13]。

（2）最优迁回路径内流量均衡性分析。

在通信正常时，Sub2 的数据通过 LSR2-LSR1 上传到决策中心，LSR2-LSR3 之间并无数据流动。在 LSR2-LSR1 中断时，Sub2 的数据沿着最优迁回路径流动时，首先会流经 LSR2-LSR3，即最优迁回路径利用了闲置的带宽，提高了通信资源利用率。

表 7.5 和表 7.6 是在"通信正常情况下"仿真与"中断数据沿最优迁回路径传输"仿真中，Sub4 内所有 GOOSE 和 SV 报文单端时延和时延抖动对比。

表 7.5　GOOSE 报文单端时延和时延抖动　（单位：ms）

仿真顺序	参数	IEDs1：GOOSE	IEDs2：GOOSE
通信正常情况下	时延最大值	0.561	0.574
	时延平均值	0.544	0.551
	时延抖动最大值	1.7×10^{-2}	2.36×10^{-2}
	时延抖动平均值	1.54×10^{-2}	2.34×10^{-2}
中断数据沿最优迁回路径传输	时延最大值	0.58	0.579
	时延平均值	0.555	0.554
	时延抖动最大值	2.49×10^{-2}	2.45×10^{-2}
	时延抖动平均值	2.41×10^{-2}	2.38×10^{-2}

表 7.6　SMV 报文单端时延和时延抖动　　　　　　　（单位：ms）

序号	参数	PMU1：SV	PMU2：SV
通信正常情况下	时延最大值	0.567	0.554
	时延平均值	0.552	0.546
	时延抖动最大值	1.54×10^{-2}	8.57×10^{-3}
	时延抖动平均值	1.54×10^{-2}	8.56×10^{-3}
中断数据沿最优迂回路径传输	时延最大值	0.591	0.585
	时延平均值	0.571	0.561
	时延抖动最大值	2.07×10^{-2}	2.24×10^{-2}
	时延抖动平均值	1.98×10^{-2}	2.2×10^{-2}

　　由表 7.5 和表 7.6 可知，"中断数据沿最优迂回路径传输"仿真相比于"通信正常情况下"仿真，Sub4 内 PMU1 模块发送 SMV 报文时延变化最大，其最大时延增加 0.024 ms，增加比例仅为 4%；平均时延增加 0.019 ms，增加比例仅为 3%。时延增大幅度有限，仍满足区域通信实时性要求，说明依据本算法所选信道 LSR3-LSR1 段未堵塞。因为算法预先考虑了转移数据流入备选信道后对备选信道排队时延的影响，执行算法时，可优先选择流入转移数据后仍不堵塞的信道，最终使所选择的最优路径在加入转移数据后，流量较为均衡。

　　综合仿真结果表 7.3～表 7.6 来看，本节所提出的考虑时延与流量均衡性的区域保护通信迂回路径重构算法可实现所选择最优迂回路径时延最短且流量较为均衡。

7.4　重负载通信网络信道中断时的分流迂回算法

7.4.1　分流迂回的目标与原则

　　在重负载情况下，网络的利用率原本已经很大。如果此时中断信道上数据全部迂回至单一迂回路径，必然引起迂回路径部分信道的利用率大增，使得在相应路由器处的排队时延急剧增加，甚至可能出现堵塞和丢包的情况。因此，必须根据各类区域保护通信业务的特点，有选择性和针对性地分别设计迂回路径，实现第一层次的分流迂回[14]。

　　中断信道上的区域保护通信数据主要是 GOOSE 报文和 SMV 报文。单个间隔上传到区域网上的 GOOSE 报文最大可达 1.2 Mbit/s，单个间隔发送的 SMV 报文平均可达 2.14 Mbit/s，还有少量远动信息、电能计量信息、故障录波信息等。因此，分流的主要对象是 GOOSE 和 SMV 报文。

　　GOOSE 报文主要包括的信息有保护装置、测控装置发出的跳闸、合闸命令，不同保护装置间的闭锁信号，保护、断路器启动失灵信号，监控系统不同间隔间的联闭锁信号等。这些信息对电力系统故障处理起到决定性的作用。IEC 61850 规定：GOOSE 报文的传输时延应在 4 ms 内，对其时延的要求最高。SMV 报文主要包括的信息有三相电压电流及其正序分量、有功无功、发电机功角等。

　　GOOSE 报文的重要性和时延要求均高于 SMV 报文，因此 GOOSE 报文应首先分配时延最短的迂回路径供其传输。GOOSE 报文的通信量相对于区域网络带宽较小，这种情况类似于轻负载时的情况。因此，该时延最短路径的选择依据是"考虑时延与流量均衡性的最优迂回路径重构算法"。

SMV 报文包含的信息有三相电压、电流，零序电压、电流，一些保护判断需要的序分量、特殊计算量以及有功、无功、功率因数等。单间隔的 SMV 报文量已经很大，当一个变电站包含多个间隔时，区域网上的 SMV 报文流量将会比 GOOSE 报文多。如果 SMV 报文只单独寻找一条迂回路径进行传输，在通信网重负载的情况下，将难以满足 SMV 报文的时延要求并可能发生堵塞和丢包的情况。因此，SMV 报文应选择多条迂回路径来分担较大的数据量。这是第二层次的分流迂回。

针对 SMV 报文，设计分流迂回路径的原则。

（1）SMV 报文分流迂回的目标是分流的均衡度最佳。假设当某一条信道中断时，总共有 p 条适合分流迂回的路径，每一条迂回路径分得的 SMV 报文量的比例分别为 $K_1, K_2, \cdots, K_p$。分流的具体目标就是确定最佳的一组 $K_1, K_2, \cdots, K_p$ 比例系数值，使得按照这样的比例分配 SMV 报文时，对每一条迂回路径时延的影响是均衡的。分流的路径越多，每条路径上分担的 SMV 报文流量越少，对每条信道的影响就会越小。因此，所有可用于分流的 p 条路径都应该分担一部分 SMV 报文。

均衡不是指将被转移数据等分给每条可用于迂回的路径，而是根据各个迂回路径实际可再容纳的数据量进行分配。每一条迂回路径都是由多段信道构成的，其中可再容纳数据量最少的信道是一条路径中的短板信道。显然，短板信道可再容纳的数据量决定了该迂回路径可再容纳的数据量。因此，$K_1, K_2, \cdots, K_p$ 的值应该根据每一条路径中短板信道的实际情况来具体确定[15, 16]。

参与 SMV 报文分流的迂回路径应满足以下两个约束条件。

第一个约束条件是路径跳数约束，约束公式如式（7.18）所示：

$$h_p \leqslant M \tag{7.18}$$

式中：h_p 为网络中源节点到目的节点间一条迂回路径的路由器总数（跳数）。跳数可大体上反映迂回路径的时延。M 为一给定整数值，它代表源节点到目的节点间所有迂回路径的跳数平均值。通过 M 值可以限定迂回路径的跳数至一定范围内，使得 SMV 报文在多个迂回路径上分流传输时其时延大体相当。M 值随网络范围、源节点与目的节点位置变化而变化，但可以通过计算确定。计算 M 的公式如式（7.19）所示：

$$M = \left(\sum_{i=1}^{n} A_i \right) \Big/ n \tag{7.19}$$

式中：A_i 为源节点与目的节点间第 i 条可迂回路径的跳数；n 代表总共有 n 条可供选择的迂回路径。

第二个约束条件是针对组成迂回路径的各个信道，其信道利用率不能达到上限，并且应该在合理的区间内，才能保证 SMV 报文流入迂回路径后不发生堵塞和丢包。信道利用率约束条件的公式如式（7.20）所示：

$$\mathop{\forall}_{i=1}^{m} u_i \leqslant 75\% \tag{7.20}$$

式中：之所以设定任意一段信道的利用率不超过 75%，是因为当信道利用率增长到 75%时，再增加数据流量，在该信道上产生的时延就会急剧增大，使得流经该信道的数据时延无法满足要求，甚至产生堵塞和丢包等严重情况。m 代表备选迁回路径的信道总数。

根据上述两条约束条件，可选择出任意两节点间通信中断时，用于 SMV 报文分流迁回的 p 条路径。

（2）分流系数值取决于每条路径中短板信道的带宽可用裕度。按照短板信道的带宽可用裕度比来分配 SMV 报文给每条迁回路径，并且通过短板信道带宽可用裕度来限制每条路径可分得的最大 SMV 数据量，可使得分流对每条路径中原有数据的影响均最小，即达到分流均衡度最佳。

所有 p 条路径分担 SMV 报文的公式可用式（7.21）表示：

$$K_1 + K_2 + \cdots + K_p = 1 \tag{7.21}$$

式中：K_p 为分配给第 p 条路径的 SMV 报文流量的分流系数。

首先通过图 7.6 介绍路径中短板信道、短板信道带宽可用裕度、短板信道带宽可用裕度比的概念。在图 7.6 中共有四个节点，Node1～Node4，这四个节点通过信道两两相连。每条信道的带宽和当前流量标注在相应信道的旁边。例如，在 Node2 到 Node1 的信道旁标注 0/50 Mbit/s，代表的是 Node2-Node1 的带宽为 50 Mbit/s，但是当前无流量从 Node2 流向 Node1。

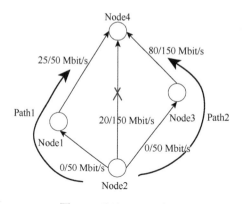

图 7.6 分流迁回示意图

在图 7.6 中，Node2-Node4 间原有 20 Mbit/s 的 SMV 报文数据从 Node2 流向 Node4。当 Node2-Node4 间信道中断时，Node2 至 Node4 的 SMV 报文可按照一定的比例，分流迁回至 Path1（Node2-Node1-Node4）和 Path2（Node2-Node3-Node4）继续传输。

短板信道是指在一条迁回路径中，限制该路径可分配最大迁回数据流量的信道。例如，在 Path1 中，Node2-Node1 间原来无数据，该信道最多可容纳 50 Mbit/s 的 SMV 报文流量。而 Node1-Node4 间原来就有 25 Mbit/s 的数据，因此该信道最多只能再容纳 25 Mbit/s 的数据。当给 Path1 分配迁回流量时，最多只能分配 25 Mbit/s，否则 Node1-Node4 信道会溢出。因此，Path1 中的短板信道就是 Node1-Node4。

通过以上的定义可知，在分配中断信道上的 SMV 数据时，必须根据短板信道的情况来分配，否则就会因没有顾及短板信道而导致数据时延大增。短板信道可容纳的分流数据量可根据短板信道带宽裕度比来确定。

　　短板信道可用裕度指,在不使短板信道上数据发生堵塞的情况下,短板信道可再容纳的分流数据最大值。如图 7.6 中的 Path1,Node1-Node4 信道原本最大可能容纳 25 Mbit/s,但是当它真的再容纳 25 Mbit/s 的数据时,它的信道利用率将达到 100%。在这种情况下,该信道的数据时延必将极大增加,甚至堵塞。因此,不能使信道利用率达到 100%。通常,当一段信道的利用率达到 75% 时,再增加数据量就会使通信时延急剧增大。因此,本节在考虑短板信道可用裕度时,限制短板信道的最大利用率均为 75%。短板信道带宽可用裕度计算公式如式(7.22)所示:

$$T_{\max}^i = \mathrm{BW}_i \times 75\% - T_i - \mathrm{TG}_i \tag{7.22}$$

式中: $T_{\max}^i$ 为短板信道 i 的带宽可用裕度; BW_i 为短板信道 i 的带宽; T_i 为短板信道 i 在网络正常情况下的原有流量; TG_i 指如果 i 信道也作为 GOOSE 迂回通道时,被转移的 GOOSE 信息流量。根据式(7.22),图 7.6 中,Path1 的短板信道 Node1-Node4 的带宽可用裕度是 12.5 Mbit/s。Path2 的短板信道 Node3-Node4 的带宽可用裕度是 32.5 Mbit/s。

　　所有可用的迂回路径,其分配的 SMV 报文数据量均应小于其短板信道带宽可用裕度,这一约束条件可用式(7.23)表示:

$$K_i \times T_{\mathrm{SAV}} \leqslant T_{\max}^i \tag{7.23}$$

　　短板信道带宽可用裕度比就是指:所有可用于迂回的路径,其短板信道带宽可用裕度之比。按照短板信道带宽可用裕度比,确定每条迂回路径分配 SMV 报文的分流系数值计算公式如式(7.24)所示:

$$K_1 : K_2 : \cdots : K_p = T_{\max}^1 : T_{\max}^2 : \cdots : T_{\max}^p \tag{7.24}$$

式中: $T_{\max}^p$ 为短板信道 p 的带宽可用裕度; K_p 为第 p 条迂回路径可分配 SV 报文的分流系数。例如,在图 7.6 中,总共两条可用于分流的迂回路径 Path1 和 Path2,其带宽可用裕度比为 (12.5Mbit/s) : (32.5Mbit/s) = 5 : 13。

　　本节就是通过短板信道带宽可用裕度比来分配中断信道上的 SMV 报文流量,使得带宽裕度大的路径分得的 SMV 报文多,裕度小的路径分得的 SMV 报文少,实现分流数据对每一条迂回路径时延的影响较为均等。此种情况下,分流迂回是最均衡的。

　　当所分配的 SMV 报文流量超过短板信道带宽可用裕度时,对于越限的迂回路径,按照短板信道带宽可用裕度的最大值来分配,即

$$K_i \times T_{\mathrm{SAV}} = T_{\max}^i, \quad K_i \times T_{\mathrm{SAV}} > T_{\max}^i \tag{7.25}$$

　　式(7.25)指出,若第 p 条路径按带宽等比例所分得的 SMV 流量 $K_p \times T_{\mathrm{SAV}}$ 超过了其短板信道的带宽裕度 $T_{\max}^p$,则令其可分得的 SMV 流量为带宽裕度。同时按照式(7.24)与式(7.25)分配流量的差额再次按照式(7.24)对其余流量进行二次分配,叠加后的通道流量仍需进行式(7.25)的判断。

7.4.2　分流迂回算法模型

　　分流迂回算法模型根据 7.4.1 小节的两个分流迂回层次可分为两大块,第一块是为 GOOSE 报文寻找最优迂回路径,第二块是将 SMV 报文分流迂回传输。

单论 GOOSE 报文，其吞吐量较小，使用前文提出的考虑时延与流量均衡性的最优迁回路径重构算法模型来为 GOOSE 报文寻找最优迁回路径。

对于 SMV 报文，其分流迁回的模型总结如下：

$$\begin{cases} 目标函数：K_1 + K_2 + \cdots + K_p = 1 \\[2mm] 确定分流系数：K_1 : K_2 : \cdots : K_p = T_{max}^1 : T_{max}^2 : \cdots : T_{max}^p \\[2mm] 跳数约束：h_p \leqslant M = \left(\sum_{i=1}^{n} A_i \right) \Big/ n \\[2mm] 信道利用率约束：\mathop{\forall}\limits_{i=1}^{m} u_i \leqslant 75\% \\[2mm] 带宽裕度约束1：K_i \times T_{SAV} \leqslant T_{max}^i \\[2mm] 带宽裕度约束2：K_i \times T_{SAV} = T_{max}^i, \text{when } K_i \times T_{SAV} > T_{max}^i \end{cases} \quad (7.26)$$

7.4.3　分流迁回算法的实现

综合以上分流迁回的层次和原则，在区域保护通信重负载情况下，当信道中断时，分流迁回的流程图[17]如图 7.7 所示。

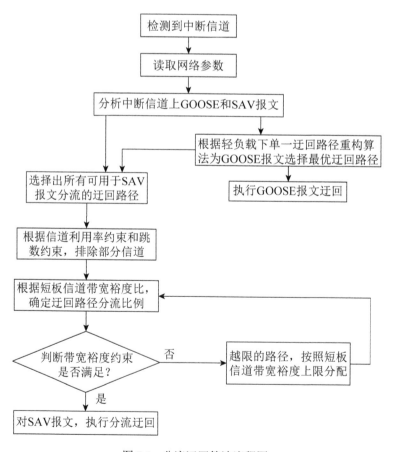

图 7.7　分流迁回算法流程图

7.4.4　分流迁回算法仿真验证

为了验证 7.4.2～7.4.3 小节所提出的重载通信环境下分流迁回算法的有效性，利用 OPNET 通信仿真软件搭建 IEEE 14 节点重负载通信模型，并从以下两个方面对分流迁回算法进行仿真验证[18]。

（1）比较通信中断后，当待迁回数据按"重负载下分流迁回算法"迁回与按"轻负载下单一迁回路径算法"（即 7.3.1 小节中提出的"考虑时延与流量均衡性的最优迁回路径重构算法"）迁回时，对迁回信道时延的影响。

（2）针对迁回数据按"重负载下分流迁回算法"迁回的情况，比较分流后被转移的 SMV 报文数据对不同迁回路径短板信道时延的影响。

1. 模型搭建与仿真

本节的仿真延续使用了 7.3 节中的 IEEE 14 节点仿真模型，但是增加了部分信道的通信量，增大了通信系统负载。为了便于查看，现将 IEEE 14 节点网络图贴于此处，如图 7.8 所示。

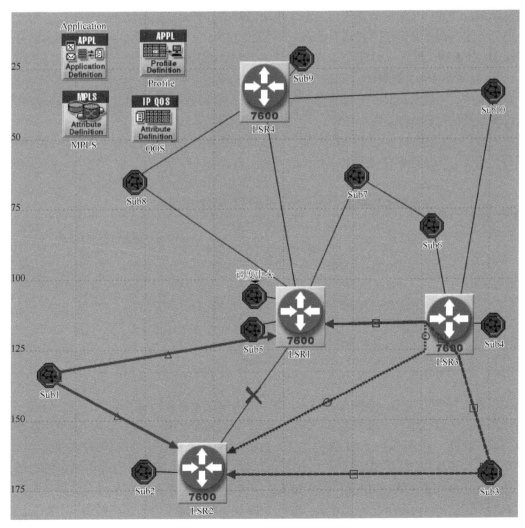

图 7.8　IEEE 14 节点通信仿真模型

仍假设 Sub2-LSR1 间的信道中断，为 Sub2 内的 GOOSE 和 SMV 数据寻找迂回路径。具体增加内容为：Sub1 中，增加两组 IED，增加两组 PMU，使得 Sub1-LSR1 的信道利用率由原来的 35.2%增长到接近 50%；Sub2 内增加 11 组 PMU，增大 Sub2 中需要迂回的 SMV 报文流量；其余路径要么远离中断信道，要么利用率接近 50%，就不再变动了。

整个分流迂回算法仿真验证中总共进行了三类仿真。

（1）"通信正常情况下"仿真：在 Sub2-LSR1 间信道不中断，通信系统正常时进行仿真。统计 Sub1-LSR1 间、LSR3-LSR1 间信道的吞吐量，利用率和数据进入 LSR1 路由器时的排队时延。之所以统计这两条信道，是因为它们分别是路径 LSR2-Node1-LSR1 和路径 LSR2-LSR3-LSR1 的短板信道，这两条信道的数据将用于接下来的两个仿真（即"轻负载下单一迂回路径算法"仿真、"重负载下分流迂回算法"仿真）进行比较。

（2）"轻负载下单一迂回路径算法"仿真：使 Sub2-LSR1 间信道中断，选择一条迂回路径，使 Sub2 内全部数据沿着所选择出的一条迂回路径传输。鉴于中断信道上负担很重，光是 GOOSE + SMV 报文总量就达到 44.02 Mbit/s，只有 LSR2-LSR3-LSR1 这条路径能容纳这么多的数据。因此，使 Sub2 内的数据沿着 LSR2-LSR3-LSR1 迂回，统计数据进入 LSR1 路由器时的排队时延，与通信正常时数据进入 LSR1 路由器时的排队时延进行比较。

（3）"重负载下分流迂回算法"仿真：使 Sub2-LSR1 间信道中断，执行本节提出的分流迂回算法，GOOSE 报文优先选择最优迂回路径。之后，SMV 报文分流传输。统计短板信道 Sub1-LSR1 间、LSR3-LSR1 间信道数据进入 LSR1 路由器时的排队时延。

本算例中，根据分流迂回算法模型，求解信道 LSR2-LSR1 中断时分流迂回路径及其流量分配比例系数的过程如下。

第一步，根据跳数约束（7.18）和约束（7.19）初步选择适合的迂回路径。当信道 LSR2-LSR1 中断时，所有可用的迂回路径及其跳数如表 7.7 所示。

表 7.7 信道 LSR2-LSR1 中断时所有迂回路径及其跳数

Sub2-Dispatch Center 间所有迂回路径	跳数
LSR2-Sub1-LSR1	5
LSR2-LSR3-LSR1	5
LSR2-Sub3-LSR3-LSR1	6
LSR2-LSR3-Sub6-Sub7-LSR1	7
LSR2-LSR3-Sub10-LSR4-LSR1	7
LSR2-Sub3-LSR3-Sub10-LSR4-LSR1	8
LSR2-Sub3-LSR3-Sub10-LSR4-Sub8-LSR1	9

根据表 7.7，得 $M=6$。根据式（7.19），表 7.7 中前三条路径较适合分流迂回。但是，第二条路径和第三条路径中有一段信道（LSR3-LSR1）发生重叠，且 LSR3-LSR1 是第二条路径的短板信道。因此，舍弃路径 LSR2-Sub3-LSR3-LSR1，只用前两条路径进行分流迂回。

第二步，根据信道利用率约束（7.20），分析第一步选择出的两条路径中的短板信道是否满足信道利用率约束。路径 LSR2-Sub1-LSR1 中的短板信道是 Sub1-LSR1，其信道利用率为 51.5%，没超过 75%的限制，符合要求；路径 LSR2-LSR3-LSR1 中的短板信道是 LSR3-LSR1，其信道利用率为 55.9%，未超过限制，符合要求。

第三步，根据式（7.21）和式（7.24），计算两条迁回路径应该分得 SMV 报文的分流系数。根据式（7.24），$K_1 : K_2 = (11.7\text{Mbit/s}):(28.4\text{Mbit/s}) = 1:2.43$。总共需转移的 SMV 报文数据量为 25.69 Mbit/s。根据式（7.21），路径 LSR2-Sub1-LSR1 分得 7.49 Mbit/s，路径 LSR2-LSR3-LSR1 分得 18.2 Mbit/s。根据式（7.23），两条路径分得的 SMV 报文数据量均小于其相应的短板信道带宽裕度，即 $7.49\text{Mbit/s} < 11.7\text{Mbit/s}$，$18.2\text{Mbit/s} < 28.4\text{Mbit/s}$。说明分配符合要求。

特别地，在此仿真模型中，当 Node2-LSR1 间信道中断时，本身可选择的迁回路径较少，使得 GOOSE 报文选择的迁回路径与部分 SMV 分流数据的路径相同，GOOSE 报文和部分 SMV 报文均迁回至 LSR2-LSR3-LSR1。以上第二步统计的利用率和第三步的计算，后续的统计和计算是在 GOOSE 完成迁回以后的基础上进行的。

2. 实时性分析

"通信正常情况下"仿真时，统计 Sub1-LSR1 间、LSR3-LSR1 间信道的吞吐量、利用率和数据进入 LSR1 路由器时的排队时延，如图 7.9 所示。

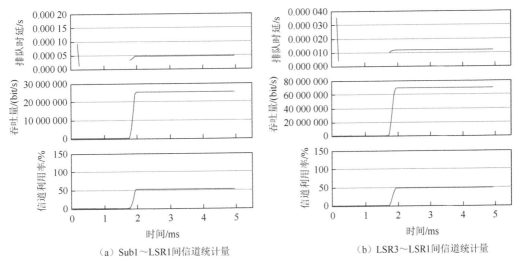

（a）Sub1～LSR1间信道统计量　　（b）LSR3～LSR1间信道统计量

图 7.9　通信正常情况下部分信道统计量

从图 7.9 可知，通信正常时，这两条信道的信道利用率均达到了 50%左右，负载较重，并且由图中排队时延可知，这两条信道在各自利用率接近的情况下，LSR3-LSR1 间信道的排队时延比 Node1-LSR1 间信道的排队时延短得多。这是因为 LSR-LSR1 属于区域核心网，其带宽是 Node1-LSR1 的 3 倍左右。

根据"轻负载下单一迁回路径算法"和"重负载下分流迁回算法"，在 LSR2-LSR1 间信道中断时，选择出最优路径，如表 7.8 所示。同时，表 7.8 也计算出 Sub2 内数据传输到区域保护决策中心 WAPSDC 时迁回路径的距离。

表 7.8　Sub2 内数据传输路径及距离

迁回方式	Sub2 内数据传输路径	距离/km
通信正常	LSR2-LSR1	86
单一迁回路径迁回	LSR2-LSR3-LSR1	157.2

续表

迂回方式	Sub2 内数据传输路径	距离/km
分流迂回	Path1：LSR2-Sub1-LSR1 Path2：LSR2-LSR3-LSR1	146.8 157.2

表 7.8 中，在分流迂回时，GOOSE 报文优先选择最优迂回路径 Path2 传输。之后，Path1 分得 SMV 报文 7.49 Mbit/s 和背景流量。由于 Path2 的带宽可用裕度仍较大，分得 SMV 报文 18.2 Mbit/s。由表 7.8 可知，迂回时，数据传输距离较通信正常时增加较多，因此路径时延不可避免地增大。

在调度中心内，可收集仿真中 GOOSE 报文和 SMV 报文的单端时延，如表 7.9 所示。这里的单端时延指数据由发送端到接收端的单程时延。

表 7.9　Sub2 内数据单端时延　（单位：μs）

迂回方式	时延	
	GOOSE	SMV
通信正常	701	737
单一迂回路径迂回	1270	1277
分流迂回	993	Path1：1108 Path2：1032

表 7.9 中，相比通信正常时延，单一迂回路径迂回和分流迂回下数据单端时延均有较大的增长，主要原因是迂回时路径距离变长和跳数变多。

对区域网络时延的要求随着区域网范围不同（由几百公里到几千公里）而变化。但是，为了满足区域保护实时性的要求，通信时延应该尽可能小。表 7.9 中，分流迂回时单端时延明显小于单一迂回路径迂回时的时延，说明重负载下分流迂回有效。单一迂回路径迂回时的时延增长更剧烈，主要是因为在路由器处排队时延增长较快。例如，在 LSR3-LSR1 信道上，统计得到路由器 LSR1 处的排队时延数据如图 7.10 所示。

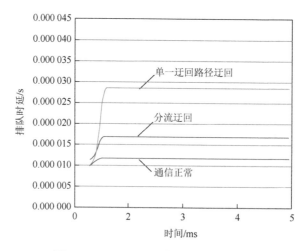

图 7.10　LSR3-LSR1 信道排队时延比较

由图 7.10 可知，在"单一迁回路径迁回"仿真中，全部数据从一条迁回路径 LSR2-LSR3-LSR1 迁回，在短板信道 LSR3-LSR1 处，信道利用率增长过快，排队时延也就大大增加。仿真比较 LSR3-LSR1 信道利用率情况如图 7.11 所示。

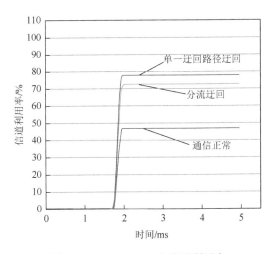

图 7.11　LSR3-LSR1 上信道利用率

图 7.11 中，"单一迁回路径迁回"短板信道本身网络负载已较重，此时需要被转移的数据量很大，达 45.77 Mbit/s，导致短板信道的利用率超过了 75%，达到 79%。结合图 7.3 网络利用率与时延的关系分析，当 LSR3-LSR1 信道利用率超过了 75% 时，其信道利用率相比于正常情况会急剧增大。相比较"分流迁回"仿真中，分流迁回时短板信道的利用率也有较大幅度增加，这是因为需要转移的数据量很大，但是，其信道的利用率均未超过 75%，时延增长不是很剧烈。

3. 均衡性分析

"分流迁回"仿真中，SMV 报文分为两部分，分别迁回至路径 LSR2-Sub1-LSR1 和路径 LSR2-LSR3-LSR1。两股 SMV 报文分别对各自迁回路径中短板信道时延的影响如图 7.12 所示。

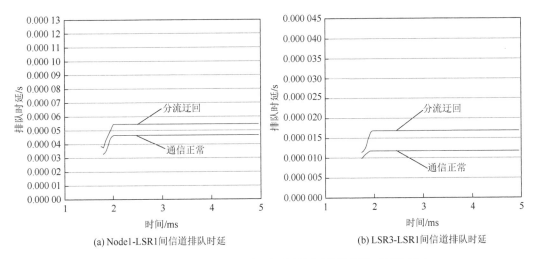

(a) Node1-LSR1 间信道排队时延　　　　　　(b) LSR3-LSR1 间信道排队时延

图 7.12　分流的 SMV 报文对两条路径短板信道排队时延的影响

由图 7.12（a）可知，分流后 Node1-LSR1 间信道排队时延有所增加，从原来的 48.3 μs 增加到 52.8 μs，增加了 4.5 μs。由图 7.12（b）可知，分流后 LSR3-LSR1 间的信道排队时延由 11 μs 增加到了 16.3 μs，增加了 5.3 μs。分流的两部分 SMV 报文对排队时延的影响不同，其主要原因是：对于 LSR3-LSR1，不仅仅分得了一部分 SMV 报文，由于其带宽裕度较大，所有的 GOOSE 和背景流量也从此信道流过。因此，图 7.12（b）所统计的排队时延是包含 GOOSE 和背景流量的，它使排队时延的增长比 Node1-LSR1 大 0.8 μs，这属于正常增加。总体来看，分流算法可实现两部分 SMV 报文对短板信道排队时延的影响基本相同[19]。

参 考 文 献

[1] 王阳光. 应对灾变的广域保护信息处理及通信技术研究[D]. 武汉：华中科技大学，2010.

[2] 薛禹胜，雷兴，薛峰，等. 关于电力系统广域保护的评述[J]. 高电压技术，2012，38（3）：513-520.

[3] 张腾飞，宋劢. 集中式广域通信网络仿真研究[J]. 通信电源技术，2016，33（2）：146，196.

[4] 刘宝，尹项根，李振兴，等. 基于 WSN 重构广域保护紧急通信通道的研究[J]. 电力系统保护与控制，2012，40（21）：90-95.

[5] 孔德洪，吕飞鹏. 基于区域多信息融合的广域后备保护算法[J]. 电力系统保护与控制，2017，45（4）：26-32.

[6] 卜强生，宋亮亮，张道农，等. 基于 GPS 对时的分散采样差动保护同步测试方法研究[J]. 电力系统保护与控制，2013，41（22）：149-153.

[7] 熊小伏，吴玲燕，陈星田. 满足广域保护通信可靠性和延时要求的路由选择方法[J]. 电力系统自动化，2011，35（3）：44-48.

[8] 陈维莉，罗毅，涂光瑜，等. 基于网络时延在线预估的二级电压紧急控制[J]. 高电压技术，2006，32（10）：109-113.

[9] 熊小萍，谭建成，林湘宁. 基于 MPLS 的广域保护通信系统路由算法[J]. 电工技术学报，2013，28（6）：257-263.

[10] 张新昌，张项安. 层次化保护控制系统及其网络通信技术研究[J]. 电力系统保护与控制，2014，42（19）：129-133.

[11] 刘育权，华煌圣，李力，等. 多层次的广域保护控制体系架构研究与实践[J]. 电力系统保护与控制，2015，43（5）：112-122.

[12] 刘玮，王海柱，张延旭. 智能变电站过程层网络报文特性分析与通信配置研究[J]. 电力系统保护与控制，2014，42（6）：110-115.

[13] 白加林，高昌培，王宇恩，等. 基于数据源共享的广域智能保护及控制系统研究与应用[J]. 电力系统保护与控制，2016，44（18）：157-162.

[14] 鲍晓慧. 基于迂回方式的继电保护信道重构技术[J]. 武汉理工大学学报，2010，23（4）：578-582.

[15] 高会生，王慧芳. 基于安全性的继电保护光纤迂回通道路径选择[J]. 电力系统保护与控制，2014，42（14）：25-31.

[16] 李振兴，张腾飞，王欣，等. 考虑时延与流量均衡性的广域保护通信迂回路径重构算法[J]. 电力系统保护与控制，2016，44（16）：130-136.

[17] LI Z X, CHENG Z L, GONG Y, et al. A reconstruction algorithm for wide-Area protection communication network[J]. IEEJ Transactions on Electrical and Electronic Engineering，2021，16（5）：730-742.

[18] 潘天亮，蔡泽祥，席禹，等. 基于 OPNET 的广域测量系统仿真与通信延时性能分析[J]. 电力系统保护与控制，2017，45（17）：51-57.

[19] 李振兴，龚旸，翁汉琍，等. 广域保护通信重负载下迂回路径重构算法[J]. 电力系统保护与控制，2019，47（2）：40-46.